ZINN

EINE

GEOLOGISCH-MONTANISTISCH-HISTORISCHE
MONOGRAFIE

VON

E. REYER

BERLIN
DRUCK UND VERLAG VON G. REIMER
1881

Inhalt.

I. Literatur.

1. Literatur für Bömen und Sachsen [1]).

Agricola. Bermannus 1528 übers. v. Scheidt 1806.
— Zwölf Bücher vom Bergwerk übers. 1557.
Mathesius. Sarepta 1562. Ich beziehe mich auf die 4. Aufl. von 1679.
Albinus. Meissnische Kronik 1589.
Ausbeutebogen. Zehendbücher u. a. Akten in den Archiven von Bömen und Sachsen (Schlackenwald, Platten, Freiberg, Dresden u. s. f.).
Garzoni. Piazza universale übers. 1619.
Moller. Teatrum Freibergense 1653.
Ercker. Aula subterranea 1684.
Meissner. Kronik von Altenberg 1747.
Frey. Geier 1749.
Öttel. Eibenstock 1849.
Beyer. Otia Metallica 1751.
Cancrin. Beschr. d. Bergwerke 1767.
Ipoenander. Eibenstock 1747 bis 1770.
Ferber. Mineral. Geschichte 1774.
Hagen. Dissert. expendens stannum 1775.
Charpentier. Mineral. Geogr. 1778.
Ferber. Neue Beitr. z. mineral. Geogr. 1778.
Peithner. Geschichte der böm. Bergwerke 1780.
Jars. Voy. Metallurg. 1774 bis 1781.
Bergenstjerna in Crells neuest. Entdeck. VIII. 1782.
Gmelin. Geschichte des Bergbaues 1783.
Salmon. Etain 1788.
Tölpe. Köhlers bergmänn. J. 1789.
Voigt. Mineral. Abhandlungen 1789.
Klaproth. Beitr. z. chem. Kenntniss etc. 1795.
A. Reuss. Mineral. Bemerk. über Bömen 1801.
Lampadius. Hüttenkunde 1811.
Blöde in Leonhards Taschenbuch 1816.
Freiesleben. Mineral. Kenntniss von Sachsen 1817.
Karsten. Metallurgie 1818.
Heron de Villefosse. Richesse Minerale 1819.
Freiesleben. Geognost. Arbeiten 1820.
Eichler. Bömen vor der Entdeckung Amerikas 1820.
Paulus. Joachimstal 1820.
Bonnard. J. des Mines Bd. 37 u. 38. Vgl. Leonhards Taschenbuch f. Mineral. 1822.
v. Weissenbach. Geognost. Beschr. d. Gegend von Altenberg 1823. Manuskript [2]).

[1]) Den Literatur-Inhalt habe ich mitgeteilt im Jb. der geol. Reichsanst. 1879.

[2]) Ich habe eine Abschrift dem K. Mineralien-Kabinet in Wien geschenkt.

C. v. Leonhard. Karakteristik der Felsarten 1823.
Manès. Ann. des Mines 1824.
Beaumont. Bul. soc. geol. (2) Bd. 4 1828 vgl. Cotta's Gangstudien.
Sternberg (Graf). Geschichte d. böm. Bergwerke 1836.
Naumann. Erlaüter. geol. Karte v. Sachsen 1838f.
Lampadius. Fortschritte des Hüttenwesens 1839.
E. Reuss. Teplitz 1840.
Danbrée. Ann. des Mines 1841.
Gätzschmann. Berg- u. Hütt.-Zeitung Bd. 3 (1844).
— Bergmänn. Gewinnung 1846.
Henwood. Phil. Mag. London 1846.
Breithaupt. Paragenesis 1849.
v. Cotta. Gangstudien 1850.
Beaumont in Cotta's Gangstudien 1850.
H. Müller. Kollektaneen in Cotta's Gangstudien.
Naumann. Geologie 1850 1. Aufl.
v. Weissbach in Cotta's Gangstudien 1850.
H. Müller u. *Richter.* Berg- u. Hütt.-Zeitg. 1851.
Oppe in Cotta's Gangstudien 1852.
Bischof. Jb. Mineral. u. Geol. 1854.
Jantsch. Zeitschrift mont. Verein Erzgeb. 1856.
Vogl. Joachimstal 1856.
Zippe. Geschichte der Metalle 1857.
Jokely. Jb. d. geol. Reichsanstalt 1857, 1858.
v. Cotta. Berg- u. Hütt.-Zeitung 1860.
Damour. Comptes Rend. 1860.
Plattner u. *Richter.* Hüttenkunde 1861.
Gätzschmann. Aufbereitung 1862.
Huguenin. Geol. du Morbihan 1862.
Bischof. Chem. Geologie 1863.
Berthier. Metallurgie 1863.
Blum. Pseudomorfosen 1863.
Kerl. Hüttenkunde 1863.
Forbes. Phil. Mag. London 1864.
Laube. Jb. geol. Reichsanstalt 1864.
Rücker. Jb. geol. Reichsanst. 1864.
Haupt. Filosofie der Gesch. des Bergbaues 1865.
H. Müller. Berg- u. Hütt.-Zeitg. 1865.
Rammelsberg. Metallurgie 1865.
Stelzner. Beitr. z. Geol. des Erzgeb. 1865.
Falke. Geier 1866.
Gätzschmann. Lagerstätten nutzb. Mineral. 1866.
Wagner. Die Metalle 1866.
Bibra. Die Bronzen der alten Völker 1869.
Schlesinger. Gesch. Böm. 1869.
C. Fuchs. Künstlich dargestellte Mineralien 1872.
Bolley-Kopp. Chemisch-techn. Untersuchungen 1874.
Jentzsch. Geolog. Literatur von Sachsen 1876.
Schalch. Erlaüter. z. geol. Karte von Sachsen (Geier) 1878.
Suess. Zukunft des Goldes 1878.
v. Groddeck. Erzlagerstätten 1879.
Gümbel. Fichtelgebirge 1879.
Reyer. Jb. geol. Reichsanst. 1879 u. österr. Z. f. Berg. u. Hütt. 1879.
Sandberger. Z. geol. Gesell. 1880.

2. Literatur für Cornwall.

Diodor-Siculus. V Cap. 9.
Pegolotti. Pratica della mercatura. Geschrieben um die Mitte des 14. Jarhundertes, gedruckt 1766.
Biringuccio.
Carew. Survey of Cornwall 1602. Zweite Aufl. v. 1811.
Liberties of the myners E. G. 1649.
Pettus. Fodinae regales 1670.

Discourse concern. mine adventures (anonim) London 1700.
An account of mines (anonim) London 1707.
Pearce. Laws of the stannaries 1725.
Borlase. Nat. Hist. of Cornwall 1758.
Jars. Voyages metallurg. 1774 bis 81.
Pryce. Mineral. Cornub. 1778.
Bergmänn. J. Freiberg 1790.
Berger. Trans. geol. soc. London 1811.
Macculoch. Trans. geol. soc. 1814.
Taylor. Trans. geol. soc. 1814.
Williams. Trans. geol. soc. London 1817.
Carne. Trans. geol. soc. Cornwall 1818.
Heron de Villefosse. Richesse minerale 1819.
R. Thomas. Mining District of Cornwall 1819.
Hawkins. Trans. geol. soc. Cornwall 1822.
Carne. Trans. geol. soc. Cornwall 1822.
Greatheed. Trans. geol. soc. Cornwall 1822.
Carne. Trans. geol. soc. Cornwall 1824.
Dufrenoy et Beaumont. Ann. des Mines 1825.
Hawkins. Trans. geol. soc. Cornwall 1828.
Boase. Trans. geol. soc. Cornwall 1832.
Carne. Trans. geol. soc. Cornwall 1832.
Davey. Trans. geol. soc. Cornwall 1832.
Hawkins. Trans. geol. soc. Cornwall 1832.
Henwood. Trans. geol. soc. Cornwall 1832.
De la Beche. Theoret. Geol. 1834.
M' Culloch. Dictionary of Commerce 1832.
Lanyon. Report. Polyt. Soc. 1837.
Lemon. J. of the Statist. soc. 1838.
Official Report (Cornwall) 1838.
De la Beche. Geol. of Cornwall 1839.
Lampadius. Fortschritte der Metallurg. 1839.
Daubrée. Ann. des Mines 1841.
Henwood. Trans. geol. soc. Cornwall 1843.
Carne. Trans. geol. soc. Cornwall 1846.
Grice. Trans. geol. soc. Cornwall 1846.
Phillips. Americ. J. 1849.
Barthold. Geschichte der deutschen Städte 1850.
Politechn. Zentralbl. 1854.
Moissenet. Ann. des Mines 1858, 1859, 1862.
Berg u. Hütt. Ztg. 1862.
Zirkel. Preuss. Ztg. f. Berg. u. Hütt. 1861.
Pearce. Mechan. Mag. 1861.
Daux and Watson. Le Credit Minier 1861.
Walch. Abh. österr. Ingenieurvereines 1862.
Kerl. Hüttenkunde 1863.
Wagner. Die Metalle 1866.
Ch. Thomas. Mining fields of the West 1867.
Collins. Mineralog. Mag. and Jb. 1880 p. 1 u. 103f.
Reyer. Berg. Hütt. Jb. Leoben 1880, u. Österr. Z. f. Berg. u. Hütt. 1881.
Henwood. Trans. geol. soc. Cornwall 1871.
Mining J. London 1871. f.
Le Neve Foster. Trans. geol. soc. Cornwall 1877.
— Q. j. geol. soc. 1878.
Carcanages. Ann. des Mines 1878.
Helmhacker. Österr. Z. f. Berg. u. Hütt. 1879.
Hunts Mineral. Statistics London.

Nachtrag.

Herr *Whitaker* hat eine wertvolle Literatur-Zusammenstellung [1]) veröffentlicht, welche mir leider erst nach Abschluss meiner Arbeit zukam. Ich hebe hier die Werke hervor, die mir unbekannt blieben, welche aber bei einer abermaligen Ueberarbeitung des Stoffes wol berücksichtigt werden müssten [2]).

Bonnard. J. des Mines 1803 Bd. 14.
Longmire. On Rents, (Ann. of Phil. 1816).
Sedgwick. Structure of Cornwall, (Trans. Cambridge Phil. Soc. 1822).
Conybeare. Geol. of Cornwall, (Ann. of Phil. 1823).
Watson. Compendium of Brit. Mining 1843 [3]).
Williams. Stratified and unstratif. volc. products Rep. Brit. Assoc. 1841 u. 1842.
Henwood. Four lectures on Geol. (streamworks). London 1855.
C. Thomas. Remarks on Mining in Cornwall. Report. Cornwall Polyt. Soc. 1855.
— Remarks on the geol. of Cornwall. Redruth 1859.
Pearce. The granites of Metalliferous Districts. Miners Assoc. Cornwall u. Ann. Rep. roy. instit. Cornwall 1863.
Borlase. Nachträge zur „Natural. Hist." of Cornwall. J. roy. instit. Cornwall 1864, 1865.
Pearce. Influence of lodes on rocks. Miners assoc. Cornwall 1864.
Salmon. Mines of Cornwall. Mining and smelting Mag. 1864.
Spargo. Statistics etc. of the Mines of Cornwall 1864.
Bawden. Dislocations of lodes. Miners Assoc. Cornwall 1866.
Henwood. Metall. deposits. Rep. Miners Assoc. Cornwall 1872.
Maynard. On Lodes, Heaves and Slides. Miners Assoc. Cornwall 1872.
Collins. Mining district etc. Proc. Instit. Mechan. Eng. 1873.
Worth. Trans. Devon. Assoc. 1875. VII. p. 209 über die Anfänge der Zinnproduktion in Cornwall.
Brit. Manuf. Industr. 1876. Ein Aufsatz von Graham über Zinn in England.
Oxland. Trans. Plymouth Instit. 1876. V. p. 196 über Hebung der engl. Zinnprodukzion.

3. Literatur für Ostindien.

Bruckmann. Magnalia 1727.
La Lubère. Descript. Siam.
Crawfurd. Asiat. J. XIX. deutsche Uebers. von 1821.
Hamilton. Account of the East Indies.
Macartney. cit. in Voigt's mineral. Schriften 1799.

1) *W. Whitaker.* List of Works on the Geology of Cornwall. J. Roy. Instit. of Cornwall 1875.

2) Die zalreichen paläontologischen und mineralogischen Publikazionen habe ich, da sie nicht in das Bereich meiner Arbeit fallen, weggelassen.

3) Anfangs der vierziger Jare erscheinen viele Aufsätze über Stratigrafie von Cornwall und über Bedeutung und Einfluss der Elektrizität für Mineralgenesis in den geol. und filos. Zeitschriften von London und Cornwall.

Crawfurd. Indian. Archip. 1820 übers. 1821.
M' Culloch. Dictionary of Commerce 1832.
Ritter. Erdkunde 1835.
Royle. London. Edinb. Phil. Mag. 1844.
Temenheere. Trans. geol. soc. Cornwall 1846.
Lange. Banka 1850.
Croockewit. Banka 1852.
Whitney. Metall. Wealth 1854.
Beer. Welthandel 1862.
Berggeist. 1863.
Dach. Berg u. Hütt. Zeitung 1863.
v. Diest. Banka 1865.
Akkeringa. Jaarb. Mynwesen Nederland. Oost-Indie 1872.
Everwyn. Jaarb. Mynwesen 1872.
v. Diest. Jaarb. Mynwesen 1872.
Renaud. Jaarb. Mynwesen 1872.
Kaartjes. Jaarb. Mynwesen 1873.
Rant. Jaarb. Mynwesen 1873.
Menten. Jaarb. Mynwesen 1874.
v. Tonningen. De Gids 1875.
Schneider. Jb. geol. Reichsanst. 1876.
Engin. and Mining J. New York 1876.
A. Faber. Revue d'étain 1876.
Berg u. Hütt. Zeitung 1878.
Cordes. Jaarb. Mynwesen 1878.
Mining J. London 1878.
Statement of the trade of Brit. India 1874 bis 78.
Hunt. Mineral Statist. London.
Geol. surveys. Australia.
Reports of the Mining Surveyors.
Doyle. Q. j. geol. soc. 1879. p. 229.
Reyer. Österr. Zeitschrift f. Berg. u. Hütt. 1879 f.

4. Literatur für Australien und Amerika.

Alonso Barba. Metallurgie 1640.
Humboldt. Neu-Spanien 1813.
Phillipps. Polyt. Centralbl. 1854.
Whitney. Metall. Wealth 1854.
Zippe. Gesch. der Metalle 1857.
Scherzer. Reise der Novarra 1867.
Brug-Smyth. Goldfields of Victoria 1869.
Genth. Mining. J. New York 1870.
Daintree. Queensland 1873.
Wilkinson. Tinbearing County Invernell. Legislat. Assembly 1873.
Ulrich. Rep. of the tin Mines 1874.
G. Wolff. Berg. Hütt. Zeitg. 1875.
Clarke cit. in Lucas Mines and Mineral Statist. New. S. Wales 1875.
Lucas. Mines etc. of New. S. Wales 1875.
English. Mining. J. London 1875.
Resident. Mining. J. London 1875.
Williams. Mining. J. London 1877.
Mufford. Mining J. London 1878.
Baer. Archiv f. Antropologie 1878.
Berg. u. Hütt. Ztg. 1864, 1868 f.
Engin. and Mining. J. New York 1870 f.
Iron. 1875 f.
G. Wolff. Leonh. Jb. Mineral 1877. p. 8 nebst einer geol. Karte von Ost-Australien.
Iron Age. New York 1879.
Mineral Statistics 1870 f.
Mining. J. London 1875 f.
Whitney. Geol. Survey of California.
Reyer. Österr. Zeitschr. f. Berg. u. Hütt. 1879 f.

II. Geologie von Zinnwald und Altenberg.

Das Zinnrevier, welches wir zuerst betrachten[1]), liegt im Erzgebirge auf einer Linie zwischen Teplitz und Freiberg.

Vor Zeiten breiteten hier gewaltige Erupzionen ire Massen über den Meeresgrund aus. In der Folge wurde durch die Stauung des Erzgebirges das ganze nördliche Land — Schiefer sammt Granit und Porfirergüssen — gehoben, aufgestaut, und von den südlich liegenden Massen getrennt. Zwischen dem gehobenen erzgebirgischen Gebiete und dem sitzen gebliebenen bömischen Distrikte sehen wir ein zertrümmertes Senkungsgebiet eingeschaltet, welches von jüngeren Sedimenten und vulkanischen Produkten ausgefüllt ist. — Da und dort sieht man noch Pfeiler des alten zertrümmerten Landes aus den jungen Gebilden herausschauen. Es sind das dieselben Gesteine, welche im bömischen Hinterlande und hoch oben im Erzgebirge anstehen.

Das Erzgebirge streicht in der Richtung ONO, wärend die erwänten Erupzionsmassen ganz unabhängig von diesen Streichen quer gegen das Gebirge verlaufen. Da nun die Hauptstauung des Erzgebirges nach den besagten Erupzionen Platz griff, werden wir wol richtiger sagen: Die Gebirgsbildung hat das Land in der Richtung quer gegen die alten Verwerfungs- und Erupzionslinien zerbrochen und den einen Flügel des Landes gestaut.

---

[1]) Herr Professor Stelzner hat diese Untersuchung im Jb. f. Mineral. 1879 kritisirt. Er verweist auf die Fortsetzung des Porfirzuges gegen Norden, erinnert an eine von mir nicht erwänte Analise u. s. f. Merere Fingerzeige habe ich in der vorliegenden Umarbeitung verwertet. Die Grundzüge meiner Untersuchung aber, gegen welche Herr Stelzner nur Zweifel, aber keine Argumente ins Feld fürt, sind ungeändert geblieben; sie sind vielmer gefestigt durch ein reiches Erfarungsmaterial, das ich seither gesammelt und veröffentlicht habe.

In der beistehenden Skizze sehen wir die besagten Erupzionsmassen dargestellt. Man sieht, wie gegen Norden lange Fluss-

5 Kilometer. Erzgänge. Felsitgänge.

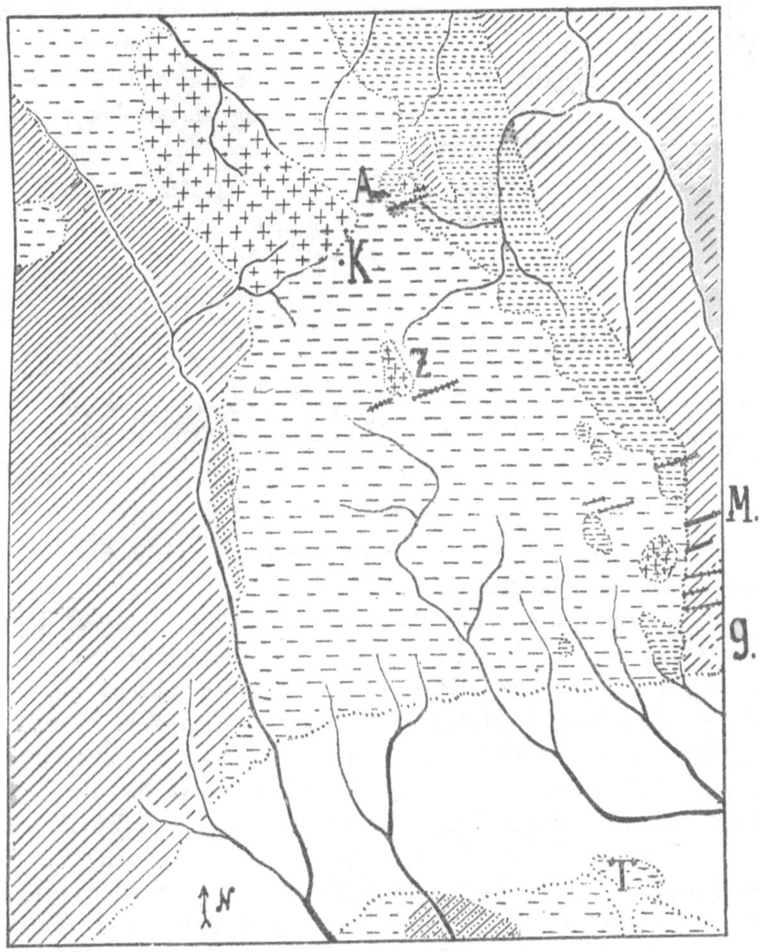

Schiefer. Granit u. Greisen. Quarz-Porfir. Porfir-Tuff. Sienit-Porfir.

A = Altenberg. K = Kalenberg. Z = Zinnwald. M = Mückenturm.
G = Graupen. T = Teplitz.

Laüfe ziehen, wärend die Gewässer gegen Süden in kurzem Laufe rasch abstürzen. Das ist der allgemeine Karakter des Erzgebirges: Der südliche Bruchrand fällt steil ab, wärend das gebirgige Land von den Höhen aus gegen Norden nur ganz langsam sich niedersenkt und vielmer den Eindruck einer Hochebene als den eines Gebirges macht.

Südlich vom besagten Steilabfall des Erzgebirges liegt das zertrümmerte Senkungsgebiet, welches ich in der Uebersichtskarte weiss gehalten habe. Jenseits dieses Senkungsfeldes sehen wir aber wieder Reste der alten Porfire anstehen.

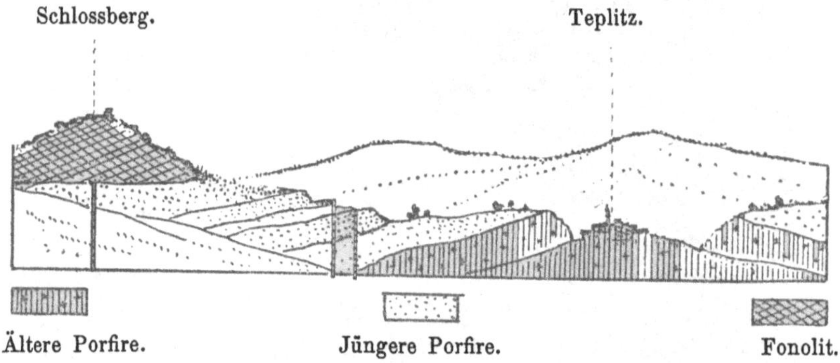

Wir wollen nun diese Eruptivmassen, an welche das Zinnerz gebunden erscheint, zergliedern.

Wir beginnen mit den Porfiren von Teplitz (T in der Karte). Wir sehen da, wie die beistehende Figur zeigt, *merere Porfirdecken* (deckenförmige Ergüsse) übereinander gelagert. Zwei in NNW streichende *Porfirgänge* setzen zwischen Schlossberg und Teplitz durch die Decken auf. Aus inen stammen offenbar die oberen Porfirergüsse. Im Hangenden wie im Liegenden der Porfire findet man hier und im Erzgebirge an mereren Stellen *Porfirtuffe*.

Wenn wir die im *Erzgebirge* auftretenden Porfire mit den Vorkommnissen von Teplitz vergleichen, finden wir einen wesentlichen Unterschied. Im Erzgebirge nämlich treten nicht Sisteme von Strömen, sondern massige, *einheitliche Ergüsse* auf. Innerhalb dieser gewaltigen Masse von Porfir treten, wie die Übersichtskarte zeigt, an mereren Stellen *granitische Gesteine auf*.

In diesen Massen geht der Bergbau vorzugsweise um und es sind demnach deren Beziehungen zu den Porfiren vortrefflich aufgeschlossen.

Wir wollen zunächst die berümte Granit- bez. Greisenmasse von Zinnwald beschreiben (Z in der Karte). Dieselbe ist elliptisch begrenzt; die grosse Axe des Körpers streicht in NNW. In der Tiefe nimmt diese Masse immer grössere Dimensionen an. Wir haben es mit einer elliptischen Kuppe zu tun, welche hier innerhalb des Porfires auftaucht. Die ganze Granitkuppe besteht aus einem Sistem von einzelnen Granitlagern, deren Form mit der Gestalt der Kuppe übereinstimmt; wie ein Stoss von übereinander gestülpten Kappen oder Schalen, so treten hier die besagten Granitblätter übereinander auf.

Die Beziehung dieser schaligen Granitkuppe zu den Porfiren ist ser merkwürdig. Der Porfir ist nicht etwa wie man vielleicht erwarten möchte, über eine kuppige Granitunterlage geflossen, sondern beide Gesteine sind durch Uebergänge und Wechsellagerung miteinander zu einer Einheit verbunden. Es macht den Eindruck, als ob hier in einem noch nicht erstarrten Porfirergusse ein Nachschub von granitischem Teig kuppig aufgestiegen sei. Nur durch diese Anname kann man den innigen Verband beider Gesteine erklären.

Die kuppige Gestalt und der schalenförmige Bau der Granitmasse sollen nun näher ins Auge gefasst und erklärt werden.

Ich habe in einer Reihe von Untersuchungen gezeigt, dass breiförmiges eruptives Material auf der Erdoberfläche angelangt je nach der Konsistenz einen deckenförmigen Erguss oder eine Kuppe bildet. Oft kombiniren sich auch beide Formen, indem innerhalb eines deckenförmigen Ergusses jüngere Nachschübe kuppenförmig aufsteigen. Derartige in den Decken kuppenförmig aufquellende Nachschübe habe ich als Quellkuppen bezeichnet.

Diese Ausfürung wurde durch Experimente, welche ich mit Gipsbrei ausfürte, erlaütert[1]). Begreiflicher Weise werden solche Gestaltungen, wenn die ersten Ergüsse und die aufquellenden Nachschübe aus demselben Material bestehen, sich voneinander nicht unterscheiden lassen. Wenn man nun aber im Experimente verschieden gefärbten Gipsbrei anwendet, dann tritt die innere Struktur deutlich hervor und man kann die jüngeren Nachschübe welche sich inner- und unterhalb der älteren Ergüsse ausbreiten und aufstauen gut voneinander trennen.

[1]) Jb. d. Reichsanst. 1879, 1880.

Die Natur fördert wie wir wissen auch nicht immer homogenes Material und so kommt es, dass wir in vielen Fällen die innere Struktur der Ergüsse vortrefflich erkennen.

Die Merkmale, welche dem Geologen hierzu dienen, sind

1) die Verteilung der Schlieren,

2) die Gestalt grösserer einheitlicher Gesteinsmassen.

Ich setze voraus, dass die meisten Leser mit dem Begriffe „Schliere" nicht vertraut sind und erörtere denselben kurz:

Wenn man Sirup in Wasser giesst, wenn man eine Farbe in Mörtel oder Gips einknetet, sieht man die beiden Stoffe, bevor sie gleichmässig eingemischt sind, lange Zeit in mannigfaltigen Formen sich durcheinanderwinden. Da entstehen Schweife, Bänder, Blätter die einander begleiten, miteinander innig verbunden sind und doch als Einheiten noch ganz gut erkannt werden. Diese Formen nun, welche bei der Mischung von Flüssigkeiten und Breimassen auftreten, nennt man Schlieren.

Es ist begreiflich, dass jede in einem „schlierigen" d. i. schlecht gemischten Brei auftretende Bewegung sich in der Anordnung dieser „Schlieren" offenbaren muss: Kommt der Brei durch eine Spalte, so müssen sich die Schlieren parallel den Spaltwänden anordnen, ergiesst sich die Masse als Decke, so breiten sich auch die Schlieren flach aus; kuppt sich die Eruptivmasse auf, so stauen sich auch die Schlieren dem entsprechend kuppenförmig.

Es folgt hieraus, dass die Beobachtung der Schlieren für die Erkenntniss des Baues der Eruptivmassen von hoher Bedeutung ist.

Wenn grössere einheitliche Massen verschiedener Eruptivgesteine nacheinander zur Förderung kommen, so werden natürlich die Erupzionsformen noch viel klarer zum Ausdruck gelangen. Man wird da fladen-, bez. kuppen- und kegelförmige jüngere Nachschübe innerhalb der älteren deckenförmigen Ergüsse auftreten sehen und deren Gestalt leicht fixiren können.

Nach dieser Erlaüterung kere ich nun zur Betrachtung unserer Granitmasse von Zinnwald zurück. Sie ist kuppenförmig gebaut und tritt inner- und unterhalb der Porfirmassen auf. Beide Gesteine sind durch Uebergänge und Wechsellagerung miteinander verbunden — das haben wir bisher festgestellt. Nun können wir hinzufügen: Die Granitkuppe ist als Quellkuppe zu bezeichnen;

unterhalb Zinnwald muss die Spalte liegen, aus welcher der granitische Nachschub emporgequollen ist.

Die besagte Quellkuppe besteht aus vollkristallinischen Gesteinen. Diese sind bald aus Quarz, Glimmer und Feldspat zusammengesetzt (Granit), bald tritt der Feldspat zurück und wir haben Gre'isen vor uns.

Ringsum breitet sich Porfir. Wir können hiernach es wol wagen, ein ideales Profil durch diese Massen zu legen: Die beistehende Figur zeigt den flach kuppigen, in seinen oberen Partien durch Stollen und Schächte wol aufgeschlossenen Massenerguss. Seine innere Struktur, welche wir sogleich eingehender besprechen werden, ist durch punktirte Linien angedeutet.

Modell-Profil durch die Erupzionsmassen von Zinnwald.

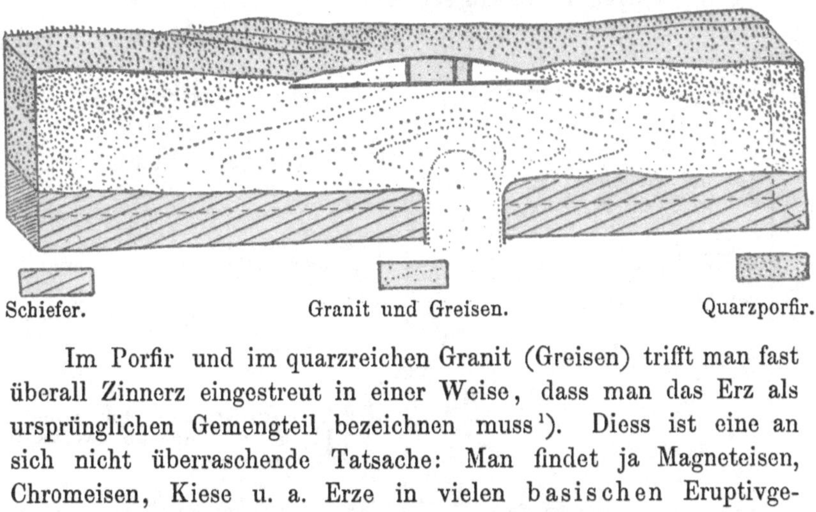

Schiefer. Granit und Greisen. Quarzporfir.

Im Porfir und im quarzreichen Granit (Greisen) trifft man fast überall Zinnerz eingestreut in einer Weise, dass man das Erz als ursprünglichen Gemengteil bezeichnen muss[1]). Diess ist eine an sich nicht überraschende Tatsache: Man findet ja Magneteisen, Chromeisen, Kiese u. a. Erze in vielen basischen Eruptivgesteinen als ursprüngliche Gemengteile; in den vorliegenden kieselreichen Ergussmassen spielt das Zinnerz dieselbe Rolle. Ausserdem trifft man das Zinnerz aber auch in einzelnen Quarzlagern, zwischen den einzelnen glockenförmigen Greisenschalen angereichert. Wir wollen die Beziehungen dieser Gebilde näher betrachten und zu diesem Behufe in das Bergwerk einfaren. Wir

---

[1]) Der Greisen liefert selten $^1/_4$ % Zinn, der Porfir noch weniger. Natürlich können so arme Gesteine unter den herrschenden Bedingungen nicht verwertet werden.

steigen durch den Michaeli-Schacht nieder und wandern dann im Horizonte des tiefen Bühnau-Stollens bis zur Reichtroster Weitung.

Wir sehen da im dunkeln Wandgesteine an vielen Stellen bald dünne, bald mächtige weisse Streifen. Das sind die erwänten Quarzlager. Die mächtigen Lager sind da und dort von gleichlaufenden Glimmerbändern durchzogen; auch trifft man lagen- und drusenweise Wolfram und Zinnerz an. Verzeichnet man auf dem Ausfluge das Streichen und Fallen der Quarzblätter und Lagen, so erhält man das bereits von den Bergleuten des vorigen Jarhunderts festgestellte Ergebniss, dass die Quarzlagen als gewölbte Zwischenlagen zwischen den Greisen- und Granitschalen eingeschaltet sind.

Die beigegebene Figur zeigt diese Lagerungsverhältnisse an. Wir ersehen daraus auch wie die Grenze der elliptischen Greisenkuppe im tieferen Horizonte sich erweitert.

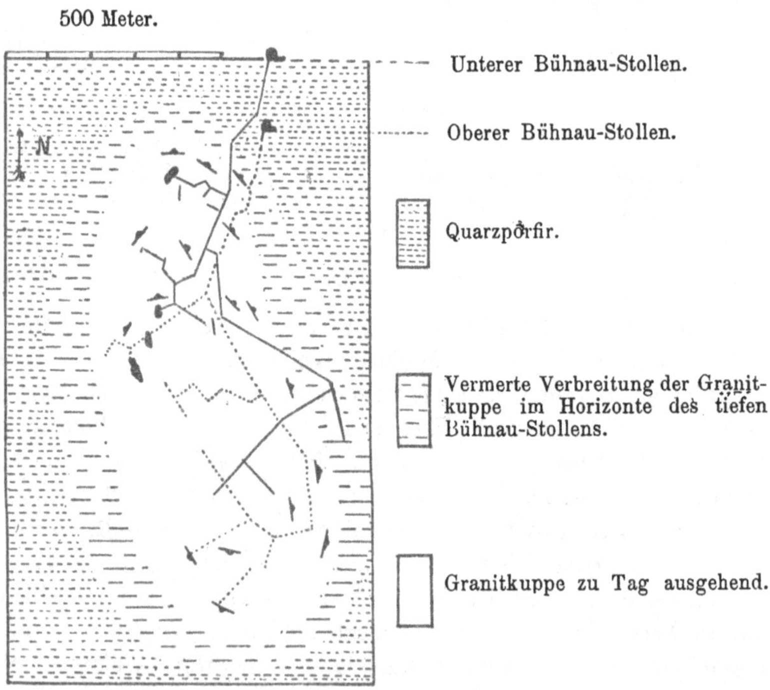

Dass die Lagerung der einzelnen Schalen nicht immer ganz regelmässig verlaüft, ist natürlich. Die einzelnen Lager sind örtlich wellig gebogen, da stellen sie sich etwas steiler auf, dort verflachen sie sich; im Ganzen aber sind diese Unregelmässigkeiten doch nur untergeordnet und es wird durch sie die Gesammtgestalt nirgends stark alterirt.

Der Abbau folgt den besagten Quarzflötzen und so entstehen Weitungen von meist geringer Höhe, aber ansenlicher seitlicher Ausdenung. Je nachdem der Flötz mächtig oder dünn war, haben die Abbauraüme die Gestalt von niederen breiten Galerien, oder aber sie erweitern sich zu einem verworrenen Sistem von Kammern.

Decke und Fussboden der weiten Abbaue sind dunkelgrau, denn sie sind Granit; die Wände aber sind weiss und gebändert, denn sie bestehen aus den noch nicht abgebauten Quarzlagern.

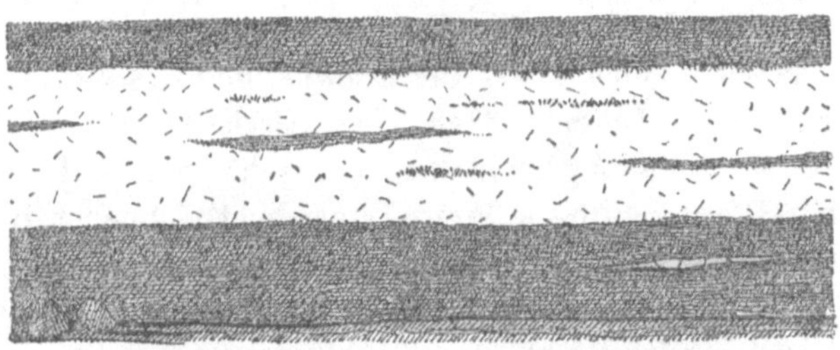

In der beistehenden Figur ist ein tipisches Stück des mächtigen Niedervereinigtfeld-Flötzes dargestellt. Da sehen wir grosse dunkle lagerförmige Massen von Granit (Greisen) und helle Lagen von Quarz, auch untergeordnete kleine Lager von beiderlei Art treten auf. Die Lagen ein und des anderen Gesteines keilen nicht selten aus. Die Granitlager sowol, als auch die Quarzblätter treten bald in mereren Gliedern auf, bald vereinigen sie sich durch Auskeilen des Zwischengliedes zu einem Körper. Die Granit- und Quarzlager stehen also zueinander im Verhältnisse der auskeilenden Wechsellagerung. Endlich ist zu betonen, dass das Auskeilen immer nur ganz allmälig sich einstellt, dass die Lager also weit ausgebreitete dünn auskeilende blattförmige Massen sind.

Die Abbauraüme geben beilaüfig eine Vorstellung vom ehemaligen Verlaufe der ausgebeuteten Quarzlager. Ausserdem enthält aber, wie erwähnt, auch der Greisen lagenweise Erz in abbauwürdiger Menge eingesprengt: Man hat da und dort auch die Greisenpartien in der Nachbarschaft der Quarzlager abgebaut, wodurch natürlich die Gestalt der Abbauraüme örtlich modifizirt worden ist.

Gemeiniglich trifft man diese Erzanreicherungen in einzelnen Lagen des Greisen. Besucht man nun aber die Reichtroster Weitung, so lernt man Verhältnisse kennen, welche mit der Anname von lagenweiser Anreicherung nicht stimmen, vielmer zu der Ansicht füren, dass örtlich unregelmässige vertikal aufsteigende Massen von erzreichem Greisen durch die Lagermassen aufsetzen. Die besagte Weitung ist nämlich nicht ein flacher, breiter Holraum, sondern ein hoch aufstrebendes Gewölbe.

Nach Angaben des Schichtmeisters H. Grumbt lässt sich die Weitung von dem Horizonte des tiefen Hilfe-Gottes-Stollens bis gegen Tag, mithin 63 Klafter hoch verfolgen, und soll noch 20 Klafter unter den besagten Horizont reichen.

Wir haben gesehen, dass die Greisen- und Granitmassen lagerförmig auftreten. Durch Abbau eines Greisenlagers kann also immer nur eine Weitung entstehen, deren horizontale Dimensionen vorwalten. Die Reichtroster Weitung zeichnet sich aber im Gegensatz durch ire gewaltigen Höhen- bezüglich Tiefen-Dimensionen aus. Ich dachte anfänglich, dass dieselbe durch Einsturz mererer nahe übereinanderliegenden lagerförmigen Weitungen entstanden sei. Doch wurde ich eines Besseren belert durch die von Herrn Grumbt und Herrn Obersteiger Höniger mir mitgeteilten Tatsachen. Es setzt hier wirklich eine einheitliche stockförmige Greisenmasse auf, bis zu welcher die erzfürenden Quarzlager herantreten, one in dem Greisenstock fortzusetzen. Nur grosse Quarzbutzen und Drusen treten da und dort in den noch erhaltenen Resten dieser gewaltigen Greisenmasse auf. Man hat es hier also offenbar mit einem Stocke zu tun, welcher an den übrigen lagerförmig angeordneten Erupzions-Massen absetzt, dieselben also durchsetzt, folglich jünger ist. Denselben Karakter scheint die Greisenpartie zu haben, durch deren teilweisen Abbau die Schwarzwänder-Weitung im bömischen Anteil von Zinnwald entstand.

Wir versuchen die Deutung dieser Verhältnisse vorlaüfig nicht, sondern keren zurück zur Besprechung der Beziehung zwischen Granit (Greisen), Porfir und Zinnerz.

In der Gegend von Kalenberg (K in der Karte) tritt die grösste Granit- und Greisenpartie unseres Gebietes auf. Auch hier hängen die Granite mit den um- und anlagernden Porfiren durch Uebergänge und Wechsellagerung zusammen und zwar fällt der Granit geradeso wie in Zinnwald ziemlich flach (zumeist 20 bis 30 Grad) unter den Porfir ein. Der Granit bildet also auch hier eine von Porfir überkleidete Masse.

Die Gesteinsübergänge sind in der Grube trefflich entblösst. Da sieht man einzelne Butzen und Schlieren von Granit im Porfir, weiterhin wiegt der Granit und Greisen vor, unregelmässige Butzen und Schlieren von Porfir durchschwärmen denselben — kurz beide sind miteinander durch schlierige Wechsellagerung verbunden. Die Zusammengehörigkeit beider Gesteine offenbart sich aber hier nicht blos durch den Verband und die Wechsellagerung, sondern auch durch die übereinstimmende Erzfürung. Es hat sich nämlich gezeigt, dass hier wie in Zinnwald nicht blos der Greisen, sondern auch der Porfir lagenweise in abbauwürdiger Weise von Zinnerz durchsprenkelt ist.

Gesteinsverband und Erzfürung zwingen uns also, diese Greisen- und Porfirmassen als eine Einheit aufzufassen:

Wir haben es hier wie in Zinnwald nicht mit getrennten, sondern nur mit verschiedenen Erupzionsmassen zu tun, mit Massen, welche sich petrografisch zwar unterscheiden, doch aber durch Uebergänge zu einer geologischen Einheit verbunden sind.

Ich habe in anderen Untersuchungen die Entstehung derartiger Ergüsse und die Bedingungen, unter welchen die geförderten Gesteine kristallinisch (granitisch) oder porfirisch erstarren, untersucht[1]). Die Begründung meiner Anschauungen kann ich hier nicht wiederholen, wol aber will ich das Ergebniss in einem Bilde vorfüren:

Bei Tief-Erupzionen kommen grosse Massen zu kontinuirlichem Ergusse. Dieselben nemen entsprechend dem grösseren oder geringeren Drucke (durch welchen die Liquida zurückgehalten werden) vollkristallinische, bezüglich porfirische Textur an. In tiefer See erstarren die Erupzionsmassen vollkristallinisch, in mässiger Tiefe porfirisch. Die Verhältnisse werden verwickelter in jener kritischen Tiefe, in welcher der Druck kaum genügt, um rein vollkristallinische Textur herbeizufüren, wo aber der Druck doch zu gross ist, um ein tipisch porfirisches Erstarren der Masse zu gestatten.

---

[1]) Reyer. Fisik der Erupzionen u. Jb. d. Reichsanst. 1878f.

Dringt das Magma über diesen kritischen Horizont empor, so wird es in seinen oberen und aüsseren Teilen allerdings porfirisch erstarren. Die unteren und inneren Teile aber, welche unter einem noch immer grossen Wasserdruck und überdies unter dem Drucke der überlastenden porfirisch erstarrenden Erupzionsmassen stehen, müssen granitische Textur annemen.

Dies ist unser Fall. Die quarzreichen Massen von Zinnwald sind in mässig tiefem Meere bis über das kritische Nivo aufgestiegen und dem zu Folge in iren oberen und aüsseren Teilen porfirisch, in iren inneren und tieferen Teilen aber, welche unter viel grösserem Drucke standen, granitisch erstarrt. So erklären sich die texturellen und tektonischen Verhältnisse, so erklärt sich der Gesteins-Uebergang und die durch Greisen wie durch Porfir — allerdings in ungleicher Menge — verteilte Erzfürung. —

Der Gegensatz dieser massigen Ergüsse zu den dünnen Porfirdecken von Teplitz erhält nun, da wir die Erscheinungen näher kennen gelernt, eine naturgemässe Deutung:

Im erzgebirgischen Gebiete spielten sich eben die Haupterupzionen ab. Dort waren die grossen Erupzionszentra, um welche sich die geförderten Massen einheitlich ablagerten. Entfernt von den Zentren der Förderung eröffneten nur unbedeutende Nebengänge von Zeit zu Zeit eine vorübergehende Tätigkeit; kleine Ergüsse lagerten sich dort schichtweise übereinander. Im zentralen Gebiete aber folgten Schub auf Schub die Ergüsse; sie stauten sich und breiteten sich als eine einzige riesige Ergussdecke aus. In iren aüsseren Teilen besteht diese aus porfirischen Gesteinen, wärend die jüngeren Nachschübe, welche innerhalb der Porfirmassen aufstiegen, granitische Textur besitzen.

Bezüglich der Zinnfürung haben wir festgestellt, dass die Porfire, wie die jüngeren, granitischen Nachschübe das Erz in einzelnen Schlieren in abbauwürdiger Weise als ursprünglichen Gemengteil eingestreut enthalten.

Ausserdem haben wir das Erz in einzelnen zwischen den Granitbez. Greisenschalen eingeschalteten Quarzblättern angereichert gefunden. Wie diese merkwürdigen Gebilde entstanden, ist nicht klar. Vor allem möchte ich betonen, dass eine Einfur von Klüften aus nicht nachweislich ist, dass die Verteilung der Erze vielmer nur von der Mächtigkeit und Erstreckung der Quarzblätter abhängt. Die

Blätter sind mit dem Nebengesteine verwachsen, sie zeigen haüfig eine simmetrische Verteilung der Mineralien; Glimmerblätter schiessen hier von den Salbändern heraus, dort stossen sie in der Mitte des Quarzlagers in Schnüren und Drusen zusammen; Wolfram und Zinnerz sind oft in gleicher Weise angeordnet. (S. die Fig. auf pag. 13).

Hierzu kommt noch eine ser beachtenswerte Erfarung der Bergleute: Wo viel Zinnerz in den Quarzlagern angereichert ist, da sind die benachbarten Greisenpartien erzarm und umgekert, wo der Quarz leer ist, findet man verhältnissmässig viel Erz im Nebengestein.

Diese Erscheinungen deuten wol darauf hin, dass die erzfürenden Quarzlager aus dem Wandgestein ausgeschieden worden sind.

Dies wird wol zugegeben werden; hingegen dürften die Ansichten auseinandergehen bezüglich der Frage nach der Art und Weise dieses Vorganges.

Viele werden an wässerige Ausscheidungsvorgänge denken, welche sich nach erfolgter Erstarrung der Eruptivmassen abspielten. Ich möchte aber anderseits darauf aufmerksam machen, dass konkrezionäre bez. sekrezionäre Gebilde in erstarrenden Massen ser haüfig vorkommen; dahin gehören die Kristallkugeln in Glasflüssen, die oft ser regelmässig geformten Kristallgruppirungen in Laven, die Feldspat- und Quarznester in Graniten u. s. f.

Meist schaaren sich die Kristalle um einzelne Punkte, es kommt aber auch vor, dass sie sich an gewisse Trennungsflächen, welche in dem erstarrenden Körper bestehen, halten, dann entstehen flächige Konkrezionen bez. Sekrezionen.

In dieser Weise meine ich können auch die erzfürenden Quarzblätter wärend des langsamen Erstarrens der gewaltigen Granitmassen ausgeschieden worden sein. Ich möchte sie demnach bezeichnen als zwischen den einzelnen Schlierenblättern abgelagerte Exsudate. Später mögen diese Lagen immerhin durch wässerige Prozesse Zuwachs erhalten haben.

Die Eruptivmassen von Altenberg.

Wenn wir auf dem flachwelligen Hochlande von Zinnwald her gegen Nord wandern, erblicken wir bald die Stadt Altenberg vor uns. Am sanften Abhange aber, welcher hinter derselben gegen den

Geisingberg ansteigt, gewaren wir eine riesige Einsenkung. Das ist die grosse Pinge, deren Profil hier dargestellt ist.

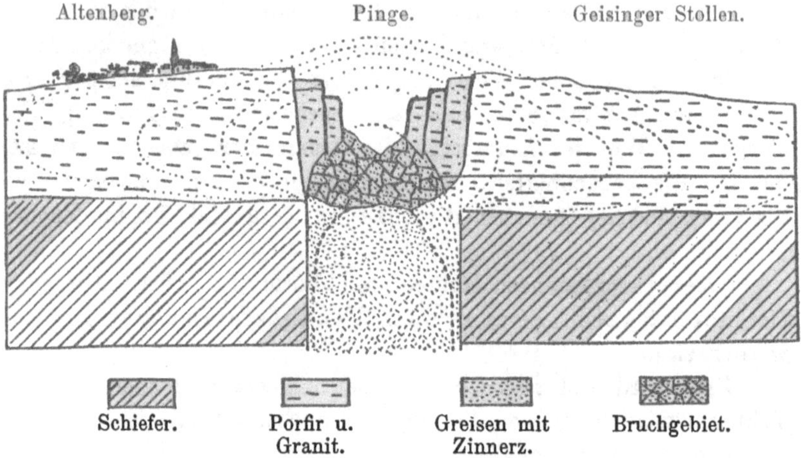

Da ist vor alten Zeiten das Gebirge eingebrochen, nachdem man die Gesteinstiefen lange und rastlos durchwült und ausgebeutet hatte.

Ringsum starrt dunkelrotgraues, steiles Gewände — der kreisförmige Bruchrand der Pinge. Vom Fusse dieser dunklen Klippen und öden Wände gehen Schutthalden gegen die Tiefe und stossen im Grunde und Zentrum der Pinge zusammen. An der Südseite reicht dieser Haldentrichter bis hinauf an den Rand der Pinge. Auf diesem Wege können wir in die Pinge hinabgehen, und auf der Grenze zwischen den Wänden und Halden ringsum wandern.

Man sieht da durchgängig aüsserst quarzreiche Gesteine, welche an die Greisen von Zinnwald und Kalenberg einerseits, anderseits aber auch an ser quarzige Porfire und Felsite manen. Graue, rotbraune und violette Färbung herrscht vor, und zwar wechseln die Farben fleckig ab, so dass die Felsen und Felsblöcke oft wie getiegert erscheinen. In einigen Fällen beobachtet man, dass die fleckige Färbung wie ein Saft ausgeht von zallosen Klüften, welche die Gesteinsmassen durchziehen. Selten (nur im S. der Pinge) kommen kleine Partien von weissem Felsit in Verband mit diesen dunklen und doch so quarzreichen Gesteinen vor.

Es ist kein Zweifel, dass in diesem Falle die Unterschiede des Ansehens vorwaltend auf Unterschiede des Gefüges zurückzufüren sind: Hier ist das Gestein zusammengesetzt aus groben Quarzkörnern, welche an der Grenze ineinander verfliessen, wie zerkochte Sagokörner; dort treffen wir dasselbe Verhältniss, doch feinere Körnchen, aus denen das Gestein zusammengekittet ist (fast gleicht es manchem von Kieselsaft durchtränktem Quarzit); endlich erscheint da und dort felsitischer Habitus.

Ueberall füren diese Gesteine Zinnerz — dem Auge nicht sichtbar — eingesprenkelt[1]), und je quarziger sie sind, um so reicher soll ir Gehalt sein. Darum wurde und wird das Gestein im Ganzen ausgehoben und darum entstand der trichterförmige Niederbruch.

In alter Zeit, da man mit Holz nicht zu sparen hatte, ging man in der Tiefe auf verschiedenen Horizonten und auf zallosen Strecken mit Feuersetzen vor. Durch den Brand blätterten sich Gesteinschalen und Scherben los, und so entstanden ringsum da und dort und in verschiedener Tiefe eiförmige Ausbrand-Hölungen und -Gänge und grosse domförmige Weitungen.

Noch heute, wenn wir unten in der Pinge an den öden, dunkeln Wänden hinschreiten, sieht man in verschiedener Höhe das Gewände durchfressen von ausgebrannten Löchern, Hölen und Fenstern.

Verfolgen wir die geschilderten Abbaue, so erhalten wir durch sie Aufschluss über die Fortsetzung der quarzigen Gesteine gegen die Tiefe; denn der Abbau folgt ja eben ausschliesslich diesen mit Zinnerz impregnirten Massen.

Die leitenden Baue sind seit alter Zeit:

1. ein etwa 900 Klafter langer Stollen, welcher vom Geisinger Tale her gegen W. unter die Pinge von Altenberg fürt. Dieser Stollen bringt natürlich an verschiedenen Punkten verschiedene Tiefe ein. Gemeiniglich bezieht man seine Tiefe auf den

2. Römer-Schacht. Dieser geht im niederen Gehänge SW. von der Pinge nahe der Kirche von Altenberg nieder und trifft in einer Tiefe von 60 Klaftern auf die Sole des tiefen Geisinger Stollens.

Ehedem wurden über und unter der Stollensole in verschiedenen Horizonten der Greisen-Masse Strecken und Baue getrieben, bis endlich diese ganz durchlöcherte und durchwülte Masse in sich zusammenbrach. Von jener Zeit an wird nur mer unter der Stollensole gebaut.

---

[1]) Charpentier, Ferber, Weissenbach, v. Cotta und H. Müller heben hervor, dass diese Gesteine das Zinnerz überall eingemengt enthalten und dass die Erzfürung nicht etwa blos an Klüfte gebunden ist.

Viele Brüche haben noch nachträglich stattgefunden, und derzeit trifft man erst in einer Tiefe von 50 Klafter unter dem Hauptstollen (also 110 Klftr. unter dem Römer-Schacht) kontinuirliches, festes Gestein. Doch arbeitet man in dieser grössten Tiefe nicht, da es vorteilhafter ist, die bereits zusammengebrochenen Massen der höheren Horizonte zu gewinnen. Und so betreibt man denn in verschiedenen Solen unter dem Hauptstollen Strecken in das zertrümmerte Gestein.

Die Abbau-Horizonte liegen je 10 Klafter untereinander und man zält deren fünf. In den oberen Horizonten (also 70, 80, 90 Klafter unter dem Römer-Schacht) wird, wie gesagt, derzeit noch gearbeitet. Der tiefste Horizont (110 Klafter unter dem genannten Schacht) steht unter Wasser, weil er im festen Gesteine geht, mithin einen zu kostspieligen Abbau verlangen würde.

Nach dieser Einleitung blicken wir auf das beistehende kleine Kärtchen, in welchem eingezeichnet sind:

1. Eine kleine, punktirte Ellipse, welche die Weite der Pinge im Jare 1620 (nach dem dritten Bruche) darstellt.

2. Eine etwas grössere Ellipse, welche den heutigen Umfang der Pinge angibt.

3. Eine Ellipse, welche beide erwänten kleineren Ellipsen umfängt und den Verlauf der zu Tag ausgehenden Bruchklüfte veranschaulicht.

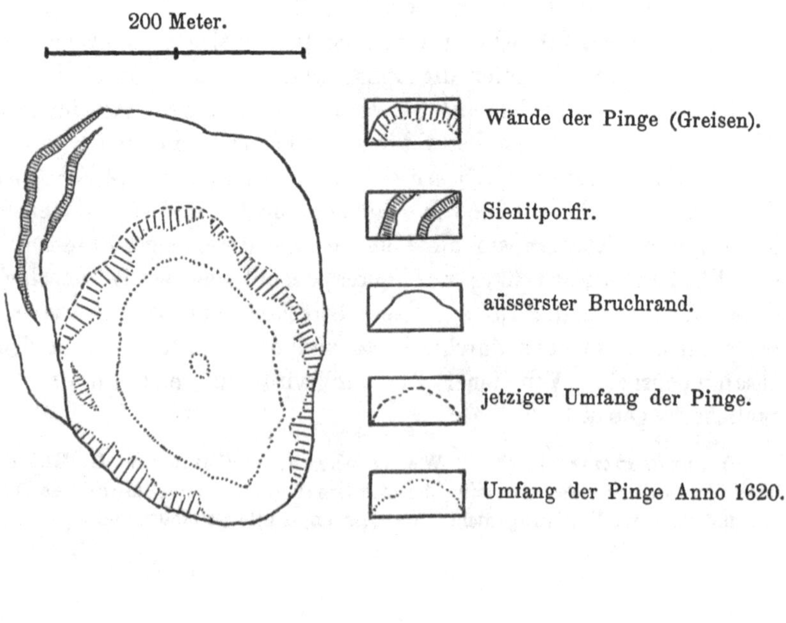

Es ist beachtenswert, dass die tiefen Baue den Raum der grossen Ellipse beherrschen.

Im Gegensatze hierzu wurden die Greisenmassen nahe der Erdoberfläche nur im Umfang der kleinen Pingen-Ellipse abbauwürdig befunden. Hieraus folgt, dass die Greisenporfir-Massen, wie die Bergleute ganz richtig gefunden haben, die Form eines Kegels oder Zuckerhutes annemen.

Nun können wir die Natur der grossen Ellipse und deren Beziehung zur Pinge besprechen.

Der Rand der kleinen Ellipse wird gebildet durch Gesteinwände, deren Natur ich in der Karte angedeutet habe. Eben solche Wände treten aber auch an den, durch die grosse Ellipse bezeichneten Stellen, als schmale Stufen auf. Nähert man sich der grossen Ellipse von Aussen, so muss man dort über eine Stufe hinabsteigen, dann geht man wieder eine Zeit lang eben fort, bis zu den Abstürzen der Pinge.

Der Gesteinskörper zwischen der aüsseren Ellipse und der Pinge verhält sich also wie ein Ring, oder wie ein Einsatz, welcher sich von der umgebenden Gesteinsmasse abgetrennt hat und um ein Stück gegen die Tiefe gesunken ist (Vgl. pag. 18).

Der Zusammenhang des abgesunkenen Ringes mit dem Abbau liegt auf der Hand. Nachdem die obersten Teile des zuckerhutförmigen Stockes von Altenberg abgebaut waren, erfolgte dort jener Einsturz, welcher als grosse Pinge zu Tag ausgeht. Als dann die Baue, je tiefer sie vordrangen, um so mer sich erweiterten, klüftete sich die unterwülte Masse da und dort entsprechend dem Abbau los und setzte sich stufenweise tiefer. Die Stufen und Wände, welche wir im Gebiete der grossen Ellipse heute sehen, sind also nichts anderes als die Ober- und Seitenflächen von mauer- und keilförmig nebeneinander stehenden abgeklüfteten Gesteinsmassen. Geht die Unterwülung noch weiter, so wird der Ring vollends zu Bruche gehen und die Pinge wird um einen Kranz weiter.

Nachdem wir so die Verhältnisse des Greisenstockes und die Beziehung der Brüche zu demselben klar gestellt, haben wir den Verband des Stockes mit der Umgebung zu betrachten.

Da erhalten wir nun folgende Aufschlüsse:

1. An den SW. Wänden der Pinge spielen in die Greisenfelsit- und Greisen-Massen des Stockes granitische Partien ein. An der

W. und NW. Seite der Pinge kommt Granit zur Herrschaft. Dort steigen wir in der Kluft zwischen einer abgesessenen Granitwand und der anstehenden granitischen Pingenwand auf, und sehen nahe dem obersten Rand eine etwas dunklere 5 Ctm. breite Granitschliere, welche von der Pinge weg gegen die Tiefe einfällt.

2. In der Tiefe herrscht in W. der Pinge Granit.

3. Die nördlichen, durch die grosse Ellipse bezeichneten Bruchränder weisen Granitsienit-Porfir, Feldspat-Porfir und afanitische Abarten dieser Tipen auf; selten trifft man eine untergeordnete Quarzporfir-Schliere.

4. Gegen O. herrschen Sienitgranit, Sienitporfir und afanitisch ausgebildete Gesteine dieser Zusammensetzung.

5. In der Tiefe herrschen in dieser Gegend Greisen, Porfir und Granitporfir; doch trifft man an mereren Stellen auch Granit.

6. Im S. der Pinge treffen wir Greisen und Felsit.

All diese Gesteine hängen mit den anlagernden Porfirergüssen durch Uebergänge zusammen, wie Ferber, Charpentier, Daubrée u. a. Forscher betonen.

Diese Tatsachen nun und die Beziehungen des Stockes zu den in der weiteren Umgebung ausgebreiteten Eruptivmassen (s. Fig. 1) fassen wir zu folgendem Bilde zusammen:

Eine einheitliche, durch Uebergänge verbundene Masse von Eruptivgesteinen verschiedener Zusammensetzung und verschiedenen Gefüges breitet sich um Altenberg.

Rings um die Pinge herrscht an der Oberfläche Sienitgranit und Sienitporfir. In dem Gebiete der Pinge selbst aber steigt durch diese Ergussmassen als jüngstes Glied ein Stock von Greisen und Greisen-Afanit auf (s. die Fig. auf p. 18).

Wäre diese Masse zum Erguss gekommen, so würden sich die zinnfürenden Gesteine flach ausgebreitet haben, und wir träfen dann auch hier, wie in Zinnwald, Abbaue mit vorwiegend horizontaler Erstreckung.

Ursprüngliche Zinnfürung und sekundäre Ablagerung.

Wie in Zinnwald und am Kalenberge treten auch hier die Zinnerze an kieselsaürereiche Eruptivgesteine gebunden auf. Hier wie dort kommen sie eingesprenkelt als ursprüngliche Bestandteile vor. Doch ist zu bemerken, dass, wärend der Zinnstein an jenen Orten zum Teil deutlich sichtbar wird, er hier meist nicht wargenommen werden kann. In beiden Fällen besteht offenbar eine Beziehung zwischen dem Gefüge des Gesteines und der Form der Zinnfürung. Wo die Kristallisazions-Bedingungen eben günstig waren, da haben sich alle Bestandteile des Gesteines, Quarz wie Glimmer und Zinnstein, in grösseren Kristallen abgeschieden. Wo die Bedingungen ungünstiger waren, wie in Altenberg, da ist der Gesteinbrei meistenteils undeutlich kristallinisch (afanitisch) erstarrt. Dem entsprechend finden wir hier auch das Zinnerz ser fein eingestreut und verteilt.

Ausser diesem ursprünglichen Zinngehalte treffen wir in Altenberg und an anderen Orten auch noch eine Zinnfürung, welche gewiss sekundär (durch Exhalazion bez. Zirkulazion bedingt) ist. Die Karte zeigt, dass verschiedene Eruptivgesteine sowol, als auch der Gneiss merfach von Klüften durchsetzt sind, an welche Zinnerzfürung gebunden ist; und zwar zeigt es sich allemal, dass das ganze Gestein, in welchem die Zinngänge aufsetzen, seitlich bis auf gewisse Entfernung von der Kluft mit Zinnerz impregnirt ist.

Bereits Charpentier teilt die Zinnerzvorkommnisse in der eben angedeuteten Weise ganz razionell ein. Nach ihm kommt Zinnerz vor:

1. One die geringste Ordnung eingestreut im Granit von Zinnwald und im Porfir von Altenberg. Die Zinnteilchen sind bald gut sichtbare Körner, bald fein wie Staub. Mitunter schaaren sich die Erzteilchen zu Nestern zusammen.

2. Trifft man das Zinnerz in Quarzlagern im Granit von Zinnwald.

3. Kommt das Zinnerz ser haüfig an Klüfte im Granit oder Schiefer gebunden vor und zwar ist in diesen Fällen das Gebirgsgestein zu beiden Seiten der Kluft erzhältig, und wird eben dies Wandgestein abgebaut.

v. Weissenbach unterscheidet in gleicher Weise und giebt für die Impregnazions-Gänge, welche in den Eruptivgesteinen von Altenberg und Zinnwald aufsetzen, folgende Merkmale an:

1. Die Gänge streichen fast stets zwischen hora 2 und 6.

2. Alle füren roten Letten oder Eisenkiesel, etwas Quarz und ser wenig Zinnstein,

3. Das Wandgestein, mag es Granit oder Sienitporfir oder ein anderes Gestein sein, ist immer von den Salbändern aus mit Zinnerz angereichert, wogegen der Feldspat zumeist zerstört wurde.

De la Bêche wird durch diese Impregnazions-Erscheinungen zu der Anname gefürt, es seien Soluzionen, vielleicht in Folge der Bildung des Granit, in die Spalten eingedrungen und hätten die Wandgesteine verändert.

Daubrée hat durch die Anname von Exhalazionen eine befriedigende Erklärung der Erscheinungen gegeben. Silizium, Zinn u. s. f. wurden nach seiner Ansicht insbesondere in Verbindung mit Fluor und Chlor gefördert.

Beachtenswert ist, dass das Wandgestein in all diesen Fällen nicht blos eine Impregnazion, sondern auch eine weitgehende Wandlung erfaren hat. Der Schiefer ist allemal aüsserst quarzig, und in gleicher Weise sind auch die Eruptivgesteine in der Nachbarschaft der Zinnklüfte umgewandelt. Mögen diese in wie immer gearteten Ergussmassen aufsetzen, allemal finden wir die Wände bis auf eine gewisse Entfernung (selbst bis 1 Meter und mer) dem Greisen änlich, und ebensoweit, als die Verquarzung reicht, hält meist auch Impregnazion mit Zinnerz an.

Die Verquarzung kann nicht allein aus dem Vergleiche des Wandgesteines mit dem allgemeinen Karakter der Eruptivmassen entnommen werden, sondern sie offenbart sich auch nicht selten in Pseudomorfosen von Zinnstein und Quarz nach Feldspat.

Selten wol erscheint die Feldspatsubstanz ganz durch Quarz, bez. Quarz und Zinnstein verdrängt; meist hinterbleibt Steinmark oder Ton an Stelle des Feldspates. Diese Zersetzungsprodukte sind aber immer von erhärtetem Kieselsafte durchtränkt und mit den Quarzen des ursprünglichen Eruptivgesteines derart verkittet und verschmolzen, dass man das Gestein leicht mit einem ursprünglichen Greisen verwechseln kann.

Diese auf sekundärem Wege gebildeten Greisengesteine müssen von dem ursprünglichen Greisen scharf geschieden werden; widrigenfalls kann man leicht zu Felschlüssen gelangen. Es zeigt sich nämlich, dass nicht blos der Stock von Altenberg, sondern auch dessen Umgebung bis auf beträchtliche Entfernung von Klüften durchsetzt ist. Nach diesen Klüften ist aber durchgängig die Impregnazion und Umwandlung der Gesteine bis zu einem höheren oder geringeren Grade gegangen. Die Folge davon ist, dass es scheint, als ob der Greisen-Porfirstock von Altenberg unzälige Arme, Auslaüfer und Gänge in die umliegende Gesteinsmasse absende — eine offenbar falsche Vorstellung. —

Ausbreitung der Ergussmassen.

Nach diesen Auseinandersetzungen über den Altenberger Stock und dessen nächste Umgebung können wir ein Profil durch die betrachteten Massen zu legen versuchen.

Vorher aber brauchen wir notwendig noch folgende Daten, welche ich bisher nicht erwänt habe, weil sie das Bild ganz unnötiger Weise unklar gemacht hätten.

1. Der tiefe Stollen von Geising geht 250 Klafter in Granitsienit-Porfir, dann 290 Klafter in Gneiss, und dann folgt „quarziges Gestein", in dem man 350 Klafter fortgeht bis zu den Erzen.

2. Der Kontakt zwischen Schiefer und Porfir im Geisinger Stollen verlaüft fast senkrecht.

3. Bei Segen Gottes zu Schellerhau scheint die Grenze beider Gesteine eine überhängende zu sein. Hieraus hat man früher geschlossen, der Gneiss liege an diesem Orte über dem Porfir.

Diese Verhältnisse scheinen mir auf verschiedene Ursachen zurückzufüren:

Das Absetzen der Eruptivgesteine am Schiefer W. von Schellerhau dürfte auf eine Verwerfung zurückzufüren sein.

Das Abschneiden des Sienitgranit-Porfirs am Schiefer zwischen Altenberg und Geising aber dürfte auf einer andern Ursache beruhen. Ich glaube nämlich, dass der Sienitgranit-Porfir hier auf einer NNW. Spalte aufgestiegen sei. Hierfür spricht der Verlauf dieses Eruptivgesteines in einem Streifen parallel mit der Längsaxe des Stockes von Altenberg, parallel mit der Hauptaxe der Aufquellungsmasse von Zinnwald und endlich auch parallel mit dem Porfirgang von Teplitz.

Der unregelmässige Verlauf dieses Sienitgranit-Porfires gegen die Porfirmassen und das fleckenartige Auftreten des ersteren Gesteines im letzteren zeigen, dass die Sienitporfir-Masse nicht blos in der Spalte aufstieg, sondern auch sich seitlich ausbreitete.

Die Uebergänge endlich, welche zwischen dem Sienitgranit-Porfir und dem Porfir bestehen, beweisen, dass beide Gesteine ziemlich gleichzeitig hervorbrachen und folglich zu einem Gusse sich vereinigten.

Ist nun aber die Granitporfir-Masse ein Gang, so fällt die Deutung der Gneisspartie zwischen dem Granitporfir und dem Stocke von Altenberg nicht schwer: Wir haben es eben mit einer Scholle oder besser mit einem Keile von zertrümmertem Grundgebirge zu tun, mit einem Pfeiler, der in höherem Niveau steht, als die übrigen Gneissmassen. Dieser Pfeiler wurde seinerzeit von den Eruptivmassen umflutet, wärend die übrigen Gneissmassen, welche in ein tieferes Niveau gesunken waren, von den Ergüssen überdeckt wurden.

Der Stollen von Geising-Altenberg geht zufolge dieser Auffassung auf seinem Wege von Ost gegen West zuerst durch den Gang von Sienitgranit-Porfir, dann durchbricht er den Gneisspfeiler und setzt seinen Weg jenseits des Pfeilers in der Porfirmasse fort, welche aus dem Altenberger Erupzions-Zentrum stammt.

Endlich kommt er nach Durchdringung dieser an Zinngängen reichen Masse bis zum Altenberger Stocke selbst. —

Ausser diesen Verwerfungen scheint mir noch eine andere Verwerfung warscheinlich:

Wenn man die Schlucht durchwandert, welche die Westgrenze unseres Erupzions-Gebietes markirt, so sieht man an der Ostseite der Schlucht bei Niklasberg den Gneiss in relativ niederem Niveau anstehen und von Porfir überdeckt, wärend der Gneiss an der westlichen Schluchtseite bis zum Gipfel des Erzgebirges hinauf herrscht, eine Erscheinung, welche nicht minder als die oben erwänten durch Querverwerfung verursacht sein dürfte.

Wir fassen nun die erwänten Tatsachen zusammen zu dem Satze: der ganze Distrikt, in welchem die Erupzionsmassen sich ausbreiteten (zwischen Schellerhau—Niklasberg einerseits und Geising—Graupen anderseits), stellt sich im grossen Ganzen dar als ein von Erupzionsmassen durchbrochenes und überdecktes Senkungs-Gebiet.

Nach dieser Auffassung lässt sich also der geradlinige Verlauf der Porfire quer durch das Erzgebirge zum grossen Teile auf Verwerfungen zurückfüren. Hieranf bezog ich mich, als ich im zweiten Abschnitte betonte, dass der Verlauf der Erupzionsmassen kein genügendes Argument abgebe für die Anname, in eben dieser Richtung seien die Erupzionsmassen ursprünglich emporgedrungen.

Betrachten wir nun zum Schlusse noch den südlichen Abhang des Erzgebirges, so fällt es uns auf, dass hier die Porfire bis herab in die Ebene herrschen, wärend im Osten und Westen der Porfirmassen der Gneiss bis zu den höchsten Stellen des Erzgebirges ansteht. Das jüngere Gestein liegt hier also 800 Meter tiefer als die älteren Schiefergesteine auf beiden Seiten der Porfirmasse.

Wärend ich die oben besprochenen Erscheinungen auf Querverwerfungen zurückfüre, scheinen mir die Verhältnisse am Südabhange des Erzgebirges auf Längsverwerfungen zu deuten. Ich erkläre mir nämlich die abrupte Nivodifferenz durch die Anname, der gehobene Erzgebirgsflügel sei längs seines steilen Südabhanges ein oder mermal abgebrochen. Hätten nicht solche Verwerfungen stattgefunden, so müssten wir den Gneiss am steilen südlichen Bruchrande des Erzgebirges beilaüfig im selben Nivo wie bei Niklasberg anstehend finden, was aber an keiner Stelle der Fall ist.

Direkte Nachweise einer bezüglichen Längsverwerfung felen; doch scheinen mir die gewaltigen Nivodifferenzen nicht wol anders erklärbar. Uebrigens sind derartige Längsverwerfungen parallel dem Bruchrande eines Gebirges ganz normale Erscheinungen.

Sienitporfir und Felsit.

Neben den bisher erwänten Gesteinen und innig mit denselben verbunden treten in unserem Gebiete auch Sienitporfir und Felsit auf. Im Osten der Eruptivmassen verlaüft, wie man aus der Karte sieht, ein langer und mächtiger Streifen von Sienitporfir; dasselbe Gestein kommt auch fleckweise an mereren Punkten im Südosten vor. Es trennt sich nirgends in dem von mir begangenen Gebiete scharf ab von dem Quarzporfir, sondern hängt mit demselben durch Wechsellagerung und Uebergänge zusammen, wie man besonders schön in der Preisselberger Pinge sieht.

Da erblickt man mitten im Gebiete des Quarzporfires eine mannigfaltige Abänderung der Gesteinsbeschaffenheit. Bankweise wechseln helle und dunkle, quarzreiche und basische Porfire, alle Bänke aber sind fest miteinander verbunden zu einer Einheit.

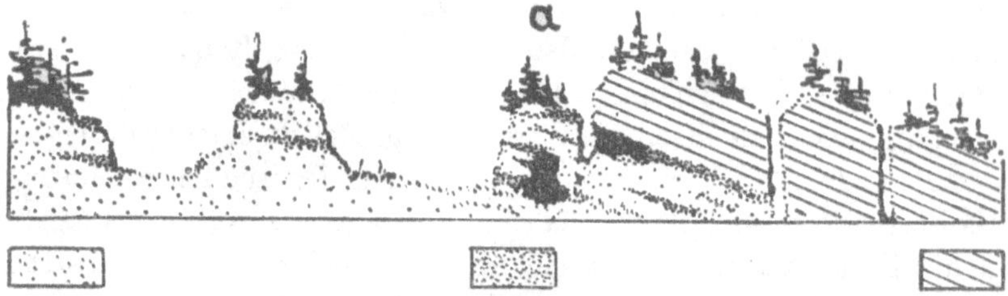

In der beistehenden Fig. ist dieser merkwürdige Aufschluss abgebildet. Man sieht da dunkle Streifen — sie bestehen aus erzfürendem Greisenporfir, untergeordnet auch Sienitporfir, daneben helle Partien von Quarzporfir und Granitporfir. Der quarzreiche rauchgraue Greisen ist stellenweise reich an Zinnerz — das hat eben den vorliegenden Abbau veranlasst. Am Blocke a sieht man recht gut, wie der Abbau sich gerade an die dunkle erzreiche Lage (von Greisenporfir) gehalten hat.

Die Porfirmassen brechen neben und unter dem Schiefer hervor. Nebenan im Schiefer (im Bilde rechts) sehen wir zwei schmale Gänge von einem weissen Felsitporfir. Auch dieses Gestein war offenbar erzfürend, denn beide Gänge sind auf eine gute Strecke abgebaut. Sie streichen in NO. bis NNO.

Eben solche Gänge treffen wir im benachbarten Schiefergebiete noch an mereren Stellen, so bei dem Försterhaus und bei der grossen Pinge vom Mückentürmchen (M. in der Karte). In allen Fällen streichen diese kleinen Felsitgänge NO. bis O. Die erwänte grosse Pinge ist eine durch Abbau entstandene trichterförmige Einsenkung im Schiefergebirge. Fast ringsum stehen die Schieferfelsen an; Halden füren von den Felsabstürzen in die Tiefe. Mächtige Trümmerhalden liegen auch gegen Ost und West ausgebreitet. Sie sind zum grössten Teile bewaldet, ein Zeichen dass der Abbau hier seit vielen Menschenaltern stockt.

Im Norden von der Pinge sieht man an fünf Punkten Felsit anstehen. Aus dem Streichen der Schlieren und aus dem Kontakte mit dem Schiefer entnimmt man, dass die fünf Aufschlüsse au zwei ONO. streichende Felsitgänge zurückzufüren sind.

In der nebenstehenden Figur sind die Wände der Pinge (Schiefer) durch schiefe Straffage gekennzeichnet. Im Norden sehen

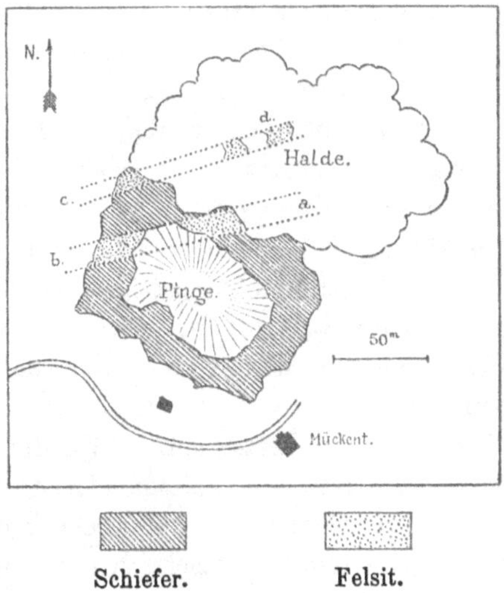

wir die zwei Felsitgänge aus den fünf vorliegenden Aufschlüssen ergänzt.

In neuerer Zeit hat der Bergbau auch merere übereinstimmende Felsitgänge in der Tiefe angefaren. Das Eruptivgestein enthielt das Erz fein eingesprengt und in Nestern.

Die Zinnfürung dieser Gesteine und der bei Altenberg zu beobachtende einheitliche Verband der Felsite mit den übrigen Eruptivmassen zeigt uns an, dass die besagten Gänge derselben Erupzionsepoche angehören wie die übrigen zinnfürenden Gesteine von Zinnwald-Altenberg.

Die verschiedenen Massen wurden natürlich nacheinander gefördert, daher man auch in den aüsseren Teilen der Ergussmassen die Gesteine einander gangförmig durchsetzen sieht, im Innern der Massenerupzionen aber haben sich, wie die Aufschlüsse beweisen all die verschiedenen Gesteine verschweisst und zu einer Einheit verbunden, offenbar weil die älteren Ergüsse in der Tiefe noch nicht starr waren, als die jüngeren Nachschübe folgten. Ich wiederhole, wenn auch an manchen Stellen ein gangartiges Durchbrechen eines Gesteines durch ältere Eruptivmassen nachweislich ist, so hängen doch die Hauptmassen der zinnfürenden Eruptivgesteine durch Uebergänge miteinander zusammen; sie gehören einer grossen Erupzions-Epoche an.

Im ganzen muss man drei chemisch und mineralogisch verschiedene Gesteinsarten im ganzen Revier scharf unterscheiden:

1) Die alten Quarzporfirmassen.

2) Die jüngeren quarzreichen Nachschübe, welche sich durch iren Zinnerzgehalt auszeichnen.

3) Dunkle Porfire.

Unter den quarzreichen erzfürenden Gesteinen haben wir ferner zwei Varietäten auseinanderzuhalten:

a. granitische Gesteine;

b. kleinkörnige, afanitische und felsitische Abarten.

Diese Varietäten sind einander chemisch und mineralogisch ser änlich, überdiess werden sie durch die übereinstimmende Erzfürung als Genossen karakterisirt. Es ist nach meiner Ansicht ein und derselbe Brei gewesen, welcher nur in verschiedener Art — bald grobkörnig, bald porzellanartig erstarrt ist: Wie der Metallgiesser aus demselben Metallgemische bald einen grossblättrigen, bald einen feinkörnigen Guss erhält, jenachdem er die Massen langsam erkalten lässt, oder sie „abschreckt", so erteilt die Natur eben auch ein und demselben Gesteinsbrei verschiedene Ausbildung je nach den Bedingungen des Erstarrens. Wo die Massen langsam und in der Tiefe erstarrten, da bildeten sich grosse Kristalle; wo sie hingegen in Spalten gejagt wurden, da erstarrten sie so rasch, dass sich keine grösseren Kristalle ausscheiden konnten.

Derart ist nach meiner Ansicht die Beziehung der verschiedenen in unserem Revier auftretenden Eruptivmassen zueinander.

Zum Schlusse erwäne ich, dass im Gebiete von Graupen (G in der Karte) zalreiche im Schiefer aufsetzende Impregnazions-Klüfte abgebaut wurden und werden. Die Merzal dieser Klüfte streicht hora 2 bis 6[1]), sie füren roten Letten, Steinmark, Quarz, Flusspat, Glimmer und Eisenglanz. Das Zinnerz kommt neben diesen Mineralien auf dem Kluftraume selbst in Körnern, Knoten und flachen Butzen vor. Ausserdem ist das Wandgestein in der bekannten Weise auf grössere oder geringere Erstreckung verquarzt und mit Zinnstein impregnirt. Diese impregnirten Massen werden hier wie in allen Zinnkluft-Revieren gewonnen und auf Zinnstein verarbeitet.

Von besonderer Bedeutung waren die Abbaue im Gebiete der Mückenpinge. Da hier wie wir oben gesehen keine grösseren Massen von zinnfürendem Eruptivgestein vorkommen, ist diese Pinge (im Gegensatze zu der Altenburger Pinge) wol durch den Abbau einer reichen Schaarung von Zinnklüften bedingt und geschaffen worden. —

---

[1]) Haüfig fallen diese Klüfte 15—40° gegen das Gebirge (gegen NW) ein.

Die Beziehung dieser Zinnklüfte zu den Massen von Zinnwald-Altenberg ist wol einfach:

Zur Zeit als die zinnfürenden Massenerupzionen gefördert wurden, bildeten sich eben wie bei jeder Erupzion Spalten in den umgebenden Schiefergebieten und diese Spalten wurden durch die aus den zinnfürenden Massen entweichenden Dämpfen, bez. Lösungen impregnirt. Die Extrakzion und Anreicherung mag dann nach Abschluss der Erupzionen noch lange angedauert haben.

III. Geschichte des Zinnbergbaues von Graupen, Zinnwald und Altenberg.

In einer der Schluchten, welche sich vom Kamme des Erzgebirges gegen die Ebene herabziehen, stehen zu beiden Seiten Haüserreihen. Mitten durch steigt die Post-Strasse allmälig auf, welche zum Mückenturm hinauf und dann nach Sachsen fürt. Altertümlich und verraucht sehen diese holzgedeckten Haüser aus; die Mauern der Giebel sind aus Holz-Fachwerk aufgefürt; das Fachwerk selbst aber ist mit Lem und Steinen ausgefüllt.

Das ist heute der Anblick von Graupen, einer Stadt, welche in den letzten Jarhunderten des Mitttelalters und im Beginne der Neuzeit eines üppigen Wolstandes und weiter Berümtheit sich erfreute.

Hier wurde das erste Zinnbergwerk Mitteleuropas fündig und von hier aus wurde der Zinnbergbau nach Zinnwald und Altenberg getragen.

Das Zinnbergwerk ging natürlich hier wie überall mit reichhaltigen Wäschen an. In dem Delta, welches sich vor der Graupner Schlucht ausbreitet, wurden die Zinnerze der höheren Regionen des Erzgebirges durch die fliessenden Gewässer abgelagert.

Bis in unser Jarhundert hinein hat sich ein allerdings ser beschränkter Wäschen-Betrieb erhalten und noch heute kann man trotz Bodenkultur an einigen Stellen die Umrisse der alten Wäschhalden verfolgen.

Wann die Wäschen gefunden wurden und wann man den Bergbau im festen Gesteine begann, lässt sich nicht feststellen; ja selbst die spätere Geschichte des Bergwerkes Graupen felt so gut wie vollständig, wärend man über die Entwickelung der Kommune Graupen allerdings wertvolle Nachrichten besitzt in Hallwich's Geschichte der Bergstadt Graupen. Ich hebe aus diesem Werke diejenigen Angaben hervor, welche sich auf das Bergwerk beziehen, oder doch Schlüsse auf das Leben des Bergbaues gestatten:

In die zweite Hälfte des zwölften Jarhundertes fällt die Gründung des Benediktinerklosters bei Teplitz durch Judit, Gemalin Wladislav I. Zu dieser Zeit sollen auch nach Hajek die Graupener Zinnerze erschürft worden sein. Mag diese Nachricht begründet sein oder nicht, gewiss ist, dass im Jare 1241 bereits der Ruf von den guten und reichen Zinnerzen Bömens nach England gedrungen ist.

Vom ersten Jarhunderte der Graupener Geschichte verlautet weiter nichts. Anfangs des vierzenten Jarhundertes steht bereits ein ansehnlicher Ort da und Timon I. von Kolditz baut die Rosenburg zu deren Schutz. In diese Zeit fällt die erste Blüte des Bergbaues. Viele Deutsche ziehen zu. Die Spitzhüte von Goslar machten herrliche Funde höher im Gebirg, liessen sich dort nieder und schon im Jare 1379 steht, wo sie die reichen Gänge entblösst, der Ort Ober-Graupen. Kolditz überlässt den Spitzhüten Wald und Trift zur Nutzung. (Hallwich p. 8.)

Trefflich blühte damals das Bergwerk. Der Segengottes- und Kirschbaum-Schacht gaben 400 bis 800 Gulden pro Kux ($^1/_{32}$?).

Doch nicht gar lange wärte dieser reiche Frieden. Die grosse tschechische Bewegung brach los und überzog das ganze Land mit Verderben. Eine Stadt nach der andern erliegt; im Jare 1426 fallen Teplitz, Dux und Graupen. Nur die Rosenburg von Graupen widersteht.

Im Jare 1429 wird von den Hussiten das Versaümte nachgeholt; die letzten Reste der Stadt und auch die Burg werden in den Staub geworfen.

Diese Schläge waren arg, doch konnten sie die alte gesunde Kraft der Bürger nicht vernichten.

1436 steht die Burg wieder und rasch erhebt sich auch die Stadt aus den Trümmern. Neuerdings fliessen gewaltige Reichtümer aus 100 Schächten und Stollen den Bürgern zu. (p. 26.) Dies ist die zweite Blütezeit. Immer weiter breiten sich die Werke aus und ringsum im Gebirge wird geschürft nach neuen Schätzen.

Im Jare 1458 wird von Graupen aus am Altenberg Zinn erschürft und daselbst von den Graupnern im Vereine mit der Familie Röling „mit tapfrer Unkost“ das Bergwerk erhoben. Grosser Reichtum fliesst den Gewerken von diesem gewaltigen Zinngebirge zu. —

Wir treffen im ganzen Gebiete weit ausgedente und tiefe Baue aus jener Zeit.

Der bedeutendste ist der Dörrholz-Stollen. Unterhalb der grossen westlichen Ausbiegung der Post-Strasse, welche nach dem Mückenberge fürt, etwa auf halbem Wege zwischen Graupen und Ober-Graupen sehen wir eine riesige Buche. Sie steht auf der Halde des genannten Stollens. Nach Ueberlieferungen soll dieser Stollen sogar den Mückenberger Bau erreicht haben. Der leichteren Arbeit wegen haben ihn die Alten auf der blauen Kluft getrieben. 322 Klafter vom Stollen-Mundloch traf er auf den Dreihäspler-Schacht und von diesem aus ging in einem 46 Klafter höheren Nivo ein Stollen auf eine Entfernung von 464 Klaftern bis unter die Mückenberger Pinge. Dieser zweite Stollen stand dort in Zusammenhang mit dem Glanzer-Göpelschacht, welcher vom S. Rande der Mückenberger Pinge niedergeht.

Dass dieser alte Bau zum mindesten seit den Zeiten des dreissigjärigen Krieges erlegen ist, beweist die grosse Buche, welche auf seiner Halde wächst. Erst in den letzten Jaren hat man das Gebiet der grossen Pinge vom Mückenberg in annähernd gleicher Tiefe mit einer Strecke angefaren. —

In die zweite Hälfte des 15. Jarhundertes fällt, wie erwänt, die zweite Blütezeit. Sie hielt nicht bis in die Neuzeit an. In der ersten Hälfte des 16. Jarhundertes, da in vielen Gebieten Sachsens und Bömens Zinnbergwerke aufblühten, verkam das ehedem so reiche Bergwerk Graupen. Der dreissigjärige Krieg brachte den gänzlichen Verfall mit sich. Erst zu Anfang des 17. Jarhundertes, da das Bergwerk an Clary kam, hob sich die Produkzion wieder bis auf 1000 Ztr. Aber diese dritte Blüte hatte keine lange Dauer. Zu Anfang unseres Jarhundertes ist die Ausbeute auf 400 Ztr., in den fünfziger Jaren aber bis 200 Ztr. p. Jar gesunken.

Zu Ende der sechziger und zu Anfang der siebziger Jare wurde das alte Bergwerk wieder aufgenommen, doch erlaubt derzeit die australische Konkurrenz keinen ergiebigen Betrieb.

Zinnwald

wurde, wie erwänt, um die Mitte des 15. Jarhundertes von Graupen aus fündig. Um die Mitte des 16. Jarhundertes wurde von den Besitzern der Bühnaustollen gebaut, welcher von sächsischer Seite auf Zinnwald losgeht.

Den Unternemern war wie üblich zugesichert, sie sollten, von dem Zeitpunkte an, wenn der Stollen in's Bergwerk eingebracht sein würde, von allen befreiten Gruben jaraus jarein den neunten Teil der Erzprodukzion erhalten. Das sollte so lange wären bis ein tieferer Stollen den Bedürfnissen des Bergwerkes in noch vorzüglicherer Weise entspreche. Dieser sollte dann den Bühnaustollen „enterben".

Die Ausbeute erreichte um die Mitte des 16. Jarhundertes iren Höhepunkt, fiel dann im 17. Jarhunderte fast auf Null, hob sich im vorigen Jarhunderte abermals und sank dann wieder kontinuirlich wärend des 19. Jarhundertes.

Die alten Leute erinnern sich noch wol an die Zeiten, da es noch viele sesshafte Bergmanns-Familien in Zinnwald gab, welche um jeden Preis beim lieben Bergwerk ausharren und daheim ir Stück Brod verdienen wollten.

Der alte Haüer hatte seine kleine Hütte, ein armes Stück Feld, einige moosige Wiesen und ein Paar Ziegen oder eine Kuh. Im Sommer ging er mit seinen Buben auf die Holzarbeit oder suchte ein ander Verdienst. Im Winter aber taten ein Paar Hausväter ire Arbeit und ir bischen Spargeld zusammen und mieteten ein Feld. Unverdrossen arbeiteten sie drauf los und zalten ire Abgaben. Aber zehn setzten ir Bischen zu, einer machte eine gute Ausbeute und drei oder vier gewannen gerade iren Lebensunterhalt.

Gewiss war die Lebensgewonheit und das treue Wesen der Leute zum Teile Ursache eines so zähen Ausharrens.

Von wesentlicher Bedeutung war aber gewiss auch die Fortdauer der alten Bergmannsprivilegien. Unter Anderem war der Bergknappe frei vom Militärdienst. Natürlich wurden die Gruben, so oft eine Aushebung bevorstand, stattlich belegt; jeder wollte ja gerne beim Bergwerk etwas zusetzen, wenn er dadurch frei werden konnte von dem endlosen Soldatenwesen, das jeden Teilnemer zu einem heimatslosen, nichtsnutzigen Gesellen machte.

In neuerer Zeit (nach dem Jare 48) sind die alten Privilegien gefallen, neue Gesetze sind an ire Stelle getreten; rasch hob sich das Bergwerk — insbesondere in den sechziger Jaren.

Bis zum Jare 1868 war der alte Bühnaustollen die Lebensader des Bergwerkes geblieben; mit Haspeln hob man das Wasser aus den tieferen Gruben bis auf die Stollensole, wärend man die Erze ebenfalls mittels Haspel aus den Schächten förderte. Da wurde im besagten Jare der tiefe Hilfe-Gottes-Stollen durchschlägig, welcher in einem 24 Klafter tieferen Horizonte eingebracht ist.

Gewinnung, Förderung und Aufbereitung sollten verbessert werden; man war voll froer Zuversicht. — Aber bevor die vorgeschlagenen Reformen durchgefürt werden konnten, hat die gewaltige australische Konkurrenz das wieder auflebende Bergwerk gelämt. Man beschränkt sich derzeit fast ausschliesslich auf das Gewinnen von Quarz und Wolfram aus den alten Halden. Die Zinnprodukzion macht sich nicht bezalt; denn die Quarzlager geben $^1/_3$ % Zinn, die Greisenbutzen und Stöcke aber meist noch weniger; die Selbstkosten stellen sich bei der mangelhaften Förderung und den steigenden Holzkolen-Preisen auf etwa 40 Tlr. pro Ztr. Unter solchen Umständen kann der Bergbau natürlich nicht bestehen. Bis die Verhältnisse sich ändern, müssen die Leute eben mit Holzarbeit, Stroflechterei und Feldarbeit im flachen Lande ir Brod verdienen. —

Geschichte des Zinnbergbaues zu Altenberg.

In dem Jarbuche der geologischen Reichsanstalt 1879 p. 42f. habe ich einige Notizen über Altenberg veröffentlicht. Seitdem sind mir — besonders im Dresdner Staatsarchiv [1]) — so viele neue Daten zu Handen gekommen, dass ich nun im Stande bin, ein ziemlich klares geschichtliches Bild zu entwerfen. Einige der im Folgenden zusammengestellten Tatsachen sind auch für die allgemeine Geschichte des deutschen Bergwesens von Bedeutung.

Ein Köler soll im Jare 1458 auf der „Zinnkluft" (nahe der Pinge) beim Ausstossen des Meilers Zinn angetroffen haben. Das

---

[1]) Es gereicht mir zum Vergnügen, die treffliche Ordnung dieses Archives hervorzuheben. Den Herren Archivaren Dr. Posse und Dr. Distel, sowie dem Herrn Registrator Fischer spreche ich an dieser Stelle meinen herzlichen Dank für ire liebenswürdige Zuvorkommenheit aus. Ich zitire das Dresdner Archiv mit den Lettern A. D.

„Geschrei“ von dem neuen Bergwerke verbreitete sich rasch über das Land; Graupener und Freiberger Bürger beteiligten sich an dem neuen Bergwerke. Die Brüder Rölige von Freiberg erlangten vom Grundherrn, dem v. Bernstein, stattliche Begnadigungen, waren auch bald reiche Fundgrübner; ebenso gewannen die Graupener, deren Bergwerk damals eben schlecht stand, in der neuen Kolonie viel.

Nachdem die Herren v. Bernstein das Bergwerk an den Kurfürsten abgetreten, wurden die alten Freiheiten bestätigt (1465) und der Zehent auf 5 Groschen pro Zentner festgesetzt. (A. D.)

Ueber den ersten Beginn des Bergwerkes erfaren wir nichts weiter, als dass die Produkzion durch eine Reihe von Jaren zwischen 5000 und 6000 Ztr. Zinn pro Jar betragen haben soll.[1])

Da nun später, als das Bergwerk schwunghaft betrieben wurde, höchstens die Hälfte dieser Menge produzirt wurde, vermute ich, dass diese bedeutenden Produkzionsziffern sich auf die Ausbeute von Wäschen beziehen.

Es wäre in der Tat nicht begreiflich, wie kurz nach dem Aufkommen des neuen Fundortes so viele Gesteinsmassen hätten aufbereitet werden können. Auch ist es von vornherein warscheinlich, dass hier, wie eben überall, wo zinnfürende Gesteine der Verwitterung durch lange Zeit preisgegeben waren, bedeutende Massen von Zinngraupen an den Berggehängen und in den Bachschrunden angehaüft waren. Man vergleiche die bezüglichen Vorkommnisse von Banka, Bilitong, Malakka, Australien und Tasmanien und man wird die anfängliche Erzeugung von 6000 Ztr. (300t pro Jar) nicht ausserordentlich finden.

Es erklärt sich auch unter dieser Voraussetzung, warum schon zu Anfang des 16. Jarhundertes trotz gesteigerter Anstrengungen, trotz Zuströmen von Arbeitern und Kapitalien die Erzeugung doch rasch unter die Hälfte des anfänglichen Betrages sank.

Nachdem die Wäschen erschöpft waren, musste man eben das Gestein selbst gewinnen und aufbereiten; diese Produkzionsweise ist aber viel schwieriger und kostspieliger, und wären auch noch so viele Arbeitskräfte und Kapitalien tätig gewesen, so hätte man doch mit der vorhandenen Wasserkraft höchstens eine Erzeugung von 3000 Ztr. Zinn erzwungen.

---

[1]) Eine andere Quelle gibt sogar 10 000 Ztr. an.

1488 und 1489 ergehen einzelne Verfügungen betreffs Regelung des Bergwerksbetriebes in Altenberg. Die erste schriftliche Bergordnung aber erfliesst im Jar 1491.[1]) Der Inhalt dieser, im Archiv zu Dresden liegenden Urkunde folgt hier:

1. Löne sollen rechtzeitig ausgezalt werden, und zwar erhalten die Haüer pro Woche 14 Schwertgroschen 3 Heller bester sächsischer Münze oder 9 bömische Groschen.

2. Das Wassergeld zur Förderung des Radschachtes (d. i. der sechzente Ztr. Zinn) soll wöchentlich gezalt werden bei Straf und Ungnad.

3. Der Rechenmeister soll Rechnung legen und in der Grube nachsehen. Er wird von den Gewerken gewält und entsetzt.

4. Immer sollen die wesentlichen Bestandteile der Wasserkunst in duplo in Vorrat gehalten werden, damit man im Notfalle rasch repariren könne.

5. Der Bergmeister und die Geschworenen sollen wöchentlich ein- oder zweimal das Bergwerk, insbesondere die tiefen Strecken in dem Radschacht besichtigen bei schwerer Strafe.

Der Bergmeister und die Geschworenen erhalten hierfür einen ziemlichen Lon von 8 Schwertgroschen und 7 silbernen Hellern oder 5 bömische Groschen oder 10 Schwertgroschen derselben Münze.

Die Haüer und Arbeiter sollen, sobald das Anlaüten geendet hat, anfaren und stetig und getreulich in der Grube arbeiten solang, bis sich die Schicht endet, bis sie der Hutmann heisst auffaren. Wenn der Hutmann dem Arbeiter die Arbeit nachsieht, soll er 2 Schock Strafe zalen, (wovon die Hälfte dem Bergmeister zufällt).

So oft der Haüer eine Schicht aus Verschulden versaümt, sollen ihm 4 Groschen abgezogen werden.

Der Hutmann hat den Wochenlon an die Arbeiter zu rechter Zeit zu verteilen bei Strafe von 1 Schock, (wovon die Hälfte dem Bergmeister zufällt).

Es sollen auch die Hutleut mit der Gewerken Rat und Willen verdingen. Doch soll der Bergmeister oder zwei Geschworene bei jedem Gedinge zugegen sein. Sie sollen mit dem Hutmanne anfaren und das Gestein beklopfen und bei irem Eide auf's Fleissigste betrachten und ermessen, wie hart das Gestein sei und darnach er-

---

[1]) Im Jare 1568 erschien die erste gedruckte Zinnbergordnung für Altenberg.

kennen, was für das Geding zu geben sei. Es sollen nicht mer als 2 Lachter auf einmal in Geding gegeben werden.

Kein Hutmann darf am Geding Teil haben bei Verlust seines Lones.

Wenn die Haüer, die in Geding arbeiten, die Zwitter unrein hauen, so sollen sie 4 Schock Strafe zalen.

So die Zinner oder Gewerken Lehenschaft verleihen, sollen sie oder der Hutmann fleissig aufsehen, dass die Gesteine zu Tage gefördert und nicht in der Tiefe verstürzt werden. (Strafe von 10 Schock, wovon 5 dem Landesherrn, 3 dem Bergmeister und 2 den Gewerken zufallen.)

Keine Gesteine dürfen one des Bergmeisters und der Geschworenen Besichtigung verstürzt werden.

Bergmeister und Geschworene haben darauf zu sehen, dass die Bergfesten nicht ausgehauen werden.

Hutmann, Malmeister und Schmelzer haben zu schwören so getreu und zu Vorteil zu schaffen, als ob Gestein und Erz ir eigen wäre.

Es wäre besser, dass die Malmeister nicht nach dem Gedinge arbeiteten (auf dass sie nicht eilen). Haben sie aber Geding, so sollen sie bei irem Eide getreulich und fleissig arbeiten und nicht eilen und wol aufbereiten, damit der Stein wol tauge zum Schmelzen. (Bei Strafe.)

Die Malmeister sollen die kleinen Zwitter, daran Lem ist, zuerst und ehe man sie auf den Rost schüttet, schlämmen und darnach rösten. (Bei drei Schock Strafe.)

Die Schmelzer sollen Tag und Nacht getreulich beim Schmelzen wachen. (Bei Strafe.)

Die Schmelzer müssen den Ofen gut bauen (bei Strafe); so sie zum Schaden gearbeitet, haben sie ihn zu ersetzen.

Wie berichtet wird, sollen die Zinner den Schmelzern so viel Bier geben, als sie trinken mögen, wodurch diese oft trunken und schläfrig werden und grossen Schaden tun.

Von nun an soll den Schmelzern nicht mer Bier gegeben werden, als von Alters her durch eine Satzung bestimmt wurde. (Bei Strafe.)

Der Amtmann bestimmt die Löne.

Die Gewerken sollen den tiefen Stollen weiter treiben und den Radschacht fleissig abteufen. (Bei Strafe.)

Die Schächte auf der roten Grube, Schellenzeche und Kompterzeche sollen fürder abgeteuft werden, widrigenfalls dieselben anderen Gewerken verliehen werden sollen, um die Tiefe zu bauen.

Die Schmiede sollen Eisen zugewogen bekommen und dann die geschmiedeten Eisen nach dem Gewichte (mit geziemlichem Abgang) abliefern. Auch sollen sie Keilhauen und Klötze machen und Hunde beschlagen nach mässigem Preis. (Bei Strafe.)

Die Köler haben die Kole vor der Hütte zu messen und zu stürzen. (Bei Strafe.)

Das Holz muss nach richtigem Mass geschnitten und gemessen werden. Holz zum Radschacht soll, soviel nötig, ausgefolgt werden nach alter Gewonheit.

Der Furmann soll nach der Fure und nicht nach dem Tag gelont werden.

Die Bürger sollen Kericht und Mist ausserhalb des Ortes füren, damit die Gerinne nicht verschlämmt werden. (Bei Strafe.)

Die Bürger und Arbeiter dürfen in den Bierhäusern nicht sitzen über 9 Ur Abends, auch Nachts nicht in den Strassen herumstreichen (bei Strafe). —

Der Ort blühte unter fortwärendem Zuströmen fremder Bergleute rasch auf. 1470 wurde freier Markt bewilligt; Wasserkünste wurden errichtet und der tiefe Stollen begonnen.

Aus diesen Tatsachen ist ersichtlich, dass man zu Ende des 15. Jarhunderts bereits tüchtig im anstehenden Gesteine arbeitete. Anfangs zerkleinerte man die Gesteine nach mittelalterlicher Weise in Malmülen[1]); im ersten Dezennium des 16. Jarhunderts kam das Trockenpochwerk auf. Dann kam man auf den Gedanken, Wasser zuzuleiten, Maltitz hat dieses verbesserte Pochwerk in Altenberg eingefürt. (Anno 1507.)[2])

In den Zwanziger-Jaren wurde das Nasspochwerk, für welches Maltitz ein Privilegium erhielt, auch in Schneeberg, Joachimstal und Schlackenwald eingefürt.

---

[1]) Daher wurde noch später und bis in die neueste Zeit für die Pochwerke der Name „Mülen" beibehalten.

[2]) Agricola: Vom Bergwerk, 8. Buch.

Die Produkzion Altenbergs im Zeitraume 1518—1523[1]) belaüft sich nach den eingehenden Zehentrechnungen, welche sich im Dresdener Archiv für diesen Zeitraum finden, järlich im Durchschnitte auf 3500 Ztr. Zinn.

Diese grosse Ziffer lässt vermuten, dass noch immer die Wäschen einen beträchtlichen Beitrag zur gesammten Produkzion lieferten[1]).

Im Jare 1553 wurde der über 1½ km. lange Stollen — nachdem er mermals in's Freie gefallen war — durchschlägig. Er fürte von Geising aus bis in den Altenberger Stock und überfur auf dem Wege zalreiche Zinnklüfte. Behufs der Ventilazion war dieser gewaltige Stollen zum grössten Teile doppelt übereinander getrieben worden.

1545 waren die durch Feuersetzen im Stock entstandenen Hölungen bereits so gross geworden, dass die Massen in der Tiefe zusammenbrachen. Von der Tiefe von etwa 100 Mtr. bis herauf in den Horizont von 40 Mtr. reichte der Bruch. In diesem Umfange brachen alle Pfeiler und Weitungen zusammen. Darüber blieb eine noch 40 Mtr. starke Gesteinsmasse vorlaüfig unzergänzt (Meissner Chronik pag. 75).

Dass der Betrieb durch diesen Fall nicht lange gestört wurde, dass die Gewerken vielmer mit verdoppeltem Eifer und grossen Mitteln weiter arbeiteten, zeigt die Tatsache, dass 1554 bereits eine grosse neue Wasserkunst fertig war und dass 1566 noch eine zweite eingerichtet wurde. In diese Zeit fällt auch eine wesentliche, wirtschaftliche Aenderung.

Der Bruch hatte das Bergwerkseigentum verschiedener Gewerken durcheinander geworfen. Die Folge davon war, dass die ehemaligen Sondereigentümer nun zu einem Bunde sich vereinigen mussten. 90 Zechen verbanden sich im Jare 1564 unter dem Namen Zwitterstocks-Gesellschaft.

Agricola, welcher um jene Zeit Altenberg besuchte, berichtet über Aufbereitung und Verhüttung, wie folgt:

---

[1]) Als Nachtrag zu meiner, in dem Jarbuche der geolog. Reichsanstalt veröffentlichten Arbeit sei erwänt, dass seit dem Jare 1514 auch im Freiberger Gebiete Zinnbergbau betrieben wurde. (Moller: Annalen 1653, p. 160.) Gätzschmann hat die Geschichte dieses Bergbaues aufgezeichnet („Berg- und Hütt.-Zeitung", III). Müller und Richter gaben eine bezügliche geologische Studie („Berg- und Hütt.-Zeitung", 1851, p. 352).

Das erzhältige Gestein wird zu Altenberg und Dippoldiswald mittelst Maltitz' Nasspochwerk gepocht, dann gewaschen (Planherd und Schlämmgraben) und geröstet.[1]) Das geröstete Erz wird in kleinen Oefen, welche gleich hoch wie breit sind geschmolzen.

Wenn das Zinn so unrein ist, dass es Risse bekommt, wenn man es hämmert, so legt man die Kuchen auf Holzscheiter in flache rinnenförmige Sandsteinöfen und brennt das Holz an. Bei langsamer Hitze fliesst dann das reine Zinn zuerst ab. —

Die Produkzion, welche zu Anfang der Zwanziger-Jare noch auf 3500 Ctr. pro Jar stand, fiel um die Mitte des 16. Jarhundertes auf etwa 2000 Ztr. Das Bergwerk rentirte sich zu dieser Zeit schlecht, wie Agricola berichtet. Dem entsprechend war auch dcr Gehalt der Beamten verhältnissmässig niedrig. Der Hauptmann erhielt (im Jare 1545) 100 fl., der Bergmeister 48 fl., der Zehenter 32 fl., wärend die Beamten in den reicheren Bergwerken jener Zeit (Annaberg, Schneeberg u. s. f.) doppelt, ja viermal so viel Sold bezogen.[2])

Trotz der ungünstigen Verhältnisse arbeitete man aber mit zäher Ausdauer weiter.

Das Feuersetzen blieb hier, wie in dem Greisenstocke zu Schlackenwald die herrschende Gewinnungsart. Man brannte mittelst des Feuers weite Hölungen aus und hatte dann ein mürbes, bereits ziemlich gut geröstetes Material, welches unschwer aufzubereiten war.

Der Kostenpunkt kam nicht in Frage; noch hatte man weite Waldungen zur Verfügung.

Ein anderes Moment aber musste wol berücksichtiget werden: die Hölungen im Berge wuchsen so mächtig an, dass man einen neuerlichen Bruch befürchten musste. Wol waren sich die Bergleute dessen bewusst, aber sie kümmerten sich nicht darum, ja viele arbeiteten gewiss mit vollem Bewusstsein und mit Absicht auf den Niederbruch los; es lag ja auf der Hand, dass das zertrümmerte Gestein leichter zu gewinnen sein werde, als der feste Fels.

Und wirklich ereignete sich der zweite Bruch bereits im Jare 1578. Der Bruch ging bis zu Tag aus. Ein Einsturzloch entstand.

---

[1]) Agricola: 12 Bücher vom Bergwerk übers. 1557 p. 253, 255, 338, 344.

[2]) Der Hauptmann hatte in den ersten Bergwerken 400 fl., Bergmeister, Hüttenreuter und Zehenter bezogen 50—80 fl., der Obersteiger 30 fl. u. s. f. (A. D.)

Trotz des grossen Schadens erholte sich das Bergwerk doch wieder bald; leider nicht für lange, denn seit Beginn des dreissigjärigen Krieges folgte Unglück auf Unglück.

Der Absatz stockt, die Schweden werfen Feuer in das Bergwerk und die Pest wütet.

Im Jare 1620 waren noch 80 Geburten in den Pfarrbüchern verzeichnet, in den folgenden vier Dezennien wiesen die Bücher järlich nur 20 bis 30 Geburten auf.

Im Jare 1620 trat der dritte und grösste Bruch ein.

„Da ist unser liebes Bergwerk alles in einen Haufen gegangen,“ besagt der kurze Bericht im Freiberger Ratsarchiv.

Ein heftiges Erdbeben wurde in der ganzen Stadt verspürt, das die Leute aus dem Morgenschlaf rüttelte. Alles lief zum Bergwerk und erfur bald, dass 24 Mann unten in den zertrümmerten Tiefen seien. Die Aufregung mag man sich vorstellen. Der grösste Teil der Leute aber hatte sich an einem sicheren Orte befunden und sie kamen bald zur allgemeinen Freude herauf. Noch weitere vier Mann wurden nach 4 Tagen heraufgebracht und nur ein alter Mann blieb verschollen. Von ihm sagte aber das Gerücht, „er habe besonders eifrig zum Weghauen der Bergfesten geraten. So war er nun bestraft.“

Der Bruch hatte alles Gestein nach Aussage der Bergleute von Ost gegen West in die Tiefe geschoben, weil die Klüfte grösstenteils W. fallen und weil der Abbau im Westen grössere Weitungen geschaffen hatte.

Das kleine alte Bruchloch erhielt in Folge dieses neuen Einsturzes einen Durchmesser von über 30 Mtr. In der Tiefe aber denten sich die durch Niederbruch der gewaltigen Weiten[1]) entstandenen Hölungen nach allen Seiten viel bedeutender aus. Bis in die Tiefe von nahezu 200 Mtr. reichten die Verstürzungen (Meissner). Eine Schmiede, welche nahe dem Rande des alten Trichters gestanden hatte, war in den Zertrümmerungskreis hineingezogen und vernichtet worden.

Der Schaden war diesmal gross, weil merere Schächte und Göpel mit in Trümmer gingen.

Im Jare 1653 brach überdies der Stollen auf einer langen Strecke

---

[1]) Die bedeutendste Weite war über 60 Mtr. hoch!

zusammen; der Umbruch wurde erst im Jare 1660 vollendet. Zwei Jare lang floss das Wasser durch das Borloch ab; dann erst konnte sich die Produkzion wieder heben und sie hat seit jener Zeit fast ununterbrochen zugenommen bis zu unserer Zeit.

Ueber die Gewinnung im Stockwerk wissen wir bereits, dass sie vom Anfang im festen Gestein auf Strecken vorging und dass man, wo gute Gesteine angefaren wurden, Feuer setzte, wodurch mit der Zeit je nach der Verteilung der Erze im Gestein verschieden gestaltete Weitungen entstanden. Dies war der sogenannte Strecken- und Weitungsbau. Nachdem der Bruch eingetreten war, änderte sich natürlich die Art der Gewinnung. (Bruchbau.)

Ferber karakterisirt diese neue Metode trefflich:

Man zimmert in den niedergebrochenen Gesteinsmassen absichtlich ser locker. Alle Stempel sind schief gezogen und verbogen und geborsten, was der Bergmann eben verlangt. Der Haüer hat die Bruchmassen nur zusammenzuraffen. Kann er in dem Bruchgestein nicht mer weiter, so wird mit einer grossen Stange darin gerüttelt bis alles zusammenkollert. So gewinnt er alles lockere, vorrückende Material rings zusammen und rückt dem zufolge an ein und demselben Orte oft in 6—8 Jaren kaum um eine Klafter vor. Kommt einmal ein mächtiges festes Gestein oder eine Wand vor, so wird Feuer gesetzt.

Jeden Augenblick kann das ganze Getrümmer irgendwo zusammenrollen und zusammenkrachen — darum kümmert sich der Bergmann nicht. Für etliche Groschen besteht er tägliche Lebensgefar, welche anderswo auch den Beherztesten zurückschrecken würde. Leider haben sich die Bergleute diese leichtfertige Weise des Bauens und Zimmerns auch auf allen Stollen und Schächten angewönt.

Diese Art des Abbauens im Bruch wird gewiss einem Bergmanne, der an solides Gestein gewönt ist, widerstreben. Es ist aber gar kein Zweifel, dass Altenberg längst nicht mer bestehen könnte, wenn das an sich arme Gestein nicht schon von Natur zerkleinert wäre. Die Kosten des Feuersetzens bez. Schiessens hätte das Werk nicht tragen können.

In frühester Zeit hatten die Gewerken allerdings genug Holz zur Verfügung; der Kurfürst überliess inen seine Waldungen zur unentgeltlichen Benützung.

Aber schon um die Mitte des 16. Jarhundertes mochten diese ausgedenten Wälder nicht hinreichen.

1554 wurde von den Gewerken eine Waldung von Lobkowitz erkauft.

In den Jaren 1585 und 1595 schoss die kurfürstliche Kammer 6000 und 6700 fl. vor, wofür abermals beträchtliche Waldungen von den Herren Lobkowitz und Bernstein erkauft wurden. (A. D.)

Da nun aber die Gewerkschaft selbst im Besitze bedeutender Waldungen war, hob der Kurfürst das alte Holz-Privilegium auf. Vom Jare 1600 an erhielten die Gewerken das Holz aus den kurfürstlichen Waldungen nur mer gegen Abgabe eines Waldzinses.

Nun war man allerdings darauf angewiesen, mit dem Holz zu sparen.

Das folgende Jarhundert brachte einen so tiefen Niedergang der Erzeugung, dass von Holzmangel allerdings nicht die Rede sein konnte; die Wälder wuchsen wärend des dreissigjärigen Krieges im selben Masse an, als die Bergstädte in Elend verfielen.

Zu Anfang des 18. Jarhundertes aber, nachdem das Bergwerk sich wieder durch merere Dezennien gekräftigt hatte, hören wir auch schon über Holzmangel klagen.

Die 260 Schragen Gruben- und Kolenholz (von $^7/_4$ bis 2 Ellen Schnittlänge), welche järlich aus den kurfürstlichen Waldungen bezogen wurden, reichten lange nicht hin.

Man wurde deshalb mer und mer auf den Ersatz des Feuersetzens durch Sprengarbeit angewiesen. Schon im Jare 1717 wird das Schiessen als seit längerer Zeit eingefürt erwänt[1]); aber es erwarb sich nicht viele Freunde. Die Arbeiter waren ungeschickt, so dass im Jare 1736 der Vorschlag gemacht werden musste, fremde Sprengarbeiter kommen zu lassen.

Trotz wiederholter Anlaüfe konnte aber das Sprengen nicht zur Herrschaft gelangen; noch zu Anfang unseres Jarhundertes herrschte das Feuersetzen in Altenberg weitaus vor.

---

[1]) Anderwärts, im Erzgebirge und im Harz, war das Sprengen in den Bergwerken schon seit Anfang des 17. Jarhundertes gebraüchlich. Auch in anderen Bergwerken Sachsens hatte das Sprengen seit der zweiten Hälfte des 17. Jarhundertes starke Anwendung gefunden. Im 18. Jarhunderte kam die neue Metode fast überall zur Herrschaft — nur nicht in den Zinnbergwerken. Vgl. Haupt: Geschichte des Bergbaues 1865 p. 16, 22.

Diese Tatsache erklärt sich, wenn man in's Auge fasst, dass das Feuersetzen allerdings in den Greisengesteinen viel wirksamer ist als das Sprengen.

Manès liess sich (im Jare 1823) erzälen, mit dem Sprengen könnten zwei Mann einen Kubikmeter in 17 Tagen gewinnen (!), durch Feuersetzen in 8 Tagen, im Bruchbau aber brauche man nur 3—4 Tage.

Die Kosten stellten sich für den Kubikmeter beim Sprengen auf 40 Frcs., beim Feuersetzen auf 18 Frcs., im Bruchbau aber nur auf 8 Frcs.

Das ist nun allerdings gewaltig übertrieben und spricht dafür, dass die Altenberger mit dem Sprengen eben gar nicht umzugehen wussten. Gewiss aber ist es, dass man in den besagten Gesteinen mit Sprengen etwa $^1/_3$ mer Zeit braucht als mit Feuersetzen.[1])

Diese leichte Gewinnbarkeit nun war Ursache, dass das Feuersetzen so lange Zeit durch die Sprengarbeit nicht verdrängt werden konnte. Allerdings arbeitete man begreiflicher Weise auch mit dem Feuersetzen nur wo es nötig war und kultivirte dafür im selben Masse, als das Holz teurer wurde, den Bruchbau um so eifriger.

Die Billigkeit der Gewinnung spricht entschieden für den Bruchbau; aber doch ist diese Art des Abbaues angreifbar: sie ist unökonomisch, weil durch sie das Material des Stockes immer ärmer und der Abbau immer unrentabler werden muss. Es wird nämlich schon auf den Strecken selbst eine Scheidung der reicheren und ärmeren Gesteinssorten durchgefürt; die reicheren werden gefördert, das taube Material lässt man an Ort und Stelle liegen. Wird nun auf einer tieferen Strecke Erzgestein zusammengerafft, so rollt natürlich nebst hältigem Getrümmer auch jenes Gestein herbei, welches auf höheren Strecken schon ein oder mermal bei Seite geworfen wurde. —

Zum Schlusse gebe ich eine Zusammenstellung über Aufbereitung, Erzgehalt, Verhüttung, Abgaben, Selbstkosten, Erzeugung und Ertrag.

In der Aufbereitung ist kein Fortschritt gemacht worden. Noch immer stehen die nach alter Art gebauten Pochwerke mit

---

[1]) Gätzschmann: Bergmänn. Gewinnung, pag. 608, Haupt: Filosofie der Geschichte des Bergbaues, 1865, II. pag. 20f.

900 Pochstempeln. Unter günstigen Verhältnissen liesse sich durch diese Pochstempel eine Jaresprodukzion von 4000 Ztr. Zinn erzielen. Ausserdem besteht ein Dampfpochwerk mit 120 Pochstempeln. Dieses ist aber nicht in Betrieb, weil das Heizmaterial zu teuer ist.

Der Metallgehalt [1]) der Greisengesteine stellte sich zu verschiedenen Zeiten wie folgt:

1718	0,3 %
1782	0,2 „
1800	0,3 „
1820	0,33 „
1850	0,28 „

Ueber Verhüttung habe ich folgende Angaben gesammelt:

Lampadius schlägt behufs Röstung des Schlichs die Einfürung der Freiberger Reverberiröfen vor. [2])

Im Jare 1809 wurden in Altenberg mit den weiter und grösser konstruirten Schlackenwalder Gebläse-Oefen Versuche angestellt, welche ergaben, dass diese Grossöfen zwar etwas mer Kole verbrauchten, aber einen grösseren Prozentsatz Metall erschmolzen.

Die kleinen Altenberger Oefen erschmolzen aus dem Erz nur 49 bis 52 %, die Grossöfen aber über 54 % Zinn. [3])

Heron de Villefosse gibt an, man erschmelze in den Altenberger Oefen in 15 Stunden mittelst 23 Ztr. Kole aus 20 Ztr. Schlich 10 Ztr. Zinn. [4])

Das erschmolzene Zinn wurde schon zu Lampadius' Zeit und seither immer auf dem Pauschherd gereinigt. Die geneigte Platte desselben wird mit Kolen belegt. Zwischen diesen lässt man das flüssige Zinn durchrieseln. Die fremden Beimengungen oxidiren sich hierbei zum grossen Teile und bleiben auf dem Pauschherde liegen. [5])

In den Dreissiger-Jaren gab der reine Schlich von Altenberg

---

[1]) In Sachsen wird immer der Metallgehalt, in England hingegen der Erzgehalt der Gesteine angegeben.

[2]) Lampadius: Allg. Hüttenkunde, 1811, II. Teil, 3. Bd., p. 78.

[3]) Lampadius: Allg. Hüttenkunde, 1811. p. 47 und 62 und Supplem. I., 1818, p. 111, 139; siehe ferner die Kritik in Lampadius: Fortschritte, 1839, p. 229.

[4]) Heron: Richesse minérale, 1819, III., p. 320.

[5]) Lampadius: Allg. Hüttenk., II. Teil, 3. Bd., p. 26.

67 % Zinn, jener von Johanngeorgenstadt und Seifen 61, beziehungsweise 52 %.

Der Zinnschlich von Altenberg verlor, mit Salzsaüre behandelt, 7 %, jener von Johanngeorgenstadt und Seifen 10 bis 14 % an Gewicht. (Eisen, Kupfer, Wismut und Zink wurden extrahirt.) Lampadius schätzt den Schmelzverlust bei dem sächsischen Prozesse = 13 bis 15 %, wovon etwa 8 bis 9 % durch Verflüchtigung und 5 % durch Verschlackung abgingen.[1])

Seit Ende der Vierziger-Jare wird zu Altenberg der Schlich mit Salzsaüre extrahirt, um den schädlichen Wismutgehalt zu beseitigen.[2]) Nach Plattner's Vorgang erschmilzt man aus dem extrahirten Wismutsalz das Metall.

Die Abgaben beliefen sich in den Jaren:

1470—1500 auf 5 Gr. von 1 Ztr. Zinn.
1600—1670 auf 7 bis 8 Gr. von 1 Ztr. Zinn.
1670 1 fl. Minimum.[3])

Die Geschichte der Produkzion wird durch die folgende Figur (S. 49) veranschaulicht; der Zwischenraum zwischen je zwei vertikalen Linien repräsentirt eine Jareserzeugung von 1000 Ztr.

Die straffirten Partien bedeuten die Bergwerksprodukzion, die punktirten hingegen die (urkundlich allerdings nicht festgestellte) Erzeugung der Wäschen.

Wir sehen, wie im ersten Anfange die Wäschen reichlich schütteten, wie dann das Bergwerk in Aufname kam und endlich allein alles erzeugte Zinn lieferte; wir sehen die Wirkungen des 30järigen Krieges und wie darnach das Bergwerk wieder auflebte und bis in unsere Zeit fortwärend ergiebiger wurde; seit den Siebziger-Jaren aber nimmt die Produkzion in Folge der ungünstigen Preisverhältnisse rasch ab.

Im Durchschnitte hat ein Kux des Altenberger Stockwerkes in den letzten hundert Jaren pro Jar 35 Taler Ertrag abgeworfen.

Die Stollen-Gesellschaft (welche noch derzeit eine von der Stockwerksgesellschaft abgesonderte Korporazion bildet) hat mit der Stockwerksgesellschaft ziemlich gleiche Schicksale erlebt. Ire Pro-

---

1) Lampadius: Fortsch. d. Hütt., 1839, p. 227.

2) Tunner: Berg- u. Hütten-Jarb., Leoben 1852, p. 31.

3) Die Ausbeutezechen mussten $1^1/_2$ fl von jedem Zentner abgeben. A. D.

dukzionsgeschichte wird demzufolge durch eine der straffirten Partie unserer Figur änliche Kurve dargestellt. Die erste punktirte Anschwellung unserer Hauptfigur hat natürlich für die Stollengesellschaft keine Bedeutung, da diese ja mit den Wäschen nichts zu tun hatte und erst mit der Abname der Wäschen und der Aufname des Bergwerkes in's Leben trat. Die besagte Kurve, welche ich (als gebrochene Linie) innerhalb der straffirten Partie unserer Produkzionsfigur eingezeichnet habe, würde natürlich der Hauptkurve vollkommen änlich sein, wenn der Stollen nur den Neunt vom Stockwerk bezogen hätte. Der Umstand aber, dass der Stollen selbstständig am Gangbergbau beteiligt war, erklärt die Abweichungen der Erzeugungskurve des Stollens von der Hauptfigur. —

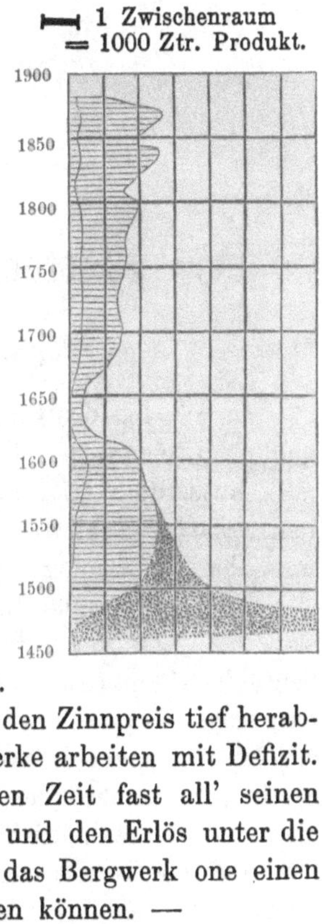

Die neueste Zeit lässt sich dazu an, die Schicksale des Bergwerkes zu alteriren.

Die Zinnwäschen von Australien haben den Zinnpreis tief herabgedrückt. Fast alle bestehenden Zinnbergwerke arbeiten mit Defizit.

Ueberdies hat Altenberg in der letzten Zeit fast all' seinen Waldbesitz (um 2 800 000 Mark) verkauft und den Erlös unter die Gewerken verteilt.[1]) Es ist die Frage, ob das Bergwerk one einen so mächtigen Rückhalt wird weiter bestehen können. —

Eines ist aus der Figur ersichtlich: die Wäschen werden in verhältnissmässig kurzer Zeit erschöpft.[2])

Hierin liegt der Trost, dass auch für unsere Bergwerke wieder eine bessere Zeit kommen wird. Die australischen Wäschen werden erlöschen; mit den Bergwerken wird man wol konkurriren können.

Eine offene Frage aber bleibt es, ob es rätlich sei, so lange (vielleicht durch Dezennien) mit Defizit fortzuarbeiten?

---

[1]) Wie tief der Kuxpreis in Folge dieser Verkaüfe gefallen ist, habe ich nicht erfaren können.

[2]) Vergl. Suess: Die Zukunft des Goldes. 1878.

IV. Platten, Erenfriedersdorf, Geier.

Geologischer Überblick.

Im Westen des Erzgebirges treffen wir das zweite grosse Zinngebiet Mitteleuropas. Hier treten die Zinnerze an Granit gebunden auf, ausserdem trifft man sie auch auf Impregnazions-Klüften im benachbarten Schiefer. Ich werde im Folgenden zusammenstellen, was über die Geologie und Geschichte dieses Revieres bekannt ist:

Das geologische Bild der Gegend ist mit wenigen Zügen zu skizziren. Zu der Zeit, da im tiefen Meere die Schiefer, welche heute die Hauptmasse des Landes bilden, abgelagert wurden, brachen auf einer Reihe paralleler Spalten Erupzionsmassen hervor, welche dem hohen Drucke entsprechend im Allgemeinen vollkristallinische (granitische) Textur annamen. Die Ergussmassen vereinigten sich zu einer einheitlichen Decke. Aus den Spaltweitungen erfolgten fort und fort Nachschübe, welche sich innerhalb der älteren noch nicht erstarrten Granitmassen aufstauten und seitlich ausbreiteten. Der Bau dieser Gebilde und ire Beziehung zur Umgebung ist heute durch die Erosion aufgeschlossen. Die Gestalt der nachgeschobenen Massen ist gleich jener des Granites von Zinnwald flachkuppig. Die grosse Axe dieser intrusiven Quellkuppen fällt hier ebenso wie in Zinnwald mit dem Streichen des Erupzionsganges zusammen.

Schlieren wurden mit und in den seitlich sich ausbreitenden Ergussmassen zu Blättern ausgezogen.

Da und dort barst die Erstarrungskruste der Granitergüsse und die klaffende Spalte wurde durch die tieferen noch flüssigen Massen gefüllt. So bildeten sich Apofisen, welche in der Tiefe als Schlierengänge, in der Höhe aber mer und mer mit dem Karakter tipischer Gänge auftreten[1]). —

Ueber den in der geschilderten Weise gebauten deckenförmigen Granitergüssen lagerten sich Tuffe und Tiefseeschlamm ab. Später wurden hieraus durch metamorfische Prozesse Schiefer; diese aber sind derzeit in Folge der Erosion auf weite Strecken wieder entfernt. Die jüngeren Nachschübe von quarzreichem, feinkörnigem Granit sind die Träger der Erze. Sie enthalten Zinnerz eingestreut, doch ist dieser Erzgehalt in der Regel so gering, dass er einen Abbau nicht lont. Der Bergbau hat sich vielmer im ganzen Revier an jene Impregnazions-Klüfte im Granit (seltener im benachbarten Schiefer) gehalten, auf welchen das Zinnerz sich angereichert hat.

Ausserdem hat man in alten Zeiten so viel Zinnerz in dem durch Erosion und Verwitterung entstandenen Schwemmlande gefunden, dass man weit ausgedente Zinnwäschen anlegen konnte.[2])

Die Gegend von Hengstererben.

Ueber die Geschichte des Zinnbergbaues in der geologisch karakterisirten Gegend liegen leider wenige Angaben vor. Ein einigermassen vollständiges Bild lässt sich nur für Platten geben. Doch wollen wir auch die wenigen Nachrichten über die anderen Bergwerke unseres Gebietes zusammenstellen.

Mathesius[3]) schreibt zu Anfang des 16. Jarhundertes: Englisch Zinn ist noch zu unsern Zeiten das berümteste und schönste gewesen. Darnach haben bei Mannes Gedenken auch die Seifen vom Hengst, von Erbardorf und Geier trefflichen Ertrag gegeben.

---

[1]) Ich habe die Studien, welche die Tektonik der Massenergüsse klarlegen, im Jb. der geol. Reichsanstalt veröffentlicht. Im allgemeinen Teile der vorliegenden Monografie findet man die wichtigsten Erscheinungen geschildert und erklärt.

[2]) Im Gebiete zwischen Joachimstal, Neudeck, Sauersack und Hengst trifft man auf gewaltige von den alten Zinnwäschen herrürende Halden; doch sind sie derzeit grossenteils dicht überwaldet. Die Karte, welche Graf Sternberg seiner Geschichte der böm. Bergwerke beifügt, belert uns über die ehemalige Verbreitung der Zinnwäschen.

[3]) Mathesius: Sarepta, Vorrede und 9. Predigt, 4. Aufl., pag. 388 bis 394.

Auch Neudeck, Platten, Bäringen und Schwarzwasser muss man gedenken um der Zinnseifen willen.[1])

Der Zinnstein wird geröstet. Dann wird er in das Pochwerk gebracht, darin das Wasserrad die Stempel hebt (ehemals hatte man Mülen).

Der Pochschlamm wird über grobe Tücher am Planherd gewaschen. Dann kommt das Erz in den Ofen.

Kobalt (Arsenkies?) und Eisen kommen oft mit dem Zinnstein vor. Sie machen das Zinn unartig, hart und weissfleckig. Auch Turmalin (Wolfram?) schadet dem Zinn. Er geht beim Schlemmen nur zum Teil weg, gibt viel Schlacken und macht das Zinn hart und fleckig. Wismut macht das Zinn mürb. Quarz geht beim Schlemmen leicht weg. Flussspat schadet dem Zinn nicht. —

An diesen Bericht reihe ich nun an, was ich in verschiedenen neueren Autoren und Kroniken verzeichnet gefunden:

Hengstererben hat nach Paulus Zinngänge, welche gegen Nord und Ost streichen. Die ersteren sind im Allgemeinen die älteren. Die wichtigste Zeche liegt auf dem Mauriziusgang, welcher gegen Norden streicht. Die Gangart ist Quarz und Ton. In derselben brechen Zinn, Turmalin, Eisenglanz, Chlorit und Arsenkies. Bis auf 2 und 3 Klafter (?) reicht die Impregnazion. Zu Paulus Zeiten machte man aus diesem Gestein eine Sicherung, wovon der Zentner 10—14 Pfund Zinn enthielt. Bei 100 Klafter Tiefe traf man damals noch gute Zwitter. Wie weit das impregnirte Gestein abbauwürdig sei, wurde durch Sicherung des Bormeles festgestellt. Das gute Zwittergestein gab 0.2 bis 0.5 % Zinn.[2])

Vogl[3]) fand in den 50er Jaren das Bergwerk in Verfall. Man beschränkte sich nur noch auf das Nachschiessen. Nach diesem Autor streichen die meisten Gänge zwischen hora 12 und 3.[4])

Ueber die älteste Geschichte des Bergwerkes wissen wir nur, dass es 1545 aufkam (Mathesius) und bald reichlich schüttete.

---

[1]) Als Bergwerke bestanden damals schon seit Langem Graupen, seit kürzerer Zeit Altenberg, Geier und Hengst.

[2]) Paulus: Joachimstal 1820, pag. 196.

[3]) Vogl: Joachimstal 1856, pag. 27.

[4]) vgl. Laube: Archiv d. Landesdurchforschung v. Bömen III. Bd. II. Abt. 3. Heft p. 105.

(Wässen.) Im Verein mit Platten und Gottesgab soll es in manchen Jaren 3000 bis 4000 Zentner Zinn gegeben haben (Sternberg).

Unter Rudolf II. kam dies Bergwerk sammt vielen anderen in Verfall.[1]) Nach dem dreissigjärigen Kriege mag es, nach Analogie zu schliessen, sich einer zweiten Blüte erfreut haben.

Die rot gefärbten Gewässer der roten Wistritz trugen den Pochschlamm mit sich und unten im Modesgrund kann man heute den feinen Schlich mit einer Mächtigkeit bis zu 2 Mtr. abgelagert sehen. Das deutet jedenfalls auf grosse Bergwerkstätigkeit.

Noch zu Ende des vorigen Jarhundertes bestanden 14 Pochwerke. In den 80er Jaren des vorigen Jarhundertes sollen einige Male bis 900 Zentner Zinn gewonnen worden sein.

1805 finden wir das Bergwerk im Besitz der Gemeinde Joachimstal; es ist aber mit 31.000 fl. im Rezess. Bis zum Jare 1854 wurde es verpachtet.

In den 40er Jaren waren 80 Mann beschäftigt und die Erzeugung betrug bis 150 Zentner per Jar. 1500 fl. wurden damals als Pachtschilling entrichtet. 1854—1858 steht das Werk still und wird im letzteren Jare verkauft. Damals arbeiteten nur noch fünf Pochwerke.

In den 60er Jaren mag die Erzeugung im Durchschnitte auf 100 Zentner geblieben sein.

Im Jare 1878 endlich ging das Werk in die Hand einer englischen Gesellschaft um einen Preis von 130.000 fl. (!) über. Maschinen und Arbeiter wurden von England gebracht. Dampfpoch- und Schlemmvorrichtungen wurden nach englischem Muster eingerichtet. Der Torf, welchen man Anfangs verwerten wollte, erwies sich als unzureichend und unbrauchbar; nun wird Kole aus der Karlsbader Ebene bezogen. In loko (Bodewitz) kostet der Zentner 8 kr.; der Furlon bis Hengstererben aber kommt auf 40 kr. per Zentner zu stehen. [2])

In den 50er Jaren blieb der Mittelgehalt unter einem halben Prozent. —

Ausser diesem Zinnbergwerke bestanden in unserem Gebiete noch folgende: Platten, Ziegenschacht, Halbmeil, Zwittermül, Golden-

---

[1]) Voigt, III, pag. 246.

[2]) Der Furmann braucht für den Weg hin und her anderthalb Tage.

höhe, Bäringen, Abertam, Kaff und Gottesgab. Ferner Hirschenstand, Sauersack, Fribus, Trinkseifen, Neuhammer und Neudeck.

Von diesen Werken, über welche ich im Jb. der Reichsanstalt (1879) einige Nachrichten zusammengestellt, ist das wichtigste:

Platten.

Ferber berichtet: Die reichsten Gänge streichen zwischen hora 8 und 12. Die Gangart ist mürber Granit, welcher leicht one Feuersetzen gewonnen wird. Die Abbaue gingen zu Zeiten des Autors bis 80 Klafter tief. 11 sechsstempelige Pochwerke standen dem Werke zur Verfügung.[1])

Die wichtigsten Dokumente bezüglich des Bergbaues von Platten befinden sich derzeit in den Händen des Bürgermeisters Herrn Vogl. Es ist dies eine Mappe von Pschorn aus dem Jare 1794, und die Uebersichtskarte über den ganzen Bezirk, welche Herr Vogl selbst entworfen.

Die Geschichte von Platten[2]) beginnt mit dem Jare 1532.

Annaberg, Marienberg, Joachimstal und Gottesgab waren vor Kurzem aufgekommen (Albinus). Da wurde überall geschürft und im Jare 1531 und 1532 fanden die unermüdlichen Schürfer glücklich die reichen Gänge, welche im Plattenberge aufsetzen. Viele Bergleute zogen zu, insbesondere von Schneeberg, und der Bergbau wurde rege.[3])

Im Jare 1535, da Platten noch sächsich war, gab Johann Friedrich diesem Orte die erste Zinnordnung. Platten bekam damals einen Pastor und einen Bergmeister. 1546 fiel es in Folge des schmalkaldischen Krieges an Bömen. Der Vertrag bestimmte jedoch, alle Bergwerksnutzungen, wie auch die Besoldung der Beamten sollten zwischen Bömen und Sachsen geteilt bleiben.

Im Jare 1548 erfloss die Ferdinandeische Bergordnung für Platten, Gottesgab, Hengstererben, Bäringen und Kaff.

Rasch war in dieser Zeit das Bergwerk aufgeblüht. Im Jare 1534 standen nur drei Schmelzhütten. In den Jaren 1541 und 1542 werden noch zwei errichtet; bis zum Jare 1546 steigt die Summe auf zwölf.

---

[1]) Ferber: Mineral. Gesch. 1774, p. 97.

[2]) Die folgenden Daten sind der Kronik von Platten, welche auf dem Rathause daselbst liegt, entnommen.

[3]) Mathesius: Sarepta, Vorrede, und Melzner: Kronik, II, pag. 1241.

Im Jare 1554 lasteten auf dem Bergwerke zwar 7800 fl. Verlagsschulden, woraus aber noch nicht geschlossen werden darf, dass die Verhältnisse drückend waren, denn ein Schichtkux vom Wolfgange wurde in jener Zeit um 1150 fl. verkauft. Die Gemeinde-Einnamen beliefen sich im Jare 1555 auf 120 fl. per Jar.

In der nächstfolgenden Zeit aber scheint allerdings die finanzielle Lage nicht günstig gewesen zu sein. Im Jare 1567 werden 64 Kuxe vom Hirschberg um 65 fl. verkauft und in den folgenden Jaren erfolgen merere Verpfändungen von Bergwerksteilen.

In den 80er Jaren breitet sich der Bergbau wieder weiter aus. 1581 wird die 18. und 19. Schmelzhütte errichtet, und die Werke werden lebhaft betrieben. Von dieser Zeit bis Ende des 16. Jarhunderts herrscht eine Stockung, dann erfolgt ein neuerlicher Aufschwung, welcher bis zum grossen Kriege anhält.

Anno 1624 wird der Plattener Pastor vertrieben und von Schlackenwald, Platten und anderen Orten wandern viele Leute aus. Im Jare 1631, da die Schweden anrücken, wendet sich die Gesinnung wieder dem Protestantismus zu. Bürger von Platten, welche am Protestantismus festgehalten und sich anderwärts hatten trauen und taufen lassen, verjagten nun den katolischen Pfarrer.

1636 wird der zurückgekerte protestantische Pastor wieder abgeschafft. 1640 kommt er nochmals zurück und erst in Folge der Massregeln des Jares 1650 wird er definitiv ausgetrieben. Die Plattener aber hielten heimlichen Gottesdienst in der Jugler Glashütte auf sächsischem Gebiete, wohin sie nächtlicher Weise zogen. Doch konnte der Protestantismus auf die Dauer nicht bestehen. Im Jare 1652 ziehen viele fort auf den waldigen Fastenberg drüben in Sachsen und im Jare 1653 wird durch einen energischen Schlag der Widerstand endgiltig gebrochen. Zwanzig der vornemsten Bürger werden verjagt. Nun, da die Köpfe weg sind, ergibt sich die Gemeinde. Die standhaften Auswanderer aber gründeten Johanngeorgenstadt am Fastenberge.

Trotz dieser drückenden Verhältnisse hielt sich Platten viel länger als andere Bergwerke bei mässigem Wolstande.

1621 war die Merzal der Zechen noch im Ueberschusse. Zu dieser Zeit kamen die Farbwerke auf und warfen grossen Gewinn ab. Vom Jare 1621—1643 hat man von Schneeberger Kobalten in Platten Farbe erzeugt an 15.000 Ztr. Dies blieb die Haupterwerbsquelle jener Zeit.

Die Zinnbergwerke, welche früher so reich geschüttet, gehen langsam ein. 1637 werden die letzten Zechen auflässig. Im Jare 1638 steht es auch bereits mit den Farbwerken schlecht. Viele werden verkauft teils in Folge der Auswanderung, teils in Folge der Verarmung.

1670 erfolgte der Auftrag: die Gemeinde solle den tiefen Stollen wieder aufnemen bei Verlust irer Privilegien. Wirklich ermannen sich die Leute wieder. Der Bergbau wird aufgenommen und im Jare 1685 gibt der Gemeindestollen bereits Ertrag genug, um den Zehent zu bestreiten und die zerstörte Kirche aufzubauen.

Es folgt eine längere Lücke in der Geschichte und ist nur mer Folgendes zu bemerken:

Jars, welcher zu Ende des vorigen Jarhunderts Platten besuchte, berichtet, dass ein Stollen von über 1 Kilometer Länge in Stand erhalten werde und dass 24 dreistempelige Pochwerke tätig seien. Die Ganggesteine des wichtigsten Ganges seien ser rein, so dass man den Kies nicht zu rösten brauche. In der Zeit von drei Tagen und drei Nächten erschmelze man aus 40 Ztr. Schlich (und den zugehörigen Schlacken) 27 bis 28 Ztr., also etwa 67 % Zinn. Der Schlich von anderen, durch Kies verunreinigten Ganggesteinen liefere nur 50 % eines weissfleckigen, unreinen Zinnes.[1])

Im Jare 1758 erleidet Platten grossen Schaden durch die preussischen Brandschatzungen. 1758—1769 haben die Plattener an 24.000 Taler Kriegskontribuzion an den Feind zalen müssen. 1770 standen noch 11 Pochwerke.[2]) Zu Anfang unseres Jarhundertes bis zum Jare 1870 stand das Bergwerk still. Da wurde es durch Vogl wieder aufgenommen, ist aber derzeit in Folge der ungünstigen Verhältnisse wieder erloschen.

Diese geschichtlichen Daten werden ergänzt durch die folgenden Angaben über Ausbeute, welche ebenfalls aus der Plattener Kronik entnommen sind.

Sternberg gibt an, Platten sammt Gottesgab und Hengstererben hätten um die Mitte des 16. Jarhunderts järlich bis 3000, ja 4000 Ztr. Zinn produzirt.

[1]) Jars: Voy. Metallurg. 1774—1781, III. p. 173.

[2]) Ferber: Mineral. Gesch. 1774, pag. 99.

Nach den spärlichen Angaben der Kronik mag man annemen, von den 30er bis in die 60er Jare des 16. Jarhundertes habe die Produkzion Plattens von einigen 100 bis nahe an 1000 Ztr. zugenommen. Der Zuzug muss bedeutend gewesen sein. Man griff gewiss auch ganz armes Gestein an, und schraubte so die Erzeugung zu einer krankhaften Höhe. Nachdem eine grosse Anzal Zechen mit anhaltendem Defizit gearbeitet, musste der Gegenschlag eintreten. In diesem Sinne deute ich die Tatsache, dass wärend der letzten zwei Dezennien des 16. Jarhunderts die Erzeugung tief (vielleicht bis gegen 200 oder 300 Ztr.) sank.

Im zweiten Dezennium des 17. Jarhundertes scheint die Produkzion nochmals wol ebenso hoch emporgeschnellt zu sein, wie in den 60er Jaren des 16. Jarhundertes. Dann aber stürzt sie in Folge des Krieges und der Gegenreformazion auf eine noch nicht dagewesene Weise (von nahe 1000 bis gegen 100 Ztr.).

Von nun an bleibt die Erzeugung lange gedrückt und erreicht erst um die Mitte des 18. Jarhundertes wieder eine Höhe, welche gleichkommt jener der glänzendsten Zeiten.

In die Mitte des 18. Jarhundertes ist nach diesen Zalen die zweite Blütezeit Plattens zu verlegen. Damals waren 6 Schichtmeister, 20 Steiger und 500 Bergleute beschäftigt.

Gleichen Schritt mit dem Aufschwung der Zinnprodukzion hält auch Eisen und Blaufarbe.

Die Jareserzeugung des ersteren steigt von 500 Fuder im ersten Dezennium des 18. Jarhunderts rasch über 2000 und in den 40er Jaren auf 3000. Seit den 50er Jaren aber hält sie sich nur auf 1000—1500. Es muss also, wärend für Zinn die günstige Zeit anhielt, die Eisenerzeugung durch natürliche oder Handels-Verhältnisse beeinträchtigt worden sein.

Die Farbenprodukzion, welche von 1650—1680 sich auf 100 Ztr. pr. Jar gehalten, steigt Ende des 17. Jarhundertes über 300 Ztr. und weiter auf 500 und 1000 Ztr., im ersten Dezennium des 18. Jarhundertes auf 2500 und in den 30er Jaren bis 5000 Ztr. Schon in den vierziger Jaren aber fällt sie rasch wieder auf 3000, schnellt anfangs der 50er Jare auf 6000 empor und hält sich dann auf etwa 4000.

Leider hören von dieser Zeit an die Verzeichnisse der Erzeugung auf; doch steht zu vermuten, dass sie von nun an bedeutend zurückging. Denn erstens verschweigt eine Kronik nicht leicht den Glanz irer Stadt; zweitens ging in der andern Hälfte des vorigen Jarhundertes die Zinnproduktion fast allerwärts nieder.

Doch hat der Ort darum nicht an Bevölkerung abgenommen, sondern er wächst stetig bis in unsere Zeit; Beweis dessen, dass diese Stadt, wie so viele im Erzgebirge, seit dem vorigen Jarhunderte die Einbusse, welche sie durch den Niedergang des Bergwerkes erlitten, durch anderen, insbesondere industriellen Erwerb auszugleichen wusste.

Vergleich der Produkzions- und Geburtenzahlen.

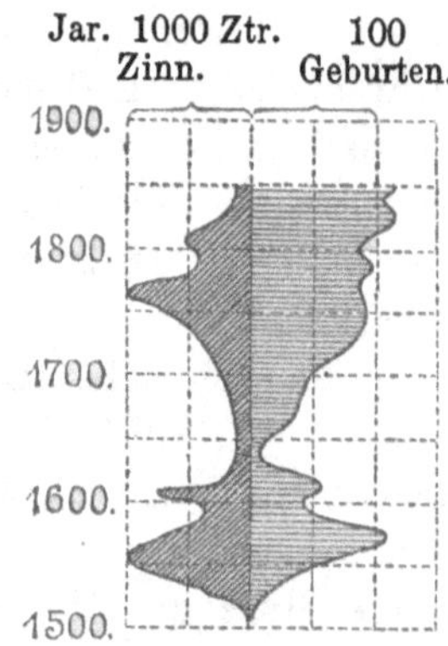

Ueberblicken wir die beistehende Figur, welche die Geburtenzalen und die Produkzion anzeigt, so sehen wir in den früheren Zeiten recht scharf jedes Wol und Wehe des Bergwesens in den Geburtziffern ausgeprägt, wärend in den letzten hundert Jaren das Wachstum der Stadt unabhängig vom Niedergang der Metallerzeugung andauert.

1762 hatte Platten 160 Haüser mit 720 Einwonern.
1781 „ „ 210 „ „ 1200 „
1870 „ „ 250 „ „ 2200 „

Wir sehen aus diesen Zalen deutlich, wie die Bergstadt einen modernen Habitus angenommen hat, wie das Leben in einem viel gleichmässigeren Strome fliesst; wie die Haüser immer mer Menschen aufnemen, wärend früher jede Familie ir Haüschen hatte: wie endlich die Zal der Geburten im Verhältnisse zur Einwonerzal immer geringer wird.

Doch ist hier nicht der Platz, über diese Erscheinungen zu reflektiren.

Wir berichten nun über die wichtigsten benachbarten Zinnbergwerke im sächsischen Gebiete:

Erenfriedersdorf und Marienberg.

Ueber die Geologie von Erenfriedersdorf berichtet Ferber:[1]) Viele Züge von untereinander parallelen Impregnazions-Klüften streichen hora 6 und füren Zinn. Sie werden durchsetzt von hora 12 streichenden Gängen, welche im Schaarkreuz allemal Silber in grosser Menge gebracht haben. —

Ueber die Geschichte des Bergwerkes stelle ich folgende Angaben zusammen:

Erenfriedersdorf, nächst Altenberg das wichtigste Zinnbergwerk Sachsens, wurde im 14. Jarhunderte als Silberbergwerk fündig.

Im Jare 1377 wird eine Beteidigung aufgerichtet zwischen dem Markgrafen von Meissen und dem Herrn von Waldenburg um das Bergwerk zu Erenfriedersdorf. Es wird darin bestimmt:

1) Der Markgraf soll Gericht und Recht haben auf allen Silbergängen und Bergwerken auf den Waldenburgischen Gütern $3^1/_2$ Lehen auf das Hangende und $3^1/_2$ auf das Liegende. Auch setzt er die Amtsleute.

2) Der Markgraf erhält den halben Zehent, trägt aber auch die halbe Zubusse.

Die von Waldenburg behalten Brodbank, Fleischbank, Badstube und Hüttenzins auf dem Bergwerk.

4) Wenn das Bergwerk erlischt, fällt das Gericht wieder an die Herren von Waldenburg.[2])

Das Bergwerk wird um jene Zeit also noch nicht ausdrücklich als Zinnproduzent genannt. Auch war es noch um die Mitte des 14. Jarhundertes arm.[3]) In der Folge aber nimmt die Zinnerzeugung stätig zu. Die halbjärigen Ausweise über das Geleit auf der Flöss zu Erenfriedersdorf ergeben für den Zeitraum 1490 bis 1497 p. Jar 600 bis 900 Ztr. Zinn; vom Jare 1507 bis 1520 produzirt das Bergwerk järlich 500 bis 600 Ztr. Zinn.[4])

Im Jare 1538 revoltiren die Bauern gegen die neu errichteten

---

[1]) Ferber: Neue Beitr. Mineral. Geschichte 1778, 183.

[2]) Staatsarchiv zu Dresden.

[3]) Falke: Geier 1866, p. 9.

[4]) Staatsarchiv zu Dresden.

Brennöfen, und wollen dieselben vernichten, indem deren Dämpfe die am Feld reifende Frucht zerstörten. (A. D.) —

Die Erzeugung des 16. Jarhundertes blieb bedeutend. Wärend des dreissigjärigen Krieges trat ein Stillstand, dann ein allmäliger Aufschwung ein. Im Jare 1695 wurden 680 Ztr. produzirt.[1])

In den dreissiger Jaren des vorigen Jarhundertes produzirte das Bergwerk 1800 bis 2000 Ztr. Zinn, um 1770 aber nur 600 Ztr. Zinn (aus 1200 Ztr. Schlich).[2]) Im letzten Dezennium des 18. Jarhundertes sinkt die Erzeugung auf 250 und bleibt in der Folge immer zwischen 200 und 100 bis das Bergwerk erlischt (in den siebziger Jaren unseres Jarhundertes).[3])

Ueber den Gehalt der Gesteine berichtet Cancrin:

Gewinnt man aus 60 Furen à 18 Ztr. 10 bis 12 Ztr. Schlich, mithin 5 Ztr.[4]) Zinn, so ist der Gang abbauwürdig unter der Voraussetzung, dass das Gestein nicht zu fest und der Gang breit sei.[5])

Marienberg produzirte seit dem 16. Jarhunderte neben anderen Metallen auch Zinn. Zu Ende des 17. Jarhundertes wurden etwa 500 Ztr. ausgebracht[6]), um die Mitte des vorigen Jarhundertes 300 Ztr.; seitdem und bis in die fünfziger Jare unseres Jarhundertes im Mittel 200 Ztr., dann erlischt das Bergwerk. Um die Mitte des vorigen Jarhundertes war der Reverberir-Röstofen hier und in Marienberg in Gebrauch. Man erschmolz damals in 12 Stunden aus 4 Ztr. Schlich 2 Ztr. Zinn und brauchte hierzu 40 Kubikfuss Holzkole. Nach 24, höchstens 36 Stunden liess man den Ofen auskülen um ihn zu repariren[7]).

Geier. — Bau der Granit-Kuppe.

Charpentier:[8]) Am Westabhange des Geiersberges liegt im Granit die grosse Pinge mit 100 Klftr. Durchmesser und über 20 Klftr. Tiefe.

---

[1]) Melzer: Kronik p. 1432.

[2]) Ferber: Neue Beitr. Mineral. Gesch. 1778, p. 187.

[3]) Gmelin: Gesch. des Bergbaues 1783, p. 294 und Ausbeutebogen im Freiberger Bergamte.

[4]) Die Gesteine hatten also weniger als $^1/_2$ % Zinngehalt.

[5]) Cancrin: Beschreibung der Bergwerke 1767, p. 377.

[6]) Melzer: Kronik p. 1432.

[7]) Jars: Voy. Metallurg. 1774 bis 1781, p. 159, 166.

[8]) Charpentier: Min. Geogr. 1778, p. 203 f.

Rings um den Granit herrscht Gneiss. Zwischen dem Granitstock und dem Gneiss bildet der sog. „Stockscheider“ den Uebergang. In der Tiefe breitet sich der Stock immer weiter aus (merere hundert Klafter). Der Abbau geht bis 35 Klftr. unter die Oberfläche der Pinge und folgt NO-streichenden Gängen im Granit.

Ferber:[1]) Im Gneiss von Geier ist ein ovaler Klumpen oder Stock von Granit eingelagert. In ihm geht das Bergwerk um und folgt mereren Zügen paralleler Zinngänge, welche im Granit aufsetzen.

Blöde:[2]) Der Granit von Geier bildet einen breitgedrückten Kegel, dessen Umfang gegen die Tiefe beträchtlich wächst. Dieser Kegel wird von Schiefer bedeckt. An der Grenze beider Gesteine herrscht ein ser grosskörniges Gestein (der Stockscheider), welches einerseits in den gemeinen Granit übergeht, anderseits nahe dem Schiefer Bruchstücke des letzteren enthält. Der den Stock umgebende Schiefer fällt ringsum ausnamslos 40 bis 50 Grad in NNW.

Diese verwickelten Beziehungen erlauben weder den Granit noch den Schiefer als das ältere Gebilde zu betrachten, denn in letzterem Falle müsste doch der durchbrechende Granit gegen die Oberfläche immer mächtiger werden! Man muss demnach wol beide Gesteine als gleichzeitig entstanden betrachten.

Bonnard:[3]) Die mächtige stockförmige Granitmasse von Geier erscheint eingeschlossen in Gneiss, welcher ringsum ein gleiches Fallen gegen NW zeigt. Der Granit enthält durch das Ganze seines Bestandes verbreitet Zinnerz in grösserer oder geringerer Menge; ausserdem ist er von gering mächtigen Gängen und Gangzügen ser haüfig durchsetzt. Diese streichen alle in hora 4 oder 5 und setzen nach West hin bis über die Granitmasse hinaus in die Schiefer.

Manès:[4]) Ein elliptischer Granitstock setzt im Schiefer auf. Seine längere Axe hat 120—130 M. und erstreckt sich in der Richtung Nord-Süd. Die kurze Axe misst 80—100 Meter.[5])

---

[1]) Ferber: Neue Beitr. 1778, p. 192 ff.

[2]) Blöde in Leonhards Taschenbuch 1816, p. 13 f. und p. 25.

[3]) Bonnard: J. des Mines Bd. 37 p. 339 und Leonhards Taschenbuch für Mineral. 1822, p. 532.

[4]) Manès: Ann. des Mines 1824, p. 283.

[5]) Die Entfernungen sind zu gering angegeben; doch erkennt M. richtig das relative Verhältniss beider Achsen.

Der Schiefer, welcher dieses Ellipsoid umgibt, fällt ringsum gleichförmig gegen NW.

Mohs: Die Kristalle des Stockscheider-Granites sind an dem umgebenden Schiefer angeschossen, wie die Kristalle einer Salzlauge an den Wandungen des Gefässes. Sie schauen ein- und abwärts gegen die Granitmasse.

Uebereinstimmend sind die Ausfürungen von Naumann:[1]) Der Stockscheider, welcher den Granitstock von den umgelagerten Schiefern scheidet, ist nach diesem Autor die ser grosskristallinische Kruste des Granites.

v. Weissenbach[2]) gibt eine treffliche kartografische Darstellung der Gestalt dieser Granitmasse.

Man ersieht hieraus, dass die grosse Axe des ellipsoiden Körpers Nord-Nord-West streicht, dass der Umfang der ellipsoiden Masse gegen die Tiefe bedeutend wächst,[3]) und dass die Oberfläche der Granitkuppe etwa mit 50° ringsum abfällt.[4])

An der Grenze zwischen dem Granit und dem Schiefer herrscht überall der Stockscheider, eine $^1/_8$—$^1/_2$ Klftr. dicke Kruste bildend, welche mit dem Granit durch Uebergänge verbunden ist. In diesem Stockscheider trifft man viele Bruchstücke von Schiefer an.

Stelzner:[5]) Der Granitkegel des Geier'schen Stockwerkes wird mantelförmig umlagert von dem $^1/_8$—2 Klftr. mächtigen Stockscheider. Diese grosskörnige Kruste schneidet scharf an dem Schiefer ab, wärend sie durch Uebergänge mit dem feinkörnigen Granite des Stockes verbunden ist. Grössere Bruchstücke des Schiefers, welche sich an der Grenze des Granitstockes im Riesengranite finden, werden nicht vom Riesengranit selbst begrenzt, sondern sind zunächst von einer Kruste feinkörnigen Granites umkleidet.

---

[1]) Naumann: Erlaüterungen 1838, II, p. 179 f.

[2]) Weissenbach: in v. Cotta's Gangstudien 1850, I, p. 40.

[3]) Der Autor zeichnet den Verlauf des Stockscheiders am Tag und im Horizonte des tiefen Hirtenstollens ein.

[4]) Ganz analoge Verhältnisse weist v. Weissenbach bei Aue nach. Dort streicht die grosse Achse des Ellipsoides in Nord-West.

[5]) Stelzner: Granit von Geier (Beitr. z. Geo. des Erzgebirges) 1865, II p. 23 f.

Schalch[1]) beschreibt eingehend die mineralogischen und texturellen, durch Uebergänge mit einander verbundenen Arten des benachbarten Greifensteiner Granites; er beobachtet Schlieren von porfirischem Habitus im Greifensteiner Granit und bezeichnet diese an Flüssigkeits-Einschlüssen reichen mikrogranitischen Gesteine treffend als „Porfirfazies des Granites“ (vgl. Lossen).

An mereren Stellen wird konzentrisch-kuppelförmige Absonderung des Granites nachgewiesen. —

Die Zinn-Klüfte von Geier.

Charpentier:[2]) Merere Züge paralleler Gänge und Klüfte setzen durch den Granit in der Richtung Nord-Ost. Der Granit zu beiden Seiten dieser Klüfte ist bis auf 3—8 Zoll zinnhältig und wird abgebaut.

Diese quarzige und zinnhältige Gangart heisst Zwitter und geht weiterhin in tauben Granit über.

Ferber:[3]) Viele Gänge streichen in hora 4 (mit steilem Süd-Ost-Fallen) durch den Granit. Sie sind bis 2 Klftr. mächtig und bestehen aus derselben Gesteinsart, wie der Stock selbst (Granit oder Quarz); doch zeichnen sie sich vor diesem Gesteine durch Zinnerzgehalt aus.

Merere parallele Gänge, welche nahe aneinander liegen, werden ein Zug oder „Strom“ genannt.

Tölpe:[4]) Der Granit des Stockwerkes ist nicht blos von Zinngängen, sondern auch lagenweise mit Zinnerz durchsetzt. Fast aus jedem Stück des Stockwerkgranites können kleine Erzmengen ersichert werden.

Blöde:[5]) Die Gänge setzen am Stockscheider ab.

Manès:[6]) Der Granit ist von parallelen Klüften durchsetzt

---

[1]) Schalch: Geier — Erlaüter. Geol. Karte von Sachsen 1878, p. 49 bis 59.

[2]) Charpentier: Min. Geogr. 1778, p. 193 u. 205.

[3]) Ferber: Neue Beitr. z. min. Geogr. 1778, p. 195.

[4]) Tölpe: Köhler's bergmänn. Journal 1789.

[5]) Blöde: Leonhard's Taschenbuch 1816, p. 23.

[6]) Manès: Ann. des Mines 1824, p. 286.

und in deren Nachbarschaft zu einer körnigen Quarzmasse umgewandelt. In diesem quarzigen Gestein ist Zinnerz, Wolfram etc. eingesprenkelt und zwar um so reichlicher, je näher der Kluft.

Viele nahe aneinander liegende parallele Gänge bilden einen Gangzug.

Merere solche Züge von 6—8 Meter Mächtigkeit setzen im Granite auf. Zwischen inen liegt natürlich je ein „Kamm“ (eine Wand) von taubem Granit. Die Kämme sind 2 bis 10 Meter breit.

Ein Gang, welcher viel mächtiger ist als irgend eine der übrigen Klüfte, setzt in hora 6 mit 60—80° Nord-Ost-Fall durch den Granit. Er fürt aber blos Quarz und hat ein Salband.

Daubrée:[1]) Die Gänge setzen nur zum Teil am Stockscheider ab, zum Teil streichen sie auch durch den Stockscheider in den Schiefer. Dort verarmen sie jedoch.

Stelzner:[2]) Die Gangzüge fallen meist 70—75° Nord-West. Oft liegen die Zinnklüfte in einem Gangzuge so nahe aneinander, dass sich die Impregnazionszonen berüren. Dann ist der ganze Komplex von Klüften (der ganze Gangzug) abbauwürdig.

Einige Zinngänge setzen auch in den benachbarten Schiefer fort und wurden ehedem abgebaut. —

Sandberger weist im Glimmer des zinnfürenden Granites von Geier Zinn, Arsen, Kupfer, Titan nach und ist der Ansicht, dass das Vorkommen dieser Stoffe in den Impregnazions-Klüften auf Lateralsekrezion zurückzufüren sei.[3])

Ueber die Geschichte des Bergwerkes liegen die folgenden Nachrichten vor.

Erst im Jare 1407 wird Geier als Ortschaft in einer Urkunde genannt.[4])

Albinus[5]) setzt den Anfang des Bergwerkes um das Jar 1400. Warscheinlich wurde es vom älteren Erenfriedersdorf aus angebaut.

---

[1]) Daubrée: Ann. des Mines 1841, Bd. 20, p. 71.

[2]) Stelzner: Granit von Geier 1865, p. 37 f.

[3]) Sandberger: Z. geol. Gesell. 1880, p. 351, 65.

[4]) Falke: Geier 1866, p. 8 eine ausgezeichnete Monografie, aus welcher ich die folgenden Angaben zumeist entlent habe.

[5]) Albinus: Kronik p. 20.

Mitte des 15. Jarhunderts waren Erenfriedersdorf und Geier noch arm, wie man aus mereren Urkunden schliessen kann.

Im Jare 1462 wird mereren Gewerken der halbe Zehent von Silber und Kupfer nachgelassen, weil sie sonst auflässig würden (Falke p. 22).

1467 klagen die Gewerken, dass sie ir Zinn zum Schmelzen nach Erenfriedersdorf abgeben, auch alle Notdurft auf dem dortigen Markte erkaufen müssten. Oft seien sie genötigt, Zinn um jeden Preis loszuschlagen, um nur Geld zum Weiterbetriebe des Bergwerkes zu erhalten.

Die zwei letzten Dezennien aber muss sich die finanzielle Lage doch wesentlich gebessert haben, indem um diese Zeit merere Söne von Geier'schen Familien in Leipzig studiren.

In den 70er und 80er Jaren des 15. Jarhunderts ist die Jaresausbeute an Silber durchschnittlich 2000—4000 Mark. — 1493 erfliesst die erste Bergordnung.

Anfangs des 16. Jarhunderts erhält Geier den Jarmarkt. Der Ort ist auf etwa 200 Haüser angewachsen. Mathesius und Agricola bezeichnen die Zinnerzeugung als bedeutend. Noch immer aber wird das Zinn nach Erenfriedersdorf abgeliefert (Falke p. 39, 50, 56).

Die Zeiten scheinen nicht dazu dargetan gewesen, dem Bergwerke eine Selbständigkeit zu verschaffen. Um die Mitte des 16. Jarhunderts hört man viele Klagen über verfallene Haüser und Armut; die Bürger bitten um Steuernachlass u. s. f. Die Bergwerkserzeugung war gewiss nicht bedeutend. Erenfriedersdorf produzirte damals dreimal so viel Zinn, als Geier; daher die dauernde Abhängigkeit Geiers.

1560 stehen 250 Haüser, was auf etwa 1800 Einwoner schliessen lässt; doch sind viele Hausungen in üblem Zustande und mit Schulden belastet.

Die Entwickelung der Stadt von dieser Zeit an lässt sich nur beilaüfig aus den Stadteinnamen ersehen. Um 1570 verfügt die Stadt järlich über 100 Schock Groschen, 1600 über 500 Gulden, 1650 über 480 Gulden, 1720—1760 durchschnittlich über 400 bis 700 Tlr.

Lange wärten die Nachwehen des grossen Krieges. 1695 wurden 100 Ztr. Zinn gewonnen. [1])

[1]) Melzer: Kronik p. 1432.

Zu Anfang des 18. Jarhundertes hatte die Stadt 170 Haüser und 70 Brandstellen; zu Anfang des 19. Jarhundertes bestehen 240 Haüser mit 1800 Einwonern. Aber das Bergwerk hatte leider kein Teil an diesem Aufschwunge der neuern Zeit.[1]) Das Klöpeln und die Posamenterie sind die eigentlichen Erwerbszweige der Stadt geworden.[2])

Schon um die Mitte des vorigen Jarhundertes waren die Zechen arg in der Zubusse. Im Allgemeinen erhalten sich zwei Dritteile der Zechen eben am Leben, wärend ein Dritteil 2—8 Tlr. Jareszubusse pro Kux ertragen muss. 30 bis 40 Zechen sind im Ganzen im Betrieb, und von inen geben durchschnittlich nur 1 bis 4 einige Taler Ausbeute.

In den 60er Jaren des vorigen Jarhundertes erfolgt allerdings ein kurzes Aufleben hier wie anderwärts in Folge der günstigen Zinnpreise.

Aber was will das Aufflackern bedeuten, verglichen mit den langen, elenden Zeiten!

Seit 1772 wird wieder Silber verzeichnet, aber die Ausbeute bleibt minimal, wärend die Kosten sich ser hoch beziffern. Nur die Nebenprodukte: Kies, Vitriol, Arsen und Schwefel bringen etwas ein.

Weder die järlichen Vorschüsse von 500—2000 Tlrn., welche der Landesfürst gibt, noch der fortwärende Erlass des Zehentes können aufhelfen. Auf jeden Kux kommt pr. Jar durchschnittlich 1 Tlr. Zubusse.

Die Kuxe fast aller Zechen stehen auf 2—10 Tlr., nur drei Zechen haben einen Kuxwert von 20—30 Tlrn.!

1773 vereinigen sich endlich die meisten dieser armen Zechen als Zwitterstocks-Gesellschaft.[3]) Daneben aber bleibt doch noch eine gute Zal Sonderzechen bestehen. Ferber[4]) berichtet von den

---

[1]) Die folgenden Daten sind den Ausbeutebogen entnommen.

[2]) Falke: Geier p. 182.

[3]) Die finanziellen Verhältnisse dieser Gesellschaft blieben auf die Dauer schlecht. Der Kuxwert wird offiziell mit 200 Tlrn. verzeichnet. Die Jareszubusse ist und bleibt 12 Tlr. pro Kux. In keinem Jare wird eine Ausbeute verzeichnet. Seit dem Jare 1833 wird der offizielle und offenbar nur nominelle Kuxwert ganz unvermittelt statt mit 200 mit 20 Tlrn. gezeichnet! Seitdem war der Zinnkrach offiziell anerkannt.

[4]) Ferber: Neue Beitr. z. Min. Geogr. 1778, p. 193.

lästigen Rechtsstreitigkeiten zwischen denselben. Kostspielige Durchschläge werden nötig, um die Begrenzung der einzelnen Felder zu fixiren.

Trotz der armseligen Zustände aber wurde doch damals ein neuer Stollen gebaut, welcher 28 Klafter Tiefe einbringen sollte. Man hoffte die Baue, welche bis 44 Klafter niedergingen und wassernötig waren, durch diesen neuen Bau zu erleichtern. Aber umsonst. Das Bergwerk lebte nicht mer auf und ist seit Mitte unseres Jarhundertes so gut wie abgestorben.

Manès[1]) versucht, die Gesammterzeugung des Bergwerkes zu berechnen. Er schätzt die Menge, welche bis zum Jare 1700 abgebaut wurde, auf das Doppelte der von 1700 bis 1778 abgebauten. Im letzteren Zeitraume wurden nach seiner Angabe 22.300 Ztr. Zinn gewonnen. Unter der Voraussetzung, dass seine Annamen richtig, und unter der ferneren Voraussetzung, dass der Gehalt ziemlich konstant gewesen, würden dann von 1400 bis 1700 etwa 45.000 Ztr. Zinn gewonnen worden sein.

Ueber den Gehalt der Gesteine liegt nur eine Angabe vor.

Zu Ferber's[2]) Zeiten gaben 1 Schock (60 Karren à 5 Ztr.) Zinngestein 1—2 Ztr. Zinn und mer, also $^1/_3$ bis $^2/_3$ %.

Zu Manès'[3]) Zeiten stellten sich die Selbstkosten für einen Zentner Zinn auf 35 Tlr.

Die Zinnpreise schwankten damals zwischen 28 und 29 Tlr.; 1200—1500 Tlr. järliches Defizit war die notwendige Folge dieser Verhältnisse.

Da die Zinnpreise im Allgemeinen so niedrig blieben, hörte auch das Defizit nicht auf.

In den 20er Jaren war der Zinngehalt der Gesteine 0.2 bis 0.3 % (selten 0.7).

Eibenstock.

Bezüglich der Geologie von Eibenstock stelle ich folgende Nachrichten zusammen:

---

1) Manès: Ann. des Mines 1824, pag. 288.

2) Ferber: Neue Beitr. 1778, pag. 200. Vgl. Jars. Voy. Metall. 1774 bis 1781, III. 169.

3) Manès: Ann. des Mines 1824, pag. 300.

Freiesleben:[1]) Der Zinnstein tritt bei Eibenstock lager-[2]), strich- und gangweise auf und zwar vorwaltend im Granit, seltener im Schiefer. Das Gestein, in welchem das Zinnerz eingesprenkelt ist, nähert sich oft dem reinen Quarz.

Die Zinngänge von Eibenstock streichen meist in hora 9, jene von Karolsfeld hora 4 bis 5, jene vom Ahorner Gebirge hora 8 bis 9, die vom Rabenberg hora 7 bis 4.

Oppe:[3]) Die Bestandteile der Zinngänge sind ebendieselben, wie man sie im granitischen Nebengestein trifft: Quarz, Glimmer, Turmalin, Feldspat und Steinmark oder Porzellanerde.

Das Ganggestein ist eben nichts anderes als eine Partie des Granites, welche von gewissen Klüften aus mit Zinnerz impregnirt wurde (pag. 151).

Das Zinn findet sich im Granit nahe den Klüften eingesprenkelt, auch lagen- und butzenweise verteilt. Endlich trifft man das Zinnerz frei ausgebildet da und dort in Drusen (p. 140).

Soweit die Impregnazion reicht, wird der Granit abgebaut.

Die Zinnfürung ist um so reichlicher, je reichlicher der Turmalin auftritt. Dies offenbart sich auch in den Seifen, unter denen jene, in welchen viele schwarze Geschiebe vorkommen, besonders hältig sind (p. 147).

Ausserdem ist bemerkenswert, dass die Zinnerze insbesondere in dem mittel- und feinkörnigen Granit reich sind (p. 183); dass die Schaarung auf die Erzfürung günstig einwirkt (p. 188), und dass die Gänge insbesondere nahe der Erdoberfläche abbauwürdig befunden werden (p. 191).

Der Abbau geht höchstens bis 100 Klafter.

In der Auersberger Schieferpartie, welche von vielen Zinngängen durchschwärmt ist, hat man den Schiefer bei 40 Klafter durchsunken. In dem Granit, welchen man in dieser Tiefe erreichte, hatte der Zinngehalt bedeutend abgenommen.

Den Zinngehalt der Pochgänge gibt Freiesleben[4]) = 2—4, höchstens 6 Ztr. pr. 60 Furen, d. i. etwa $^1/_4$—$^1/_2$ $^0/_0$ an.

---

[1]) Freiesleben: Mineral. Kenntniss von Sachsen 1817, p. 18 und 35.

[2]) Es ist dies der einzige Ort dieses Revieres, an welchem man zinnerzreiche Schlieren im Granit abgebaut zu haben scheint.

[3]) Oppe in v. Cotta's Gangstudien 1852, II, p. 140 ff.

[4]) Freiesleben: Min. Kennt. v. Sachsen 1817, p. 30.

Ueber die Geschichte des Bergbaues in diesem Distrikte liegen folgende Angaben vor:

Das Bergwerk von Eibenstock ist der Sage nach älter als Schneeberg (welches 1470 anging.)[1])

Wenden sollen in ältester Zeit die Gegend bewont haben. Durch sie und zugezogene Harzer Bergleute mag das Bergwerk aufgekommen sein. Für die letztere Vermutung spricht der Umstand, dass die Berge der Gegend zum Teil dieselben Namen haben, wie die Harzer Berge.

Doch sind über diese ersten Zeiten des Bergbaues keine sicheren Nachrichten erhalten. Die älteste Urkunde bezieht sich auf einen Verkauf, durch welchen Schwarzenberg und der Marktflecken Eibenstock von dem Herrn v. Tettau an den Kurfürsten von Sachsen kam (1533). Der Kurfürst erteilte Eibenstock städtische Privilegien.[2])

In zwei Quartalen des Jares 1546 wurden 580 Ztr. Zinn erzeugt.[3])

Im Jare 1560 wird ein Bergamt in Eibenstock errichtet.

Albinus gedenkt, dass Eibenstock vor etlichen Jaren „ein ansenliches Bergwerk“ und noch zu seiner Zeit ziemlich im Schwange gewesen sei.

Wärend des grossen Krieges dürfte das Bergwerk stillgestanden haben. Bis in die sechziger Jare des 17. Jarhunderts blieb die Erzeugung gering.

Im Jare 1695 ist die Produkzion 570 Ztr.[4]), im Jare 1748 = 393 Ztr.

Spitzenhandel, Eisenindustrie, Branntweinbrennerei und Kartoffelbau haben damals den Leuten geholfen.

Charpentier schildert den Bergbau als fast erlegen.[5]) Die

---

[1]) Ipoenander: Eibenstock 1747- 1770. Vgl. auch Gmelin: Geschichte des Bergbaues. Oettel (1748, p. 201) meint, die Zinnseifen seien wol schon durch die Wenden verwertet worden.

[2]) Oettel: Eibenstock 1748—49, p. 1—5.

[3]) Zehentbogen im Dresdener Archiv. Oettel giebt fälschlich nur 600 Ztr. p. Jar an.

[4]) Melzer: Kronik p. 1432. Schwarzenberg produzirte zu dieser Zeit etwa 150 Ztr. Zinn. Sämmtliche sächs. Zinnbergwerke dieses Gebietes förderten damals pr. Jar über 2200 Ztr.

[5]) Charpentier: Min. Geogr. 1778, p. 269.

traurigen Verhältnisse finden iren Ausdruck in der Fusion der Bergämter von Johanngeorgenstadt, Schwarzenberg und Eibenstock anno 1798. Von diesen drei Bergwerken produzirte Eibenstock damals noch weitaus die grösste Menge Zinn. Seit Anfang unseres Jarhundertes ist die Zinnerzeugung von Johanngeorgenstadt und Schwarzenberg als erloschen zu bezeichnen.[1])

Dass aber auch Eibenstock seit eben jener Zeit nur mer vegetirt, ergibt sich daraus, dass in dem Zeitraume 1800—1809 trotz der hohen Zinnpreise von allen drei erwänten Bergwerken nur eine mittlere Jareserzeugung von 120 Ztr. erzielt wurde. Im Zeitraum 1810—1819 sank die durchschnittliche Jaresproduktion auf 70 Ztr. In der folgenden Zeit weist Eibenstock nur mer 10—30 Ztr. Jareserzeugung auf.

Ueber die Rentabilität gibt folgende Zusammenstellung einigen Aufschluss.

	Durchschnitts-Anzal der Bergwerke und Seifen, welche mit Ausbeute oder erstattetem Verlage arbeiten.		Durchschnitts-Anzal der Bergwerke, welche frei verbauen od. Zubusse fordern.	
Jar	a) Bergwerke.	b) Wäschen	a) Bergwerke	b) Wäschen
1740—49	7	3	20	20
1750—59	4	2	20	10
1760—69	8	6	30	15
1770—79	3	4	30	8
1780—89	3	3	20	6
1790—1800	3	1	10	2

Im Allgemeinen kommen also auf eine aktive Zeche drei bis fünf passive.

Nemen wir Stichproben aus den Ausbeutebogen, so sehen wir, dass bis zum Jare 1763 das Bergwerk mit ser mässigen Verlusten arbeitet. Von dieser Zeit aber stürzen die Einnamen rasch und das Defizit erklärt sich in Permanenz.

So sehen wir denn in den Jaren 1760—1790 die Einnamen von 5000 auf 4000, dann auf 2000 Taler sinken, wärend die Ausgaben von 10.000 auf 7000 und 4000 herabgehen. Der Gesammtwert aller Kuxe ist in dem gleichen Zeitraume von 150.000 auf 100.000 und endlich auf 30.000 Tlr.[2]) gestürzt.

---

[1]) Ausbeutebogen im Freiberger Oberbergamte.

[2]) Diese Zal ist gewiss etwas zu niedrig gegriffen, indem viele Kuxwerte in den letzten Zeiten gar nicht mer gezeichnet erscheinen.

Hieraus ergibt sich, dass wärend dieser ganzen Zeit durchschnittlich 4 % des Anlagekapitales per Jar daraufgezalt werden musste. So stirbt ein Bergwerk langsam.

Noch einen Blick wollen wir auf die Zinnwäschen dieses Bergwerkes werfen, weil wir bei keinem anderen Bergwerke des Erzgebirges über den ehemaligen Betrieb und Ertrag der Wäschen irgend eine sichere Nachricht haben.

Noch um die Mitte des vorigen und zu Anfang unseres Jarhundertes waren bei Eibenstock, Johanngeorgenstadt und Schneeberg Zinnwäschen tätig. Man grub längs des Talgehänges, welches verwaschen werden sollte, einen $^2/_3$ Mtr. breiten und $^1/_2$ bis $1^1/_2$ Kilometer langen Waschgraben mit gutem Gefälle. In diesen Längsgraben liess man seitlich zalreiche Quergerinne münden. Durch diese lief das Wasser in den Hauptgraben. Die Arbeiter standen in dem Hauptgraben und wülten die erzhältige Erde des bewaschenen Ufers um. Das schwere Gerölle und der körnige Erzsand blieben im Hauptgraben liegen, wärend Schlamm und Kiessand fortgeschwemmt wurden. Die grossen Geschiebestücke sortirte man; die gemeinen wurden weggeschafft, die dunklen (turmalin- und erzhältigen) aber kamen ins Pochwerk.

Man verwusch in dieser Weise das Gehänge nächst dem Hauptgraben bis auf eine Breite von 4 Mtr. und liess bis dahin alles erwaschene Erz in dem Hauptgraben liegen. In einigen Monaten, längstens in einem Jare war der betreffende Streifen Wäschland aufgearbeitet, dann raümte man den Graben aus und reinigte und verschmolz das Wascherz. Darnach verlegte man den ganzen Graben etwas höher u. s. f. bis aller Wäschdetritus von der Talsole bis hoch hinauf ins Berggehänge aufgearbeitet war.[1])

Aus den Mängeln dieser (gegen die in früheren Zeiten geübten Metoden) gewiss schon vorgeschrittenen Art der Gewinnung erklärt es sich, dass man oft die schon einmal durchgewaschenen Massen nochmals aufarbeitete und dass die Wäschen an manchen Orten durch Jarhunderte anhielten.

Manès ist der letzte Autor, welcher die Wäschen von Eibenstock in gutem Betriebe sah und schilderte.[2]) Zu seiner Zeit (1824)

---

[1]) Cancrin: Beschr. d. Bergwerke 1767, p. 377.

[2]) Manès: Ann. des Mines 1824, p. 653 u. 655.

zogen sich bis zu 2 Kilom. lange und 5—10 Meter hohe Wäschhalden im Tale hin, und einzelne reichten bis in die halbe Höhe des Auersberges hinauf. Von den Arbeitern wurde das Wasser durch die noch nicht durchgewaschenen Massen geleitet. Dieses wusch den wertlosen Sand weg, wärend die schweren Zinnkörner liegen blieben. Die grösseren Gerölle aber wurden, wenn sie schwarz waren (aus der Nachbarschaft von Impregnazions-Klüften stammten) besonders ausgelesen, zerschlagen und geschlemmt.

Die Kosten eines Zentners Zinn stellten sich bei dieser Arbeit auf 32—35 Tlr.

Da die Zinnpreise damals zwischen 28 und 35 Tlr. schwankten, ist es klar, dass die Wäschen nicht rentabel gewesen sein können.

Wie es seit Mitte des vorigen Jarhunderts mit den Wäschen von Eibenstock stand, ersieht man aus den Ausbeutebogen.

Die bedeutendsten und am längsten knltivirten Felder sind jene vom Steinbach und der Sauschwemme. Die ersteren haben 600 Klftr. Sie geben fast mit gesetzmässiger Pünktlichkeit nur jedes vierte Quartal Ausbeute, wärend sie sich in den übrigen Quartalen frei verbauen, eine Erscheinung, welche sich aus der Abhängigkeit des Wäschbetriebes von der Regenzeit erklärt.

Die durchschnittliche Gesammtausbeute einer Zeche in den Jaren 1740—60 belaüft sich pr. Kux auf etwa 4 Tlr., der Kuxpreis auf 50 Tlr.

Ueber die Wäschen der Sauschwemme (mit 900 Klaftern Grund) liegen folgende Angaben vor:

Jar.	Ausbeute	Kuxpreis
1740—49	+ 2 Tlr.	25 bis 40 Tlr.
1750—59	+ 4 „	40 „ 50 „
1760—69 [1]	+ 4 „	70 „
1770—79	+ 4 bis — 1 Tlr.	80 bis 40 bis 16 Tlr.
1780—89	— 1 (Zubusse)	10 Tlr.

Die fortwärenden Zubussen des letzten Dezenniums fürten eine Fusion der Sauschwemme mit den Wäschen von Steinbach herbei.

Ein Fusionskux kostet seit Anfang unseres Jarhundertes etwa 20 Tlr. und verschlingt durchschnittlich pr. Kux und Jar 2 Tlr.

[1] In den ersten Jaren dieses Dezenniums gibt der Kux bis zu 10 Taler Ausbeute.

Zubusse. Lange Zeit noch erscheinen aber trotz alledem diese Wäschen gezeichnet.

Ausser diesen zwei grossen Wäschen bestanden noch zalreiche kleine mit je 100 Klftr. Grund. Ein Kux dieser Wäschen kostete um die Mitte des vorigen Jarhundertes meist 1 bis 1.5 Tlr.

Nur die zwei grossen Wäschen weisen, wie erwähnt, durch einige Dezennien Ueberschuss auf; alle übrigen Wäschen sind in der Regel in Zubusse. Die vielen kleinen Wäschen geben im Durchschnitte jedes zweite oder dritte Jar einmal in einem Quartal eine kleine Ausbeute und dann folgen wieder 8—12 Quartale Ertragslosigkeit und Zubusse.

Mit Bewunderung und Mitleid blicken wir auf diese Zalen, welche uns so deutlich erzälen von dem zähen Fleisse und dem armen Leben der kleinen Kapitalisten; wie viel gute Kraft ist da verschwendet worden!

V. Schlackenwald.

Geologischer Ueberblick.

Im nordwestlichen Bömen trifft man die Fortsetzung jener mächtigen Granitergüsse, in welchen das Zinnrevier des westlichen Erzgebirges liegt. Wärend aber dort die Granite und die stark gefalteten Schiefer durch die Gebirgsbewegung gestaut und gehoben worden sind, liegen die gleichartigen Gebilde im westlichen Bömen in tiefem Horizonte. Die Granitmassen sind ebenso gebaut, wie jene im Erzgebirge. Es sind gewaltige einheitliche Decken mit darin auftretenden Quellkuppen. Die Schiefer, von welchen die Granitmassen ehedem allgemein bedeckt waren, sind grösstenteils durch die Erosion entfernt. Nur im Gebiete von Schlackenwald, wo das ganze Sistem zu einer tiefen Mulde zusammengefaltet erscheint, ist der Schiefer noch in grosser Mächtigkeit erhalten.

Drei Erupzionszentra, aus welchen die deckenförmigen Granitmassen stammen, sind in dem vorliegenden Gebiete nachweisbar: Das Zentrum von Elbogen, der Aberg und das Zentrum bei Trosau. An allen drei Punkten zeigen die Granitergüsse durch ire innere Struktur an, dass sie an Ort und Stelle kuppig emporgequollen sind. Von besonderem geologischem Interesse ist das Erupzionszentrum von Trosau. In seiner Nähe findet man gewaltige Massen von Gesteinen, welche aus zerstaübter Granitsubstanz aufgebaut sind. Bald sind es grobe, bald feinkörnige und geschichtete Granittuffe. Nahe dem Erupzionszentrum haben sich die groben Massen abgelagert, weiterhin aber tritt die sichtende und schichtende Tätigkeit des Wassers mer und mer hervor. Schieferfazies und Tuff-Fazies vikariren und endlich (merere Kilometer vom Zentrum entfernt) gelangt die Schieferfazies zur Alleinherrschaft.

Der quarzreiche Granit ist der Träger der Zinnerze.

Im Süden des Gebietes (bei Schönfeld) besteht der ganze an den Schiefer stossende Granitzug aus diesem Greisen, welcher den Gesteinen von Zinnwald und Kalenberg in allen Stücken gleicht. An diese Greisen und die überlagernden Schiefer hielt sich in früherer Zeit der Bergbau. Noch reicher aber waren zwei kleine kegelförmige Granitmassen, welche im Schiefer nördlich von Schönfeld aufsetzen (zwischen dieser Stadt und Schlackenwald). Ueber den kleineren Granitkegel weiss man derzeit fast gar nichts, da er längst nicht mer ausgebeutet worden.

Der Granit des grossen Granitkegels aber ist durch Jarhunderte — Anfangs durch Feuersetzen, später durch Sprengen — gewonnen worden. Riesige Brandweitungen wurden geschaffen, bis endlich das unterwülte und durchhölte Gestein niederbrach. Da entstand die berümte grosse Pinge, ein riesiger, von zertrümmerten Granitmassen erfüllter Einbruchtrichter. Von dem Granit-Kegel, durch dessen Ausbeutung die Pinge entstand, sieht man heute nur noch einen Pfeiler anstehenden (offenbar nicht abbauwürdigen) Gesteines aus dem Schutt aufragen. Man ist also auf die Sammlung historischer Nachrichten angewiesen. Ich stelle dieselben hier zusammen:

Der Huberstock ist nach Ferber ein kegelförmiger Klumpen von Granit, welcher mit einem mittleren Durchmesser von 100 Klaftern durch den Schiefer aufsetzt.

Die Bestandteile des Granit herrschen streckenweise in ser verschiedener Menge. Da und dort findet man statt des Feldspates eine grünliche Tonerde. Fast überall ist der Granitstock mer minder reichlich mit Zinnerz durchsprenkelt.[1])

Jantsch berichtet über die Erzvorkommnisse der Gegend ausfürlicher folgendermassen: Der Granit ist der Zinnerz-Träger. In der ganzen Masse der Granite von Schlackenwald und Schönfeld trifft man stellenweise mer minder reichlich Zinnerze; am meisten Erz findet man aber auf der Grenze zwischen Granit und Schiefer, insbesondere in den gang- und stockförmigen Auslaüfern des Granit.

[1]) Ferber: Mineral. Geschichte, 1774, p. 108, 111 u. 114.

Wo der Granit feinkörnig wird, wo in demselben Quarz vorherrscht, Talk und Turmalin als Uebergemengteile und eine rote, eisenschüssige Färbung hinzutreten, da darf man auch Zinnstein erwarten.[1])

Auch im Schiefer tritt Zinnerzfürung auf, wo er an den Granit grenzt. Da findet man zalreiche schmale, am Muttergestein angewachsene Erzgänge und Trümmer. Dieselben laufen gemeiniglich parallel der Grenze zwischen Granit und Schiefer.

Bei der unweit der Huber-Pinge gelegenen Klingenstock-Pinge fällt die Gesteinscheide zwischen Granit und Schiefer flach gegen die Tiefe zu. Auf dieser Gesteinscheide ist der Hauptabbau niedergegangen.

Der Bergbau der Huber-Pinge hingegen ist auf einem Granitstock angelegt. (Jantsch, pag. 75.)

Rücker fasst seine Beobachtungen in Folgendem zusammen: Der Huberstock besitzt in einer Tiefe von 60 Klafter einen Durchmesser von etwa 100 Klafter. Zu Tag geht er mit einer riesigen Pinge (von 15° mittlerer Tiefe) aus.

Der ganze Stock besteht aus Zinngranit. Viele kleine Butzen und Stöcke von Greisen stecken in dieser Zinngranitmasse. Ausserdem ist der Granit durchschwärmt von vielen Quarzgängen.[2]) Der Abbau hält sich an die Greisenbutzen, welche das Erz fein eingesprenkelt, selten in Schnüren und Nestern füren. Man treibt Strecken auf den besagten Quarzgängen, bis man auf eine zinnfürende Greisenbutze trifft. Diese wird dann steinbruchmässig gewonnen.

45 Klafter südwestlich vom Huberstock setzt der halb so grosse abbauwürdige Schnödenstock im Gneiss auf. Noch weiter gegen Süd-West liegt der Klingenstock auf der Grenze zwischen Gneiss und Gebirgsgranit. Dieser Stock ist nicht abbauwürdig und dürfte der Abbau in früheren Zeiten sich nur an die Grenze zwischen Granit und Gneiss gehalten haben.

Bei Schönfeld soll auch ein zinnfürender Granitstock aufsetzen. Da der Bergbau daselbst längst aufgehört hat, ist über die Geologie dieses Stockes nichts weiter bekannt.[3])

---

[1]) Jantsch: Zeitschrift, Montan. Verein Erzgeb., 1856, p. 64, 65.

[2]) Der von den Alten weggeschüttete Quarz wird derzeit für die Porzellan-Fabrik ausgeklaubt.

[3]) Rücker: Jb. d. geol. Reichsanst., 1864, p. 313, 315.

In der Nachbarschaft der Granitstöcke von Schlackenwald setzen merere abbauwürdige Impregnazionsklüfte im Gneiss auf. Es zeigen sich bei inen dieselben Verhältnisse, wie bei den meisten erzgebirgischen Zinnklüften.[1])

Der Erzreichtum der Gänge dent sich gemeiniglich nach deren Verflächen aus. Je mächtiger der Gang selbst, um so weniger Erzbutzen finden sich eingestreut.

Die Granitstöcke und Gänge verarmen in der Richtung gegen SO. Wie der südwestlichste der drei Granitstöcke erzleer ist, so erweisen sich auch die Gänge in dessen Nachbarschaft als verarmt. Wärend sonst der Feldspat des Gneiss nahe den Impregnazions-Klüften zersetzt, dafür aber an Erzkörnern reich ist, zeigt sich hier der Gneiss unangegriffen, aber auch erzarm. Die Bergleute bezeichnen diesen frischen Gneiss treffend als Erzrauber. (Rücker, p. 117, 119.)

Nach diesen mitgeteilten Tatsachen bilde ich mir über die Entstehung der Granitkegel zwischen Schlackenwald und Schönfeld folgende Vorstellung:

Nachdem die älteren Granitergüsse von Tuffen und Schiefern bedeckt waren, erfolgten immer neue Nachschübe, welche innerhalb der älteren, noch nicht erstarrten Massen aufquollen und sich ausbreiteten. Die Erstarrungskruste der älteren Ergüsse konnte diesem Andrange nicht widerstehen, sie barst da und dort und die entstandenen Risse wurden durch die jüngeren erzfürenden Massen ausgefüllt. So entstanden Schlierengänge und gemeine Granitgänge im älteren Granit. Natürlich stand nichts im Wege, dass diese Apofisen auch in die Tuffe und Schiefermassen eindrangen, von welchen die Granitergüsse bedeckt waren. Wie die Triebe von Pflanzen durch die Erde spriessen, so sprossten auch hier die bald gang- bald stockförmigen (kegelförmigen) Granitapofisen in und durch die überlagernden Sedimente. Die

[1]) Nur drei Klüfte wurden zu Rücker's Zeit abgebaut. Sie streichen nordöstlich, parallel dem Verlaufe der Granitstöcke, fallen steil gegen den Granit ein und haben eine Füllmasse von Quarz und Speckstein. Sie füren das Zinnerz 1. butzen- und drusenweise in der Füllmasse, 2. als Salband, 3. ist der benachbarte Gneiss in einer Mächtigkeit von 1—2 Meter zu Greisengneiss umgewandelt und mit Erz impregnirt. Die paragenetische Reihenfolge der Mineralien in diesen Gängen ist: Quarz, Flussspat, Apatit, Zinnstein, Kiese, Wolfram. (Rücker: Jb. d. geol. Reichsanst., 1864, p. 316.)

Granitkegel im Schiefer von Scklackenwald haben also nach meiner Ansicht dieselbe Genesis, wie die jüngeren Granitstöcke welche, in den älteren Granit-, Greisen-, und Porfirergüssen von Zinnwald aufsetzen. Wärend aber in letzterem Falle die durch jüngere Nachschübe bedingten stockförmigen Apofisen in den durchsetzten älteren Ergussmassen stecken blieben, reichen in Schlackenwald derartige mächtige Apofisen in die überlagernden Sedimente.

Die Aufschlüsse sind nicht genügend, um ein verlässliches Profil zu zeichnen, wol aber werde ich meine bezügliche Anschauung in dem Aufsatze über die Geologie des Zinnes schematisch darstellen. —

Anhang: Zinn in anderen Gebieten Mitteleuropas.

Kies-, Eisen- und Zinnsteinlager bei Breitenbrunn. [1]

In einem zwischen Gneiss und Glimmerschiefer stehenden Gesteine findet man ein meist 1 bis 2 Mtr. (selten bis 8 Mtr.) mächtiges Lager, welches in seinen oberen Teilen aus schieferigem Hornstein, Quarz, Hornblende, Stralstein und Chlorit besteht, wärend die unteren Partien des Lagers bestehen aus Magneteisen, Magnetkies, Schwefel-, Kupfer- und Arsenkies, Blende, Zinnstein, Eisenglanz, Granat, Stralstein, Chlorit, Hornblende, Apatit und Flussspat.

Der Zinnstein erscheint in einzelnen eingewachsenen oder freien Kristallen. Die Quarzdrusen, welche sich in diesem Erzlager treffen, sind oft mit Eisenglanz besetzt; auch findet man das letztere Mineral in dem über dem Erzlager folgenden Hornstein. Die Kiese finden sich meist reichlich in den untersten Partien des Erzlagers.

Turmalin kommt im Erzlager ser selten vor.

Weistenstadt im Fichtelgebirge.

Die ältesten Gänge, welche im Gneiss-Glimmerschiefer jener Gegend aufsetzen, enthalten Quarz, Eisenglimmer und Zinnerz. Die Aufeinanderfolge der Mineralien ist: 1) Quarz, 2) Zinnstein, Eisenglimmer, 3) Granat, Feldspat, Berill oder Epidot, 4) Kiese, 5) Flussspat, Chlorit. — Zu Anfang des 15. Jarhundertes soll der Bergbau angefangen haben. In der Folge waren 400 bis 500 Bergleute beschäftigt. Der grosse Krieg machte dem Bergwerke ein Ende. [2] —

---

[1]) Freiesleben: Geognost. Arbeiten, 1820, V. Bd. p. 47 f. u. Leonh.: Taschenb. f. Mineral., 1820, p. 428.

[2]) Gümbel: Fichtelgebirge, 1879, p. 116, 300, 331, 374.

Geschichte des Bergwerkes Schlackenwald.

Die Ueberlieferung besagt, dass die unweit Schlackenwald gelegene Ortschaft Schönfeld im Jare 1355 von dem Gutsherrn die Zinnwaage und das Berggericht erhalten habe. Die Zinnerzeugung muss also damals bereits ziemlich bedeutend gewesen sein.

Lange blieben Schönfeld und Graupen die einzigen Zinnproduzenten in Mitteleuropa. In beiden Gebieten mögen vorwaltend die Wäschen ausgebeutet worden sein. Die Gewinnung aus festem Gesteine nam hier und an zalreichen anderen Punkten erst im 16. Jarhundert einen grossen Aufschwung. Seit dieser Zeit tritt Schönfeld zurück und Schlackenwald wird für mer als ein halbes Jarhundert der wichtigste Zinnproduzent Europas.

Der Gutsherr Hanns Pflug hatte bereits im Jare 1507, da etliche Silbergänge auf seinen Gründen fündig geworden, auf Befel des Königs eine stattliche Bergfreiheit erteilt; Freizügigkeit und Abgabenfreiheit wurden zugesichert; nur der Silberzehent wurde gefordert. Wegen alter Schulden und Verbrechen, welche einer ausserhalb der Pflug'schen Herrschaft begangen, sollte keiner vor Gericht gestellt werden.

So zog man von allen Seiten Kapitalien und Arbeitskräfte zum Bergwerk heran. Man kann sich wol denken, welch wüstes Volk da zuwanderte. Und doch haben diese Leute in der Folge sich ganz günstig entfaltet.

Warscheinlich etwas später, gewiss aber vor dem Jare 1517, erliess Hanns Pflug auch eine Zinnbergordnung für Schönfeld und Schlackenwald.

In dieser Ordnung wurde u. a. bestimmt: Belenungen werden bei dem Bergrichter von Schönfeld angesucht. Für die laufenden Angelegenheiten im Gebiete des Bergwerkes von Schlackenwald sorgen ein Bergvogt und zwei Geschworne. Sie entscheiden an zwei bestimmten Tagen der Woche alle bergrechtlichen Streitigkeiten.

Das Berggericht von Schönfeld (der Bergschöppenstul) bildet die zweite Instanz.

Bergvogt und Geschworne haben dreimal wöchentlich im Bergwerke nachzusehen, ob alles bauhaft gehalten wird und ob die Bergfesten nicht zu Schaden ausgehauen werden. Zwischen zwei Zechen muss immer eine Bergfeste stehen bleiben.

An bestimmten Tagen (warscheinlich wol nur zwei- oder dreimal wöchentlich) wird um 4 Ur Nachmittags Feuer gesetzt. Dann werden alle Zechen von den Bergleuten verlassen.

Holz zum Feuersetzen und Rösten erhalten die Gewerken aus des Gutsherrn Waldungen gegen billigen Waldzins. Auf einem Kanal werden diese Hölzer herzugeflösst. Der Flössmeister hat das Brennmaterial und die Ablieferung des erschmolzenen Zinnes unter sich. Er darf das Metall den Gewerken erst übergeben, wenn diese sich ausgewiesen, dass sie dem Zehenter den Zehent entrichtet. Flössmeister und Zehenter füren über die Ausbringung gesonderte Rechnung. Alle Samstage werden beide Rechnungen verglichen.

Auch soll alle Samstage vor dem Bergvogt und den zwei Geschwornen Bergrechnung gelegt werden von den Schichtmeistern und Steigern aller Zechen.

Der Wochenlon beträgt 10 W.-Groschen. Dem Gedingarbeiter soll in keinem Falle mer Lon gegeben werden, als dem gemeinen Berghauer. [1])

Ein Teil der Hauer arbeitet von 4 Ur Früh bis 12 Ur Mittags, eine zweite Partie arbeitet von 12 Ur bis 7 Ur Abends (mit Ausname der Tage, an welchen schon um 4 Ur Nachmittags Feuer gesetzt wird). Am Samstag um 10 Ur Morgens wird abgelont, dann beginnt der Wochenmarkt in Schlackenwald.

In die Knappschaftslade (zum Besten der Kranken und alten Bergleute) legt jeder Arbeiter wöchentlich 1 Pfg.

Wenn ein Gesell in der Grube Schaden nimmt, sollen ihm die Gewerken, wenn nötig, vier Wochen lang wöchentlich $^1/_4$ Goldgulden (= 6 W.-Groschen, also mer als den halben Wochenlon) zalen, ausserdem müssen die Gewerken in solchen Fällen den Barbier bestreiten. [2])

---

[1]) Man wollte offenbar hier und an anderen Orten die Gedingarbeit nicht aufkommen lassen, um die gewiss haüfig unterlaufenden Betrügereien zu vermeiden.

[2]) Diese und einige andere Bestimmungen wurden durch den Knappenaufstand vom Jare 1519 erzwungen.

Dies der wesentliche Inhalt der Berggesetze jener Zeit. —

Das Bergwerk nam rasch einen grossen Aufschwung. Im Jare 1509 hatten merere vermögliche Gewerken oberhalb Schlackenwald einen Gesellschafterstollen[1]) begonnen. Im Jare 1516 fur man mit diesem Stollen zwischen Schlackenwald und der Hub Silbergänge an und bald darauf erreichte man den Huberstock, eine grosse, mit Zinnerz impregnirte und ausserdem von Zinnerzgängen durchsetzte Granitmasse, welche im Schiefer zwischen Schlackenwald und Schönfeld aufsetzt.

Da ging ein grosser Ruf über das Land und viele Arbeiter und Kapitalisten zogen zu. Die Stadt, welche bisher nur 500 oder 600 Einwoner besass, vergrösserte sich so, dass sie zu Anfang der Dreissiger-Jare die dreifache Menschenmenge beherbergte; ausserdem war die ganze Gegend zwischen Schlackenwald und Schönfeld übersäet von den Hütten der Bergleute.

Vordem hatte Niemand von Schlackenwald gesprochen. Seit den Dreissiger-Jaren des 16. Jarhundertes tritt die Stadt in lebendige Wechselbeziehung mit Nürnberg, Joachimstal, Wittenberg, Leipzig und anderen Städten ersten Ranges.[2])

Die zunemende Ausdenung der Bergwerke und die Wasserarmut der Gegend zwangen die Gewerken auf die Zuleitung weit abliegender Wasseradern zu sinnen. Im Jare 1514 wurde der Ebmetgraben, etwas später (warscheinlich 1518 oder 1519) der Flössgraben gebaut. Letzterer fürte das Wasser von den Königswarter Wäldern und Teichen über die Hochebene von Schönfeld 21 km. weit bis nach Schlackenwald.

Dieser seinerzeit nur durch die lombardischen Wasserbauten übertroffene Kanal brachte das Holz aus den herrschaftlichen Wäldern und versorgte die „Mülen“ und die Aufbereitung. Er wurde gebaut und erhalten durch ein von den Mülen zu entrichtendes „Wassergeld“, welches in den Zwanziger-Jaren etwa 3 bis 5 % des Wertes der Zinnerzeugung betrug.

Die Zerkleinerung der Erzgesteine behufs Aufbereitung war im Mittelalter durch Handmülen besorgt worden. Noch zu Anfang des 16. Jarhundertes waren solche Mülen als Zerkleinerer allgemein ge-

[1]) Später als alter Stollen bezeichnet.

[2]) Vergl. meine Monografie: Die freie Bergstadt Schlackenwald im 16. Jarhunderte.

braüchlich; doch verwendete man meist die Wasserkraft, um sie zu treiben. Nun kamen aber auch die Pochwerke auf, welche man zuerst trocken, dann aber nass arbeiten liess. In Altenberg hatte Maltitz ein solches Nasspochwerk schon im Jare 1507 einrichten lassen; in Joachimstal wurde es 1521 eingefürt. In Schlackenwald liess der reiche Hauptmann (d. i. Amtmann) H. Portner im Jare 1525 ein grosses Nasspochwerk bauen. Vor seiner Zeit mögen viele kleinere und grössere Zwittermülen, vielleicht auch ein oder das andere kleine Pochwerk bestanden haben; gewiss ist, dass sein grosses Pochwerk Aufsehen erregte und dass es sich gut rentirte; denn im Jare 1539 erzielte er für dieses Pochwerk und seine Wäschen die bedeutende Verkaufssumme von 1000 Goldgulden (Dukaten).

Seitdem wurden merere Pochwerke gebaut und die alten Mülen verschwanden. Der Name Zwittermüle aber blieb bestehen und es wurden fortan und bis in unsere Zeit die Pochwerke mit diesem historischen Namen belegt.

Die Gesteine waren ser reich oder richtiger: man hielt sich vor allem an die reichen Gesteine. Um das Jar 1525 sollen auf des Mulzen Maass Massen gefördert worden sein, aus welchen man 10, ja 20 % Metall erzielte.

Unter so günstigen Verhältnissen machte das Bergwerk natürlich rasche Fortschritte. Im Jare 1529 verhandelte man bereits mit dem Kunstmeister Hedler, welcher sich verpflichtete, eine Wasserkunst zu errichten, welche das Wasser mannsbeindick und 20 Klafter hoch trüge. So weit (unter den Horizont des alten Gesellschafter-Stollens) war man damals bereits vorgedrungen.

Es war offenbar an der Zeit, einen tiefen Stollen zu beginnen.

Solange Hanns Pflug die Herrschaft innehatte, kam es nicht dazu; erst unter der Regierung seines Neffen und Rechtsnachfolgers Kaspar Pflug tat sich eine Gesellschaft von grossen Geldleuten (Hanns Schnöd, Welser, Scheuerle u. A.) zusammen, um einen grossen, unterhalb Schlackenwald zu beginnenden Stollen zu treiben (im Jare 1539). Es wurde inen der Neunt zugesichert, sie sollten die ersten Muter für jedes auf irem Wege angefarene Erz sein; 7 Lachter in's Hengende und 7 Lachter in's Liegende stand inen zu. Jedes Erzvorkommen, das sie antrafen, sollte vier Jare lang abgabenfrei sein; darnach aber zalte es 1 fl. (à 24 W.-Groschen) an den Grundherrn; das Zinn, welches der tiefe Stollen von dem Bergwerk als Neunt bezog, sollte aber gar keine Abgabe entrichten.

Nun wurde mit grossem Aufwande von Energie und Kapital vorgegangen; aber noch durch 11 Jare bezog der alte Gesellschafter-Stollen den ganzen Neunt von den in der Hub und jenseits gegen Schönfeld gelegenen Zechen.

Erst im Jare 1550 erreichte der Pflugstollen die Hub; da wurde den Stollengewerken pro Kux quartaliter 10 bis 12 Goldgulden als Ausbeute verteilt und durch Jare hielt dieser Ertrag an. In den Achtziger-Jaren (1587) wurde der Stollen in allen Zechen der Hub durchschlägig und soll bis dahin 65 000 Goldgulden gekostet haben.

Im Jare 1604[1]) erreichte er den Schnödenstock, er hatte gegen 2000 Lachter Länge und über 1000 Lachter Querschläge und Feldörter, 24 Schächte und Lichtlöcher gingen auf ihn nieder.

Kaspar Pflug hatte die höchste Blüte des Bergwerkes erlebt; unter ihm steigerte sich die Erzeugung so, dass er von seinen Bergteilen und dem Zehent in manchen Jaren bis zu 30 000 Goldgulden (Dukaten) eingenommen haben soll. Man kann die entsprechende Erzeugung der Gebiete von Schlackenwald, Schönfeld und Umgebung wol auf 15 000 Ztr. Zinn schätzen.

Im Jare 1547 ging das Bergwerk an die Krone über; Kaspar Pflug hatte das Heer der Aufständigen angefürt; er wurde geächtet; seine Güter wurden eingezogen.

Die Regierung bestätigte die alten Privilegien.

In den fünfziger Jaren produzirte das ganze Gebiet etwa 8000 Ztr., in den Achtziger-Jaren brachte Schlackenwald allein 3000 bis 4000 Ztr. aus.

Die Gesteine gaben damals (1570 bis 1600) 0,5 % Zinn. Eine Wasserkunst, welche man im Jare 1570 projektirte, wurde auf 1000 Goldgulden beanschlagt.

Das Rad, welches die Wasserkunst zu Anfang des 17. Jarhundertes trieb, maass 7 Klafter im Durchmesser, wie Bruchius berichtet. Mittelst dieses riesigen Pumpwerkes hob man die Gewässer bis auf die Sole des Pflugstollens.

---

[1]) Das Bergbuch notirt die Jareszal 1715.

Die Gesteine wurden erst mittelst Schlägel und Eisen und Verschrämmen, dann mittels Feuersetzen gewonnen.

Man setze in den kleinen Weitungen ein bis vier Klafter Holz, in grossen Brennweiten aber zündete man 10, ja 20 Klafter Brennscheider an (zweimal wöchentlich). Man arbeitete so fort, bis die Hölungen so riesig waren, dass „die grössten Haüser darin Platz hatten". Endlich trat natürlich ein Bruch ein.

Das grösste Ereigniss dieser Art trat im Jare 1568 auf dem Huberstock ein. Die Wetter wurden dabei so heftig ausgestossen, dass die Leute, so in der Nähe waren, gewaltsam gegen die Bergfesten geworfen wurden, also dass inen der „Seelsack geknackt hat". Der betreffende Einsturz ging bis zu Tag aus und stellt derzeit eine schaalenförmige Einsenkung dar, welche eine Fläche von 17 000 □ Klaftern beherrscht und eine mittlere Tiefe von 15 Klaftern besitzt (die Huber-Pinge).

Der Fall hatte seiner Zeit Aufsehen erregt. In der Folge aber entwickelte sich aus der Wiederholung solcher Einbrüche hier wie in Altenberg eine eigene Metode des Abbaues (der Bruchbau).

Bruschius berichtet, wie man zu Anfang des siebzenten Jarhundertes vorging: „Sind die grossen Brennörter in einer, oft wol auch in zwei Maassen ausgefeuert worden und ruht das Gebirg nur mer auf Pfeilern, so werden auch diese Pfeiler auseinander gefeuert, dass alles zu Bruche komme.

Wird das Gebirg ledig, so geht es mit Geprassel nieder, als donnerte es, oder als brenne man etliche Kartaunen los. Wenn die Arbeiter das Brechen aus dem Krachen, Schnappen und Drucken merken, dann weichen sie in die Strecken. Es wird aber auch da noch das Wetter so stark, dass es sie weit fortstösst.

Ist der Berg zu Bruch gegangen, so muss man auszimmern und Strecken aushauen, auf dass man das Gebirg, so hereingetrümmert, zu Gute mache. Das ist eine gefärliche Arbeit, bis man die grossen Wände, so hereingegangen und aufeinandergesessen, zergänzt und mit Feuer zerteilt, mit Faüsteln zerschlägt und durch die Knechte fördert."

Das Feuersetzen forderte Unmengen von Holz; alle Waldungen der Gegend wurden von der Regierung zu diesem Zweck reservirt. Das Bergwerk bezog seinen Bedarf gegen Entrichtung eines kleinen Waldzinses.

Die Regierung tat ausserdem auch alles Mögliche, um das Bergwerk zu heben: die Abgaben (der sogenannte Zehent), welche in der ersten Hälfte des 16. Jarhundertes in Geld angeschlagen im Mittel 15 % der Roproduktion betrugen, wurden allmälig herabgemindert[1]), bis sie nur etwas über 5 % ausmachten (um 1600); der Zinnkauf wurde auf vielfältiges Bitten der Gewerken schon zu Anfang der Siebziger-Jare des 16. Jarhundertes freigegeben u. s. f.

Trotzdem ging das Bergwerk seit den Achtziger-Jaren rasch zurück; hier wie im Erzgebirge zeigte sich fast ein halbes Jarhundert vor Beginn des dreissigjärigen Krieges ein unlaügbarer Verfall der Zinnerzeugung.

Vielfach mögen die Ursachen dieses Prozesses gewesen sein; vor allem muss hervorgehoben werden, dass der Zinnpreis zwar nominell im Laufe des 16. Jarhundertes etwas gestiegen, tatsächlich aber (im Vergleiche zu den Preisen der Lebensmittel) bedeutend gefallen war. Zweitens gingen die Bergwerke zu Ende des 16. Jarhundertes bereits in verhältnissmässig grosser Tiefe um. Drittens scheint mir wenigstens für Schlackenwald der Erzgehalt mit der Tiefe abzunemen, wie man aus den folgenden Angaben entnemen mag:[2])

Im Jare	Metallgehalt der Gesteine
1570	0.5 %
1600	0.5
1655	0.3 bis 0.4
1760	0.3 bis 0.4
1774 ff.	0.2 bis 0.3
1819	0.2 %
1850 ff.	0.2 bis 0.4 (local auch 1 %).

Der dreissigjärige Krieg gab der sinkenden Produkzion den letzten Stoss. Zu Anfang des 17. Jarhundertes hatte Schlackenwald

---

[1]) Nominell blieben sie ziemlich konstant, faktisch aber sanken sie in Folge der Geldentwertung bald unter die Hälfte des ursprünglichen Wertes.

[2]) Viele Autoren schliessen aus derartigen Tabellen unmittelbar auf eine Abname des Erzgehaltes. Ich möchte mich zurückhaltender ausdrücken. Man muss eben bedenken, dass Anfangs ganz allgemein eine Art Raubbau getrieben wurde. Man folgte den reichsten Gesteinen und liess die ärmeren stehen. Später beutete man die Gaben der Natur sparsamer aus, wodurch natürlich der mittlere Gehalt der geförderten Massen abnam.

doch noch 1700 Zentner und Schönfeld 800 Zentner per Jar produzirt. Seit dem Ende des grossen Krieges brachte jedes der zwei Gebiete nur mer je 500 Zentner aus.

Die Regierung hatte, von der härtesten Geldnot getrieben, die Abgabe durch längere Zeit von 5 bis auf 10% der Erzeugung erhöht; das war vielleicht nicht weniger verhängnissvoll, als das umgehende Kriegswesen.

Das Huber-Werk wurde wärend des Krieges merfach eingestellt und immer wieder mit schwachen Kräften aufgenommen; der Schnödenstock stand stille. Die Gewerken und die Arbeiter verliefen sich oder starben weg, die Protestanten wanderten aus oder wurden verjagt, so dass nach abgetanem Kriege nur mer 600 Leute im Revier ein karges Brod fanden. Die zwei Wasserkünste, welche das Wasser 40 Klafter hoch bis auf den Pflugstollen hoben, waren dem Verfalle nahe.

Sobald einigermaassen Ruhe eingetreten war, wurde das Huber-Hauptwerk mit Hilfe der Regierung zwar wieder in Stand gesetzt, auch eine ausserordentliche Tranksteuer behufs Hebung des Bergwerkes bewilligt; das Bergwerk aber blieb trotz alledem siech. Beide Bergstädte produzirten im Zeitraume von 1650—1740 durchschnittlich kaum 1000 Zentner per Jar; in den folgenden Dezennien stockte die Erzeugung von Schönfeld fast ganz und Schlackenwald brachte im Durchschnitte nur 300 bis 400 Zentner aus. Im Jare 1761 gaben die Gewerken das Huber-Hauptwerk auf, weil sie die Schuldenlast nicht mer tragen konnten; der Staat brachte das Huber-Werk im Retardat an sich. Grossartige Belebungsversuche wurden in der Folge unternommen (seit 1771).

Merere Hundestrecken wurden eingerichtet; zum billigen Feuersetzen verordnete man Bergleute aus Nagybanja; ein neues Pochwerk mit höherem Gefälle und je 10 Stämpeln wurde errichtet; auf einer Zeche richtete man den Firstenbau ein; Flammenöfen behufs Erzröstung wurden erbaut; man nam alle Solen der Seitenstrecken des Josefistollens (Flügelstollen des K. Pflugstollens) im Geding nach, um sie mit der Stollensole in gleiches Nivo zu bringen; man verdingte die Förderung am Josefischacht, ebenso die Schmiedarbeit.

Im Jare 1773 war der Hundlauf mit Füllörtern, Stürzen und Schuttschächten eingerichtet und wurde hiedurch mer als $1/3$ der

Förderkosten erspart. Auf dem Pingenschacht des Huber-Hauptwerkes wurde das Treiben mittelst Pferde abgestellt und wurden statt dessen die Bremsschächte benützt.

Die durch die Pingen und Schächte niedersickernden Gewässer wurden durch Rinnen und Gräben abgeleitet und es gelang demzufolge, die tiefsten Baue, welche bisher meistenteils unter Wasser gestanden, wasserfrei zu halten.

Im folgenden Jare (1774) ersetzte man das Feuersetzen im Huber-Werk grossenteils durch Sprengarbeiten.

Endlich ist zu erwänen, dass das Bergwerk für alles aus den ärarischen Waldungen bezogene Holz nur $^1/_6$ bis $^1/_{10}$ des waren Wertes zalte, dass der Zinnzehent definitiv auf 0.5% der Roproduktion herabgesetzt wurde und dass auch der Pflugstollen sich mit dem halben Neunt der erbeuteten Erze begnügte.

Trotzdem bestand das Werk nicht. Das Defizit hielt an, das produzirte Zinn konnte zu keinem annembaren Preise verkauft werden. Da wurde der Beschluss gefasst, das Huberhauptwerk aufzulassen (1776).

Da sich kein grösserer Kapitalist fand, welcher das Bergwerk zu übernemen wagte, taten sich 30 Bergleute zusammen, welche das Huberwerk sammt Maschinen und Taggebaüden um 20000 fl. erkauften. Bis zum Jare 1778 erarbeiteten sich diese armen Leute ein Defizit von fast 4000 fl. Die Gesteine waren arm; die Zimmerung verschlang järlich bedeutende Summen. Da verliessen auch die dreissig Bergleute, verarmt und mutlos, das Bergwerk.

Wieder kam das Bergwerk in die Hände des Aerars; in den Jaren 1801 bis 1809 wendete man $^1/_4$ Million Gulden an die Hebung des Bergwerkes. Zugleich begann man (seit 1802) vom Tepeltale aus den Coloredo-Stollen. Man wollte mittelst dieses grossartigen Werkes zuerst die zwischen dem Tepeltale und Schlackenwald gelegenen Pinsinger Bleigänge anfaren und hoffte dann durch die Ausbeute dieser in der Tiefe noch unverritzten Massen in Stand gesetzt zu werden, den Stollen bis in das Zinngebiet fortzutreiben. Wäre der Stollen gelungen, so hätte man die tiefsten Zechen des Zinngebietes in einem Horizonte von 40 Klaftern unter dem Pflugstollen angefaren. Mit einem Aufwande von 2000 fl. pro Jar gedachte man das Werk im Laufe von 100 Jaren zu vollenden. Aber wie in den Siebziger-Jaren, so liess auch jetzt wieder die Energie, mit der man das Werk begonnen, rasch nach. Der Staat brauchte bald sein Geld zu anderen Dingen und liess den Coloredo-Stollen wieder auf. Im Jare 1817 wurde er wieder belegt, dann wieder verlassen.

Ein Bericht vom Jare 1819 betont die unerschwinglichen Kosten der Wasserhaltung und Zimmerung und schlägt das verzweifelte Mittel vor: man möge das Tiefste eingehen lassen und nur im Horizonte des Pflugstollens arbeiten, so würde man die Wasserhaltung und Zimmerung ersparen. Man hoffte durch das Nachnemen der Reste aus der guten alten Zeit immerhin soviel zu gewinnen, dass man one eigenen Schaden den armen Bergleuten Brod geben könnte. —

In den folgenden Jaren wurden viele Teile des Bergwerkbesitzes veraüssert. Im Jare 1849 endlich verkaufte man das Huberwerk zum zweiten Male. Der Kaüfer gab für das Bergwerk sammt zwei Pochwerken 2000 fl. Nach längerer Zeit kaufte der Staat das Werk abermals zurück. Aber nach wie vor blieb die Erzeugung unbedeutend. Nur wärend der grossen Anstrengungen zu Anfang unseres Jarhundertes hatte man wiederholt 1000 Ztr. erzielt; darnach sank die Erzeugung wieder auf einige hundert. —

Ueber Aufbereitung und Verhüttung liegen die folgenden Angaben vor:

In den Siebziger-Jaren des vorigen Jarhundertes wurden die ungarischen Pochwerke und Stossherde eingerichtet. Man erschmolz aus dem gerösteten und gewaschenen Schlich 50 bis 60 % Metall.

Zu Anfang unseres Jarhundertes röstete man den Schlich 3 bis 6 Stunden im Flammofen. Beim folgenden Waschen verlor der Schlich fast sein halbes Gewicht. Dann erschmolz man in hohen Schachtöfen, welche zwei Wochen lang tätig blieben, aus 100 Gewichtsteilen Erz mittelst 210 Teilen Kole etwa 42% Zinn.[1])

Diess Verhältniss bestand noch in den Dreissiger-Jaren.

Anfangs der Fünfziger-Jare erschmolz man mit 6 bis 9% Schmelzverlust aus dem Schlich etwa mit 60% Metall.

Mitte der Fünfziger-Jare wurde das Trommelsieb zum Entgraupen eingefürt. Dann wurde der Schlich behufs Entfernung von

---

[1]) Die alten kleinen Schachtöfen brachten etwas mer Zinn aus, verbrauchten aber fast ein Drittel mer Kole.

Wolfram und Kupfer acht Stunden lang mit 5 % Kochsalz im Flammofen geglüht.

Trotz dieser Verbesserungen rentirte sich das Bergwerk nicht. Im Jare 1866 wurde beschlossen, das Huberwerk sammt den reservirten Waldungen endgiltig zu verkaufen.

Viele Kapitalisten, insbesondere Grossgrundbesitzer, meldeten sich als Abnemer einzelner Parzellen. Man konnte hoffen, mindestens eine Million zu erzielen.

Da trat ein neues Ministerium an's Ruder und alles kam in's Stocken: dann, im Jare 1868, hörte man plötzlich, dass alles an einen Spekulanten verkauft worden war. Der Mann machte Bankrott und nun ging das Gut rasch von Hand zu Hand und in die Brüche.

Nach der Reihe kam der grosse Komplex von Bergwerk, Wasseranlagen und Waldungen in die Hände der Firma Sigmund, der Forstgesellschaft, der Maklerbank. Durch Weiterverkauf und Teilverkaüfe suchte jeder Kaüfer möglichst rasch ein Geschäft zu machen; an einen ökonomischen Betrieb des ganzen Komplexes dachte Niemand.

Die angrenzenden Grossgrundbesitzer brachten Teile der Waldungen und einige kleinere Teiche an sich; merere Wälder wurden an eine Abholzungs-Gesellschaft verkauft; für Bergwerk und Wasseranlagen aber suchte man noch einen Kaüfer. Ein vermögensloser Spekulant fand sich ein.

Nun war es für die Schlackenwalder Industriellen Zeit sich in den Handel einzumischen, denn es handelte sich um Sicherung der für die Mülen und Fabriken unentberlichen Wasseranlagen.

Man teilte dem Spekulazionskaüfer mit, die Genossenschaft der Industriellen sei gesonnen, selbst als Kaüfer des Bergwerkes aufzutreten, um dadurch die Wasseranlagen in ire Hände zu bringen. Der Spekulant wollte um jeden Preis die gefärlichen Konkurrenten, welche den Kaufschilling möglicherweise ser in die Höhe treiben konnten, loswerden und ging, da er überdies an Geldmangel litt, auf alle Vorschläge der Genossenschaft ein. Nun wurde (1873) folgende Vereinbarung getroffen: Die Wasseranlagen gehen in das Eigentum der Genossenschaft der Schlackenwalder Industriellen über. Der Bergwerkskaüfer erhält 6000 fl. und tritt der Genossenschaft bei. Die järlichen Ausgaben für die Wasseranlagen werden repartirt. So wurden die Industriellen Herren jener grossen Wasseranlagen, welche einen Raum von 90 Joch einnemen und vielen Leuten Verdienst geben.

Das Bergwerk ist in der Folge von dem durch wucherische Geldaufname ruinirten Spekulanten um 10000 fl. verkauft worden und liegt seitdem brach.[1])

Zum Schlusse möchte ich dem Leser ein beilaüfiges Bild von den Leistungen dieses ehedem gewaltigsten Zinnbergwerkes Mitteleuropas geben. In dem Kapitel „Kronik des Zinnbergbaues von Bömen und Sachsen“ findet man die historischen Produkzionsfiguren der wichtigsten Zinnbergwerke Mitteleuropas zusammengestellt. Schönfeld und Schlackenwald sind zusammengefasst. Man sieht hieraus, wie aus dem vorstehenden Texte, dass fast die gesammte Erzeugungsmenge im 16. Jarhunderte erarbeitet wurde. In Summa hat man in Schlackenwald im Laufe der Zeiten etwa eine halbe Million Ztr. Zinn erzeugt. Da nun 300 Ztr. Gestein erst 1 Ztr. Zinn liefern, mussten in Schlackenwald 150 Millionen Ztr. oder 3 Millionen Kubikmeter Gesteine gewonnen werden, um die besagte Produkzion von $^1/_2$ Million Ztr. Zinn zu liefern.

Wir wollen dies in ein anschauliches Bild übersetzen: Man denke sich ein quadratisches Stadtgebiet, welches so gross ist, dass auf jeder Seite des Quadrates 50 stockhohe Haüschen stehen. Umschreitet man dies Gebiet, welches etwa 500 Mtr. lang und ebenso breit und 10 Mtr. hoch von Gebaüden erfüllt ist, so braucht man etwa $^1/_2$ Stunde Zeit.

Nun denke man sich diesen ganzen von Haüsern beherrschten Raum als eine einzige solide Gesteinmasse, so hat man eine Vorstellung von jener Granitmasse, welche im Laufe der Zeit in Schlackenwald verarbeitet wurde.

Diese ganze, gewaltige, haushohe, quarzharte Gesteinstafel musste durch Feuer, Schlägel und Eisen bewältigt, dann in den Pochwerken zerstampft und endlich geschlämmt wer-

[1]) Die Daten aus neuester Zeit verdanke ich der mündlichen Ueberlieferung angesehener Bürger von Schlackenwald. Die ältere Geschichte habe ich aus zalreichen Akten geschöpft. Das wichtigste Dokument ist das Berggedächtnissbuch, welches der Besitzer Herr Müllermeister Füssel auf meine Bitte im Archive von Schlackenwald deponirt hat. Ich habe dieses Archiv geordnet und die Geschichte der Bergstadt Schlackenwald im 16. Jarhundert daraus geschöpft. —

den. 300 Ztr. des Gesteines gaben nur eine kleine 1 Ztr. wiegende Zinnflosse. Der ganze Granitstock, dessen Grösse ich eben durch ein Bild erlaütert habe, musste zerarbeitet werden um $^{1}/_{2}$ Million Ztr. oder drei hausgrosse[1]) Zinnwürfel zu liefern. Und diese Aufgabe haben die Schlackenwalder Bergleute zum grössten Teile im Laufe des 16. Jarhundertes gelöst. —

---

[1]) Ich neme das einstöckige kubische Haus von etwa 10 Mtr. Seitenlänge als Maasseinheit.

VI. Kronik des Zinnbergbaues in Bömen und Sachsen.

1200. Zu Ende des 12. Jarhundertes werden Zinnerze bei Graupen erschürft. Bald darauf gehen auch die Wäschen bei Schönfeld an. 1241 dringt der Ruf der reichen bömischen Zinnerze nach England. Graupens erste Blüte 1200 bis 1426.

1400. Erenfriedersdorf und Geier werden fündig. Zweite Blüte von Graupen nach dem Hussitenkriege bis zu Anfang der Neuzeit.

1450. Altenberg (1458) und Zinnwald werden fündig. Die Wäschen von Altenberg schütten in den ersten Dezennien gewaltig (5000—8000 Ztr.). Zu Ende des 15. Jarhundertes geht Eibenstock als Bergwerk an. Seit längerer Zeit schon dürften die Zinnwäschen hier und an anderen Orten durch die Wenden ausgebeutet worden sein. Das Bergwerk aber haben überall die Deutschen in's Leben gerufen. Zu Ende des 15. Jarhundertes erhält Altenberg die erste geschriebene Zinnordnung.

1500. Ueberall gewinnt man die Gesteine mittels Schlägel und Sprengkeil oder durch Feuersetzen.[1]) Die Aufbereitung wird wesentlich vervollkommnet. Vordem waren zum Zerkleinern der Erzgesteine Handmülen gebraüchlich (sogenannte Zwittermülen). Zu Anfang des 16. Jarhundertes kamen die Trockenpochwerke auf. Im Jare 1507 wird durch Maltitz das Nasspochwerk zu Altenberg eingerichtet. In den Zwanziger-Jaren wird es auch in anderen Bergwerken gebraüchlich.

---

[1]) Mathesius: Sarepta 9. Predigt.

Aufbereitung mittels Planherd und Schlämmgraben. Der Schlich wird geröstet. Wo man das Gestein durch Feuersetzen gewinnt, ist die Arbeit des Pochens und Schlichröstens wesentlich erleichtert. Der geröstete Schlich wird nochmals geschlämmt, um den zerstörten Kies zu entfernen. Das unreine Zinn wird ausgesaigert.

Schönfelds Ruf, welcher auf dessen Reichtum an Waschzinn gefusst hatte, nam im selben Maasse, wie die Wäschen, ab. Schlackenwald reisst im Laufe des 16. Jarhundertes die Privilegien an sich, welche ehedem nur der alten Zinnbergstadt Schönfeld zugekommen waren.

Seit dem Ende des 15. Jarhundertes hat der Ort Stadtrechte, zu Anfang des 16. Jarhundertes erhält die Stadt von Hanns Pflug die ersten geschriebenen Ordnungen für das Silber- und Zinnbergwerk. Viele fremde Bergleute ziehen zu.

In den Zwanziger-Jaren erweitert und verschönert sich die Stadt beträchtlich. Die Geldmächte von Nürnberg und Augsburg beteiligen sich in ausgiebiger Weise am Bergbau. Die kleineren älteren Stollen werden durch den Pflugstollen enterbt. Ein 21 Klm. langer Wassergraben fürt das Wasser aus grossen Teichen zum Pochwerke.

Um das Jar 1519 ist in Schlackenwald achtstündige Arbeit gebraüchlich. Wochenlon = 12 W. Gr. Von einem Zentner Zwitter (Erz) wird $^1/_2$ Gulden (d. i. Dukaten) Wassergeld (zu Erhaltung der Wasseranlagen) gegeben. Der Grundherr bezieht von jedem Zentner Zinn $1^1/_4$ fl. als Zehent (etwa 15%).

In den Vierziger-Jaren nam K. Pflug von seinen drei Bergstätten 30 000 fl. pro Jar ein.

Wenn er die Hälfte dieser Summe aus seinen Bergteilen bezogen, die andere Hälfte aber durch den Zehent eingebracht hat, so können wir immerhin auf eine Erzeugung der drei Bergstädte = 10 000—20 000 Ztr. schliessen.

1550. Im Jare 1543 wird der tiefe Altenberger-Stollen durchschlägig. 1545 erster Bruch zu Altenberg; trotzdem tüchtige Ausbeute.

1531 Gottesgab, 1532 Platten, 1545 Hengstererben fündig. Die Wäschen schütten kurze Zeit, bald geht auch das Bergwerk an. In den Vierziger-Jaren stehen zu Platten 12 Schmelzhütten.

Graupen, Zinnwald und die meisten sächsischen Werke mit Ausname von Altenberg, sind nicht ser produktiv; überhaupt folgt auf den Aufschwung und die Ueberprodukzion in der ersten Hälfte des 16. Jarhundertes in den letzten Dezennien desselben Jarhundertes fast überall ein Zinn-Krach. Zu Anfang des 17. Jarhundertes belebt sich die Erzeugung wieder; der grosse Krieg aber tödtet sie fast allerwärts. —

1568 erfolgt das grosse Niederbrechen zu Schlackenwald. (Die Huber-Pinge entstand damals.)

1587 wurden die alten Stollen zu Schlackenwald durch den tiefen Pflugstollen gänzlich enterbt.

1600. Zinnwald ist wassernötig, Platten steigert seine Erzeugung. Grossartige Farbenwerke werden angelegt. Schlackenwald und Altenberg sind in Bömen und Sachsen· die wichtigsten Produzenten.

Das Verzinnen von Eisenblech wird in Bömen und Sachsen gebraüchlich. (1670 wird die Erfindung nach England, dann nach Frankreich eingefürt.) 1620 grosser Bruch zu Altenberg.

Von nun an herrscht in allen Bergwerken von Bömen und Sachsen mindestens ein halbes Jarhundert lang tiefes Elend. Einige Bergwerke haben sich nach dem dreissigjärigen Kriege nicht mer erhoben.

1630. Drebbel lert die Anwendung des Zinnsalzes in der Färberei.

1650. Die von Graupen und Bömisch-Zinnwald vertriebenen Protestanten gründen Sächsisch-Zinnwald. Die Exulanten von Platten, Gottesgab, Hengstererben, Joachimstal bauen Johanngeorgenstadt am Fastenberg. Die Ausbeute ist fast überall elend.

1700 bis 1750. Anhaltende letzte Blüte aller bömischen und sächsischen Zinnbergwerke. (Schlackenwald, Platten, Gottesgab und Hengstererben, Erenfriedersdorf und Altenberg.)

Ueber die Bilanz der Bergwerke erhalten wir leider erst seit der zweiten Hälfte des vorigen Jarhundertes Nachricht. Die Rechnungen jener Zeit weisen noch erträgliche Ziffern auf. Dann aber folgt eine unglaublich lange Zeit des Defizit. Dass trotzdem die Bergwerke fortbestanden, erklärt sich aus dem Wesen des Bergwerkbetriebes:

Die einzelnen Gruben befanden sich in verschiedenen Händen. Einige brachten Gewinn ein, andere arbeiteten one Verlust, die Merzal aber hatte ein Defizit, dessen Grösse, wie betont, die Einkünfte der aktiven Zechen überwog.

Wären alle Zechen in einer Hand vereinigt gewesen, so hätte man nach einer gewissen Frist die Bergwerke eingeschränkt oder ganz aufgegeben. So aber wurden die passiven Zechen angeeifert durch die aktiven. Sie zalten Zubusse, und wenn sie das nicht mer konnten, fanden sich doch immer neue Kapitalien, welche im Hinblick auf die Ausbeutezechen wieder das „Glück“ versuchen wollten. —

1800. Aufbereitung und Verhüttung haben geringe Fortschritte gemacht. In den Bergwerken, welchen das Holz zufolge alter Stiftungen und Verträge wenig kostet, wird noch immer Feuer gesetzt. Daneben kommt allerdings das Sprengen zur Herrschaft. Alte Wäschen werden bei Graupen, Gottesgab, Abertam, Eibenstock und Johanngeorgenstadt umgearbeitet. Die Erzeugung hat überall bedeutend abgenommen.

1850. Seit Ende der Vierziger-Jare wird der Schlich zu Altenberg mit Salzsaüre extrahirt.

In den Fünfziger-Jaren wird in Schlackenwald behufs Entgraupen das Trommelsieb angewendet. Der Schlich wird mit Kochsalz geröstet.

In der letzten Zeit ist auch Schlackenwald eingegangen. Graupen und Zinnwald, welche zu Ende der Sechziger-Jare sich gehoben hatten, haben ire Erzeugung in Folge der australischen Konkurrenz ser reducirt. Nur Altenberg produzirt fort und fort (mit Defizit?) namhafte Mengen Zinn. Hengstererben ist seit dem Jare 1877 in die Hände einer englischen Gesellschaft gekommen und wird wieder aufgenommen. Es steht zu hoffen, dass einige unserer reicheren Zinnbergwerke wieder aufleben werden, sobald die australischen Wäschen nachlassen. Ob die jetzt tätigen Bergwerke so lange mit Defizit arbeiten können und sollen, ist eine Frage, welche ich nicht zu entscheiden wage.

Im Anhange gebe ich eine Tabelle der Zinnpreise in Sachsen und Bömen.

Hiezu habe ich zu bemerken:

Bis Ende des 17. Jarhundertes wird gemeiniglich nach reinischen Gulden gerechnet. Dann kommt in Sachsen der Taler zur Herrschaft.

Seit 1748 wurde die reinische oder Reichswärung (24-Gulden-Fuss) in Oesterreich durch die Konvenzions-Münze (20-Gulden-Fuss) ersetzt. Doch blieb die reinische Wärung in Bömen bis Anfang unseres Jarhundertes noch in Gebrauch.

Bis 1811 laüft in Oesterreich die Entwertung der Bankozettel. Von 1812—1817 herrschte die trostlose Wirtschaft der Einlösungsscheine. Seit 1818 gelten 250 fl. Wiener W. gleich 100 fl. Konv.-M.

Der Graupner Zentner war etwas leichter, als der Leipziger. 17 Graupner Zenter = 16 Leipziger Zentner. Der bömische Zentner war = 120 Pfd. = 61,7 kg. Seit Ende des vorigen Jarhundertes wird der österreichische Zentner in Bömen gebraüchlich. Der Schlackenwalder Zentner war = 140 Pfd. (?) Prager Gewicht. In Altenberg wurde bis zum Jare 1858 nach Bergzentnern = 1,07 Zollzentner gerechnet. Seitdem ist der Zollzentner eingefürt. Ich habe überall die Original-Angaben one Umrechnung gegeben.

Meine Quellen waren die Kroniken der Bergstädte, Lewald: Geschichte der Zinn- und Kornpreise von Graupen, (Manuskript in der Prager Univers.-Bibliotek), endlich die Originaldaten, welche ich in den Archiven von Dresden, Freiberg, Platten und Schlackenwald vorfand.

Zinnpreis-Tabelle.

Jar	Preis pro Zentner in Bömen.			Preis pro Zentner in Sachsen.		
1872	98—105	fl.	Graupen			
1871	94— 98	„	„			
1870	82— 95	„	„			
1869	80—100	„	„			
1868	60— 70	„	„			
1867	65	„	„			
1866	50— 66	„	„			
1865	60— 68	„	„			
1860—63		—	—	40	Tlr.	Altenberg
1859	65— 62	„	„	38—47	„	„
1858		—	—	38—45	„	„
1857		—	—	39—58	„	„
1856		—	—	41—51	„	„
1855		—	—	36—43	„	„
1853—54		—	—	36	„	„
1840—49		—	—	29	„	„
1830—39		—	—	30	„	„

Jar	Preis pro Zentner in Bömen.	Preis pro Zentner in Sachsen.
1823	— —	29—35 Tlr. Altenberg
1819—22	— —	28 „ „
1817—18	— —	30 „ „
1816	225—236 fl. W. W. Graupen	— —
1815	140—160 „ „ „ „	— —
1814	100—120 „ „ „ „	37—40 „ Altenberg
1813	58— 91 „ „ „ „	— —
1811	160—148 „ „ „ „	58—50—40 Tlr. Altb.
1809—10	— —	55—60 Tlr. Altb.
1808—09	— —	40—50 „ „
1804—05	98—103 fl. Konv.-M.	45 „ „
1803	— —	40 „ „
1802	68— 73 „ „	32 „ „
1800—01	65— 70 „ „	36 Tlr. Geier. Eib.
1799	70 „ „ Graupen	— —
1780	— —	26—30 Tlr. Eib. Geier.
1770—77	— —	23—20 Tlr. Altb. Eib.
1763—69	— —	27 Tlr. Eib. Geier.
1760—62	— —	34—58Tlr.Altb.Eib.Gei.
1750—59	— —	30—29 „ „ „ „
1715—33	33— 35 fl. Graupen	20—22 „ „
1714	30 „ „	— —
1701—09	— —	23—28Tlr.Altb.Eib.Gei.
1621	— —	43—70 fl. Altb.
1618—20	— —	25—26 „ „
1616	38 fl. Platten.	— —
1610—14	— —	23—24 fl. Altb.
1600—10	— —	20—24fl.Eib.Geier.Altb.
1595	— —	15 „ Altb.
1575—78	— —	12—15,5fl.Altb.Eib.Gei.
1563—70	18—19,5 fl. Platten, Schlack.	13 fl. „ „ „
1561	11 fl. Graupen	— —
1557	13 „ „	— —
1543—50	17—19 fl. Schlack. Platten.	10—12fl.Altb.Eib.Geier.
1525 [1]	— —	11,5 fl. Eib. Geier.

[1]) Um das Jar 1514 zalte man 1 Goldgulden für 6 bis $6^1/_2$ Pfund verarbeitetes Zinn (Teller und Schüsseln). Tuchers Haushaltung, Stuttg. Lit.

Jar	Preis pro Zentner in Bömen.	Preis pro Zentner in Sachsen.
1485—90	9 fl. reinisch. Graupen	9 fl. Erenfried.
1461—79 [1]	7 bis 8 „ „ „	— —

Die Geschichte der Zinnerzeugung ergibt die folgenden Resultate:

In ältester Zeit schütteten Graupen und Schönfeld gewaltig — vermutlich vorwaltend aus Wäschen. Numerische Angaben felen. Erst seit dem 16. Jarhunderte haben wir Nachrichten über das Mass der Erzeugung. Um das Jar 1500 produzirte Sachsen gewiss 5000—8000 Ztr. Altenbergs Wäschen gaben das meiste. Bömen (Schönfeld, Schlackenwald und Graupen) erzeugte 10000 bis 20000 Ztr.

Um das Jar 1550 ist Sachsens Erzeugung auf 3000 Zentner gesunken, Bömen aber liefert järlich 12000 Ztr., Schlackenwald Hauptproduzent.

Um das Jar 1600 produzirten Bömen und Sachsen 3000 und 4000 Ztr. Wärend und nach dem grossen Kriege ist die Erzeugung in Sachsen = 100 Ztr., in Schlakenwald und Schönfeld etwa = 1000 Ztr. Erst nach 1650 tritt ein langsames Aufleben ein.

Das ganze 18. Jarhundert ist den Zinnbergwerken günstig. Zu Anfang oder um die Mitte des 19. Jarhundertes erlöschen die meisten der bömischen und sächsischen Zinnbergwerke.

Die folgenden Zalen [2]) geben Aufschluss über die

Geschichte der Zinnerzeugung.

Jar	in Oesterreich	in Sachsen	in Summa
1850	500 Ztr.	2000 Ztr.	2500 Ztr.
1800	4000 „	2000 „	6000 „
1750	3000 „	3500 „	6500 „
1700	2000 „	3000 „	5000 „

Verein Bd. 134. Ich verdanke diese und einige andere Daten der Güte des Herrn Professor Schauenstein.

[1]) Ruland von Ulm. Handlungsbuch (1446 bis 1463) publizirt im Stuttg. Lit. Verein Bd. 1.

Ich füge hier bei, dass im ersten Jarhunderte nach Chr. 10 röm. Pfund Blei 7 Denar (= 5 Mark deutsche Wärung) kosteten, wärend 10 Pfund Zinn mit 80 Den. bewertet wurden.

[2]) Die Zalen sind rohe Mittelwerte und werden natürlich um so unverlässlicher, je älteren Zeiten sie angehören.

Jar	in Oesterreich	in Sachsen	in Summa
1650 .	1000 Ztr. . .	500? Ztr. . .	1500 Ztr.
1600 . .	4000 „ .	4000 „ . .	8000 „
1550 . .	12000 „ . .	4000 „ .	16000 „
1500 . .	12000[1]) „ . .	8000 „ . .	20000 „
1450 . .	4000 „ . .	8000 „ . .	12000 „
1400 . .	1000 „ . .	1000 „ . .	2000 „

Ich schliesse diese Skizze mit einer Zusammenstellung über den

Metallgehalt der Gesteine und Erze.

	Das Gestein lieferte %₀ Metall:	Der Schlich gab % Metall:
1840—60	0,3, abbauwürdig, in Zinnwald.	60 in Schlackenwald.
		50 Platten.
	Ein reicher Gang bei Graupen gibt 3 % Zinn	
	0,2—0,4 Schlackenw.	
1830—40		40 Schlackenwald.
1800—20	0,2—0,3 Altenberg.	50 Platten.
	0,2—0,3—0,7 Geier.	42 Schlackenwald.
	0,3—0,5 Zinnwald.	47—52 Altenberg.
1760—80	0,3—0,4 u. 0,7 Geier.	30—60 Geier, Erenfrd.
	0,4 Marienberg.	45 Marienberg.
	0,2—0,4 Schlackenw.	50—62—67 Platten, Gottesgab.
		50—60 Schlackenwald.
1740—50	0,2 Altenberg.	50—60 Zinnwald.
	0,3 Schlackenwald.	50 Marienberg.
1710—30	0,3 Altenberg.	
	1,3 Graupen.	
1600	0,5 Schlackenwald.	
1570	0,5 „	

Wenn wir diese Angaben mit den geologischen Verhältnissen zusammenhalten, gelangen wir zu dem folgenden Ergebnisse.

Die mit Zinnerz impregnirten Eruptivgesteine (Greisen) von Schlackenwald und Altenberg sind aüsserst gleichmässig

[1]) Ich ignorire die vorübergehenden Produkzions-Steigerungen und gebe ein mässiges Mittel.

Geschichte der Zinnprodukzion von Bömen und Sachsen.

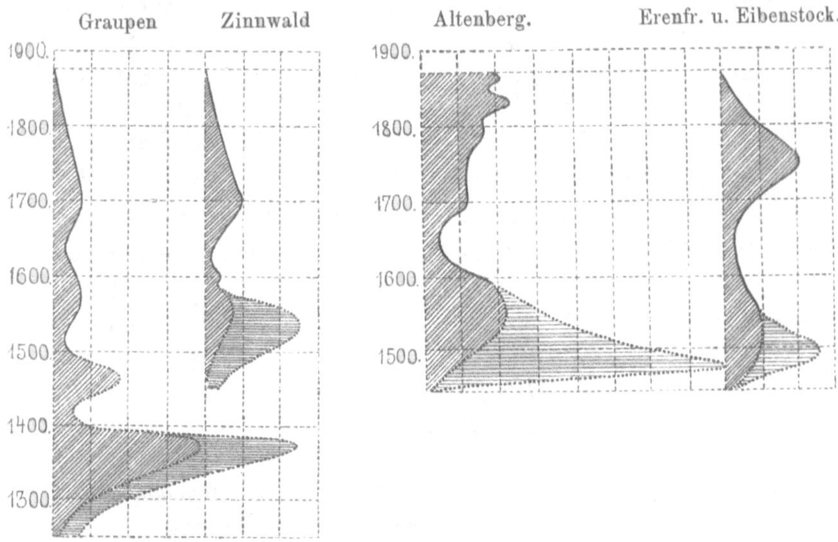

in der Metallfürung. 0,5 % ist der höchste Gehalt derselben. Seit 200 Jaren aber hat man sich auch mit einem mittleren Gehalte von 0,3 % begnügt. Gesteine mit 0,2 % Metallgehalt hat man im Laufe des letzten Jarhundertes gewiss nur ausnamsweise mit Vorteil zu Gute gemacht.

Die Ganggesteine scheinen im Allgemeinen auch einen mittleren Metallgehalt von 0,3 % selten zu übersteigen. Doch kommen hier allerdings grössere Abweichungen vor.

In den beistehenden Figuren ist die Produkzion der bedeutendsten mitteleuropäischen Zinnbergwerke dargestellt. Die Zeit ist von unten nach oben eingetragen; jeder Zwischenraum zwischen zwei Vertikallinien repräsentirt eine Produkzion von 1000 Ztrn.

Fassen wir die gesammte Produkzion von Bömen und Sachsen zusammen, so erhalten wir in Tonnen ausgedrückt das folgende Produkzionsbild, in welchem der Zwischenraum zwischen je zwei Vertikallinien eine Produkzion von 1000 Tonnen (= 20000 Ztr.) darstellt. Nebenan habe ich die Produkzion von Cornwall gesetzt, woraus man ersieht, dass die Produkzion Englands im 15. Jar-

Geschichte der Zinnprodukzion von Bömen und Sachsen.

Schönfeld und Schlackenwald Platten, Hengst.

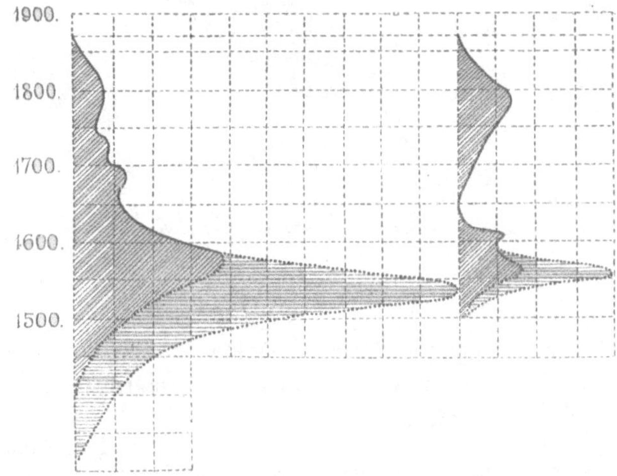

hunderte durch die deutsch und bömische Erzeugung überflügelt wurde, in der Folge aber bald zur Herrschaft kam.

Zinnprodukzion von Bömen u. Sachsen. Zinnprodukzion von England.

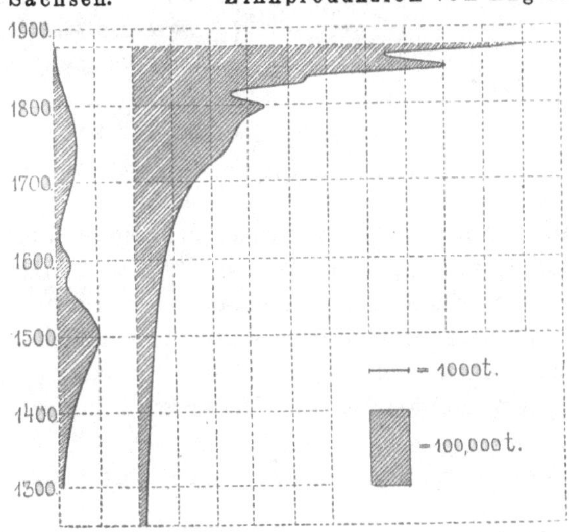

VII. Cornwall.

Geologische Beschreibung. [1]

Auf der geologischen Karte Englands sehen wir, dass die SW.-Spitze dieses Landes (Cornwall) aus Schiefer und Granit besteht. (Vgl. die beistehende Figur.)

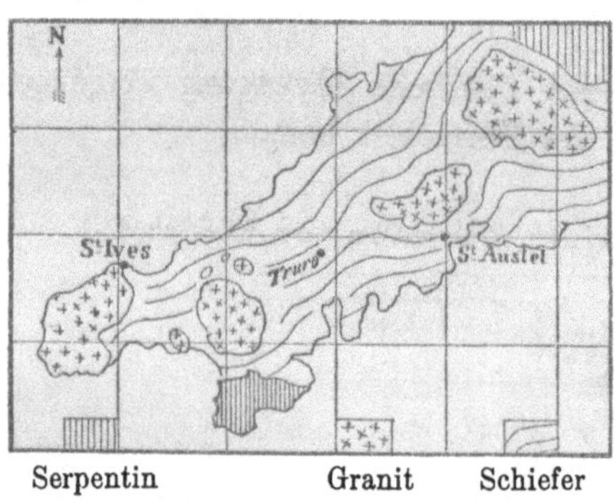

Die Hauptmasse des Gebietes wird vom Schiefer beherrscht; merere rundliche Granitflecken liegen in demselben, rings von Schiefer umgeben. Diese inselförmigen Granitmassen treten beilaüfig auf einer ONO.-Linie hintereinander auf.

Smith, welcher in den Jaren 1790—1815 England zuerst aufgenommen hat, verzeichnet auf seiner Karte die Anordnung und Gestalt dieser Granitflecken bereits richtig.

Boase betont die lineare Anordnung der Granitmassen, meint jedoch, die Erstreckung derselben könne nicht auf eine ONO.-Linie zurückgefürt werden, sondern man müsse merere parallele NO.-Linien annemen, auf welchen die Granitmassen hinter- und nebeneinander lägen.

Das Verhältniss zwischen Granit und Schiefer wird

---

[1]) Die in Cornwall gebraüchlichen geologischen Ausdrücke werden im Anhange dieser Abhandlungen erlaütert.

zuerst von Berger[1]) besprochen. Er beobachtet, dass im Schiefer, wo er nahe an die grossen Granitmassen herantritt, ser oft Granitadern aufsetzen; doch lösen sich beide Gesteine regelmässig leicht von einander ab. Ein Uebergang zwischen dem massigen und dem geschichteten Gesteine ist nirgends zu beobachten.

R. Thomas[2]) bemerkt, dass in der Nähe der grossen Granitmassen öfters kleinere Granitlager im Schiefer vorkommen. Er ist auch der Erste, welcher feststellt, dass die grossen Granitmassen ringsum unter den Schiefer einfallen (mit 20—40°), ja in zwei Fällen breitet sich der Granit unter dem Schiefer ganz flach aus[3]) (bei Tincroft, bei Dalcoath und Treskerby).

Im gleichen Sinne spricht sich Hawkins[4]) aus; er betont, dass man bei den Bergwerksarbeiten im Schiefergebiete in der Tiefe haüfig auf Granit stösst und zwar trifft man ihn in um so geringerer Tiefe unter dem Schiefer, je mer man sich den zu Tag anstehenden grossen Granitmassen nähert.

Boase fürt an, dass die herrschende Meinung dahin gehe, dass die Granitmassen in der Tiefe unter einander zusammenhängen.

„Die Granitmassen sind wie Inseln, welche (meist mit einem Gehänge von 40°) aus einem Meer von Schiefer aufragen“, fügt er erörternd hinzu. Im Anschlusse aber fürt er einige Fälle an, wo Schächte, in der Nähe der Hauptgranitmassen abgeteuft, bis in grosse Tiefe vorgedrungen seien, one den Granit erreicht zu haben.[5])

Auch De la Beche bezeichnet die Granitmassen als Inseln und zeichnet in den bez. Profilen den Winkel, mit welchem der Granit unter den Schiefer einfällt, mit durchschnittlich 30° ein.

Bezüglich der Zusammensetzung und Struktur der grossen Granitmassen bemerkt Carne, dass nicht selten verschiedene Granitarten mit einander verbunden sind, in der Weise, dass z. B. ein feinkörniger Granitgang im groben Granit aufsetzt. Eigentümlich

---

[1]) Berger: Trans. geol. soc. London 1811, p. 145.

[2]) R. Thomas: Mining District of Cornwall 1819, Note zu Taf. II.

[3]) R. Thomas: Mining District of Cornwall 1819, Taf. II sammt Anmerkung.

[4]) Hawkins: Trans. geol. soc. of Cornwall 1822, p. 376.

[5]) Boase: Trans. geol. soc. of Cornwall 1832. Ich beziehe mich auf p. 200 f. des Separatabdruckes dieser wichtigen Arbeit.

für diese Gänge und Adern von Granit im Granit ist der Umstand, dass keine scharf gesonderten Wandungen bestehen. Carne bezeichnet derartige Gänge deshalb als „gleichzeitige Gänge". [1])

Charpentier und De la Beche sind der Ansicht, dass wärend der Erstarrung der Granitmassen einzelne noch flüssige Partien in die schon erstarrten und zum Teil zerklüfteten Granitmassen eingedrungen seien. Durch diesen Vorgang erklären sie das Vorkommen derartiger Granitgänge im Granit. [2])

Ferner beobachtet Boase, dass die grossen Granitmassen nicht selten in Betten oder Lager zerteilt erscheinen. Die einzelnen Betten unterscheiden sich oft durch verschiedene Zusammensetzung, Farbe oder Verwitterung von einander. Das Streichen und Fallen derselben ist nach Boase's Beobachtung gerade so regelmässig, wie jenes der anstossenden Schiefer. [3])

De la Beche bestätigt diese Angaben und karakterisirt treffend die einzelnen Abarten des Granit, unter welchen insbesonders der Granit mit Schörlnestern eingehend besprochen wird. Er beobachtet merfach Wechsellagerung von härteren und zersetzten Granitbetten und findet, wo diese Betten von Schiefer überlagert werden, Konkordanz zwischen den Granitlagern und den Schieferschichten. [4])

Ausser den Graniten treten in Cornwall auch andere Eruptivgesteine auf. Unter inen sind Granitporfire (welche den Lokalnamen Elvan füren) besonders beachtenswert.

Carne betont, dass diese Porfire Gesteinslager sind, welche meist steil gegen die Tiefe fallen. In vielen Fällen besitzen sie nach diesem Autor dieselbe Neigung, wie die anliegenden Schiefer (konkordante Lager). In anderen Fällen aber sind es nachweislich den Schiefer durchschneidende Gänge.

Dass man die Elvans vorwaltend im Schiefer antrifft, darf

---

[1]) Carne: Trans. geol. soc. Cornwall 1822, p. 50, 214 f. Er unterscheidet feinkörnige Granitgänge, schörlreiche, quarzige Granitadern und so fort.

[2]) De la Beche: Geol. of Cornwall 1839, p. 171.

[3]) Boase: Trans. geol. soc. Cornwall 1832, p. 213, 378. In anderen Gegenden waren diese Erscheinungen bereits festgestellt durch Pötsch: Bemerk. über d. Granit 1803, p. 554. Playfair: Explic. 1815, p. 235.

[4]) De la Beche: Theoret. Geol. 1834, p. 103 und Beche: Cornwall 1839, p. 164.

nach Carne nicht etwa dahin gedeutet werden, dass sie im Granit gar nicht vorkämen. Sie finden sich nachweislich auch im Granit, da aber die Erzgänge und mithin auch der Bergbau vorwaltend an den Schiefer gebunden sind, hat man begreiflicher Weise dort viel mer Porfirgänge aufgeschlossen als im Granit.[1])

Das Streichen der Elvans ist nach Carne in der Regel OW.

Nach Thomas schwankt die Mächtigkeit dieser Gänge zwischen 1 und 60 Mtr. Allem Anscheine nach haben einige eine bedeutende Längserstreckung (bis 2 Kilom.). Allerdings muss man mit dieser Aussage vorsichtig sein, denn meist felen kontinuirliche Aufschlüsse und es kann leicht sein, dass merere in derselben Linie liegende Aufschlüsse nicht einem, sondern mereren Porfirgängen angehören.[2])

De la Beche bemerkt bezüglich des Alters dieser Porfirgänge, dass diejenigen, welche den Granit durchschneiden, zwar allerdings jünger seien als dieser, dass man aber in jenen vielen Fällen, wo die Elvans nur durch den Schiefer aufsetzen, nicht schlechtweg behaupten dürfe, man habe es auch hier mit jüngeren Eruptivmassen zu tun. In diesen Fällen lasse sich eben über das Altersverhältniss zwischen Granit und Porfir schlechterdings nichts aussagen.

Derselbe Autor beobachtet, dass die Elvans gegen das Nebengestein hin manchmal weniger kristallinisch sind, als in der Mitte.[3])

Wenn wir diese geologischen Tatsachen zusammenfassen und ergänzen, so erhalten wir das folgende Bild:

Die mächtigen Granitmassen sind in Cornwall auf ONO.-Spalten emporgedrungen. Sie liegen in einer Reihe hinter einander[4]) und bedingen das Relief und die Begrenzung von SW.-England. Jede einzelne Granitmasse stellt einen fladenartig ausgebreiteten, in der Mitte aber aufgekuppten Massenerguss dar[5]). Die durch den Schiefer emporgedrungenen Granitmassen wurden wieder bedeckt von Schiefer. Darnach kamen Porfirerupzionen zur

---

[1]) Carne: Trans. geol. Soc. Cornwall 1818, p. 98 und 241.

[2]) R. Thomas: Mining District of Cornwall 1819, p. 16.

[3]) De la Beche: Cornwall 1839, p. 164 und 173.

[4]) Eine Erscheinung, welche sich haüfig wiederholt, so im Erzgebirge.

[5]) Dies ist, wie ich nachgewiesen habe, überhaupt die gewönliche Ergussform der kristallinischen Massengesteine.

Herrschaft. Die Spalten, auf denen diese Massen empordrangen, hatten zumeist dieselbe Richtung, wie die Granitspalten (ONO.).

Zalreiche Klüfte bildeten sich längs der eben erwänten ONO. verlaufenden Kette von Graniterupzionen. Auf inen lagerten sich die Erze ab. Wir wollen nun diese Gänge näher betrachten.

Die Erzgänge

werden bereits von Merret und Nicholls kurz erwänt und karakterisirt.

Merret berichtet im Jare 1678[1]) über das Zinn von Cornwall folgendermaassen:

Die Erze, aus welchen Zinn gewonnen wird, findet man mitunter nahe an der Oberfläche, meist aber zwischen zwei Gesteinswänden in einem „Gang", wie die Bergleute es nennen. Manche Gänge gehen Ost-West, andere Nord-Süd oder auch in anderen Richtungen.

Nicholls berichtet Anno 1728: Der Bergbau von Cornwall hält sich an Klüfte. Wenn diese Metall füren, heissen sie lebendige Gänge, wenn sie erzleer sind, nennt man sie todte Gänge. Die Erzgänge laufen von West nach Ost und fallen, wie die Bergleute behaupten, immer entweder nach Nord oder Süd. Erdige Gänge (Flooking) verlaufen oft quer durch die Erzklüfte und verwerfen die letzteren.[2])

Soviel war also schon zu Anfang des vorigen Jarhundertes von den Bergleuten erkannt worden.

Ich bespreche im Folgenden die wichtigsten tektonischen und montanistischen Beziehungen der Erzgänge sistematisch-chronologisch geordnet:

Die Erzgänge sind vorwiegend im Schiefer abbauwürdig und kommen ser oft in der Nähe von Porfirgängen vor. Uebrigens kann man nicht behaupten, dass die Elvans immer veredelnd auf die Erzgänge einwirken. In manchen Fällen wird der Erzgang, sobald er den Porfir trifft, allerdings viel breiter und reicher; in anderen

[1]) Merret. Phil. Trans. London 1678, Bd. 12 p. 949f.

[2]) Nicholls. Phil. Trans. London 1728, Bd. 35 p. 402, 482.

Fällen aber wird der Erzgang im Porfir ärmer als im Schiefer gefunden.[1])

Die Erzgänge fallen meist steiler als die Porfirgänge.

Dem Streichen nach unterscheidet Carne:

1. Die gemeinen Lodes, Erzgänge, welche zwischen ONO. und OSO. streichen (Ost-Gänge);

2. die Cross courses, Gänge, welche zwischen NW. und NNO. streichen (Nord-Gänge);

3. Counterlodes, (Gegengänge), Erzgänge welche nach irgend einer anderen Richtung (meist NO.) streichen.

Die Cross courses haben, obwol sie meist erzlos sind, für den Bergmann doch eine grosse Bedeutung. Es werden nämlich die Versuchsbaue mit Vorteil auf solchen Quergängen betrieben: 1. weil die wichtigsten Erzgänge von diesen Quergängen durchschnitten werden; 2. weil das Material der Quergänge leicht zu bearbeiten ist. Freilich wird der letztere Vorteil oft überwogen durch den Nachteil, dass die Füllmasse oft zu brüchig ist. In diesem Falle wird dann eine so starke Zimmerung erfordert, dass es schliesslich doch billiger kommt, im harten Gestein vorzugehen.

Eine Abart der Cross courses verdient noch besondere Erwänung: die cross floocans, meist floocans schlechtweg genannt. Es sind dies Nord-Gänge mit Lemfülle. Sie halten die Gewässer fast vollständig ab und man vermeidet darum, sie in grossen Tiefen zu durchbrechen.[2])

Diese Unterschiede findet man in Carne's eben angefürter Arbeit und in Thoma's Survey präzisirt. Der letztere Autor stellt übereinstimmend mit Carne fest, dass die wichtigsten Erzgänge meist ONO. (oder besser NO. bis ONO.) streichen. Die abbauwürdigen sind 1—2 Meter mächtig. Selten kommt eine Mächtigkeit von 6, ja 8 Metern vor.

Die Ost-Gänge werden an Tag meist im Schiefer, nahe an den grossen Granitmassen angetroffen.[3]) Da aber die Granitmassen sich unter dem Schiefer allseits ausbreiten, wärend die

---

[1]) Carne: Trans. geol. soc. Cornwall 1818, p. 98 und 105 f.

[2]) R. Thomas: Mining district of Cornwall 1819, p. 24. Vgl. auch W. Phillips: Trans. geol. soc. 1814, Bd. 2 p. 110 f.

[3]) Berger: (Trans. geol. soc. London 1811, p. 168) gibt an, dass $^4/_5$ aller Zinn- und Kupferminen an der Grenze von Granit und Schiefer stehen.

Gänge steil gegen die Tiefe fallen, greift der Abbau eben dieser Erzgänge in grösserer Tiefe gemeiniglich weit in den Granit ein.[1])

Bezüglich des Alters der Eruptivgesteine und Gänge haben wir bisher erfaren, dass die Porfirgänge in vielen Fällen nachweislich jünger sind als die Granite. Ueber das Verhältniss der Eruptivgänge, Erzgänge, tauben Gänge und Klüfte stellen wir folgende Angaben zusammen:

Die Erzgänge sind jünger als Granit, Schiefer und Porfir, denn diese drei Gesteine werden von den Lodes durchschnitten.[2])

Unter den nicht eruptiven Gängen sind, wie schon Hutchinson (in der Mitte des vorigen Jarhundertes) beobachtete, die Nord-Gänge meist jünger als die Ost-Gänge, weil letztere durch die Nord-Gänge zerschlagen und verworfen werden.[3])

Jars erkennt, dass die meisten Erzgänge Cornwalls Ost-Gänge sind.[4])

Carne leitet aus einer grossen Anzal von Beobachtungen über Verwerfung folgende Altersfolge ab:

1. Porfir (meist Ost-Gänge), jünger als Granit.
2. Aeltere und jüngere Zinngänge (meist ONO.).
3. Ost-Kupfergänge.
4. NO.-Kupfergänge (Counter lodes).
5. Taube Nord-Gänge (Cross coures).
6. Junge Kupfergänge.
7. Noch jüngere taube Verwerfungen[5]).

De la Beche giebt dieselbe Reihenfolge und verzeichnet in einer ser übersichtlichen Skizze die wichtigsten Gänge.[6])

Heenwod stellt in einer eingehenden Arbeit alle ihm bekannt gewordenen Erzgänge Cornwalls nach irem Streichen und Fallen, nach irer Mächtigkeit in verschiedenen Gesteinen u. s. f. zusammen. Leider ist eine Uebersicht über diese grosse Menge von Einzeln-

---

[1]) Thomas: Mining district of Cornwall 1819, p. 10.

[2]) Carne: Trans. geol. soc. Cornwall 1818, p. 98, 105 f.

[3]) Hutchinson, zitirt bei Borlase: Nat. hist. of Cornwall 1758, p. 156.

[4]) Jars: Voyages metallurg. 1774—81, III, p. 191.

[5]) Carne: Trans. geol. soc. Cornwall 1819, p. 50f., 1822, p. 128. Einige Jare später haben Dufrenoy und Beaumont eine breite und unbedeutende Abhandlung über die Geol. von Cornwall in den Ann. des Mines veröffentlicht.

[6]) Beche: Cornwall 1839, 309 und 314.

heiten schwer zu erlangen. Grafische Darstellungen wären den langen Tabellen gewiss vorzuziehen gewesen.

Die Tatsachen, welche mir bei Durchblickung der Tabellen aufgefallen, sind folgende:

1. Von allen angefürten Metallgängen streichen:

80 Gänge zwischen O. 20 N. und O. 30 N.
40 „ „ O. 10 N. „ O. 20 N.
30 „ „ O. 30 N. „ O. 40 N.

Die Zal der Gänge, welche nach irgend einer anderen Weltgegend streichen, ist unbedeutend (je 4 bis 17 Fälle). Es ist also aus einer grossen Anzal von Fällen abzuleiten, dass die überwiegende Merzal aller Metallgänge in der Richtung ONO. streicht oder von derselben doch nur 15° nach einer und der anderen Seite abweicht.

2. Diese Ost-Gänge fallen

in 117 Fällen steil nach Nord,
„ 90 „ „ „ Süd.

Die Fälle, in welchen Gänge nach anderen Weltgegenden fallen, sind nicht zalreich; auf jede der 10 verzeichneten Richtungen der Windrose kommen meist nur 4 bis 20 Fälle.

Von allen angefürten Gängen fallen

160 in der Richtung gegen die nächste grosse Granitmasse,
110 „ „ „ von der nächsten Granitmasse.

3. Die durchschnittliche Mächtigkeit der Zinngänge ist im Granit 3/4 Mtr., im Schiefer 5/4 Mtr.

Die Zinn-Kupfergänge sind im Granit wie im Schiefer im Mittel etwa 3/4 Mtr. stark.

Die Kupfergänge sind im Granit durchschnittlich 3/4 Mtr., im Schiefer 1 Mtr. mächtig.

4. Die Nord-Gänge (Cross courses und floocans) schwanken in irem Streichen viel mer als die Ost-Gänge. Unter den aufgezälten Fällen streichen 30 Gänge N. bis N. 10 W.
„ 20 „ N. 10 bis 20 W.
„ 30 „ N. 20 „ 30 W.
„ 20 „ N. 30 „ 40 W.
„ 20 „ N. 40 „ 50 W.

50 von denselben fallen gegen West, 55 gegen Ost, und zwar bald gegen die nächste Granitmasse, bald von ir weg. Natürlich ist

der Winkel, welcher zwischen den Ost- und den Nord-Gängen liegt, im Mittel 80 bis 90°.

Zum Schlusse gibt Henwood eine Skizze der Gangverteilung.[1]

Ueber den Betrag der Verwerfungen hat Henwood in einer späteren Abhandlung Folgendes mitgeteilt:

Die Verwerfungen betragen nicht selten 40, 60 und mer Meter, so dass der Bergbau oft eine so lange Strecke auf der Grenze zwischen zwei einander fremden Gesteinen vordringt. Ein Zusammenhang zwischen der Erzfürung und der Gesteinsart lässt sich nicht erkennen. Die Erzfürung hält oft durchaus an, mögen hier beide Seiten des Ganges durch Schiefer oder durch Granit gebildet sein, oder mag einerseits der Kluft Schiefer, andererseits Granit stehen.[2]

Oertlich erscheint das Nachbargestein der Zinnklüfte zertrümmert und dann wieder zusammengebacken. In solchen brezzienartigen Partien des Schiefers trifft man mitunter abgerundete Knollen (Geschiebe) von hartem Schiefer, Quarz und Granit; Carne, Henwood und Salmon beschreiben derartige Vorkommnisse.[3]

Diese allgemeine Karakteristik der Gänge mag genügen.

Und nun wollen wir das Vorkommen des Zinnes etwas spezieller ins Auge fassen.

Borlase war der Erste, welcher (schon um die Mitte des vorigen Jarhundertes) hierüber klaren Bericht gibt.

Nach ihm findet sich das Zinnerz in Cornwall im festen Gesteine entweder in Gängen (lodes) oder in horizontalen Lagern (floors), auch findet man es im Gestein in einzelnen Körnern da und dort eingestreut.

Im Gegensatze zu diesen Vorkommnissen trifft man auch lose Körner von Zinnerz im Flussschotter und Sand.[4]

---

[1]) Henwood: Trans. geol. soc. Cornwall 1843, p. 243, 245, 250, 277, 300 u. 328.

[2]) Henwood: Trans. geol. soc. London 1871, p. 660.

Helmhacker hat in der Oester. Z. f. B. u. Hütt. (1879) eine ausfürliche Zusammenstellung der geologisch-bergmännischen Verhältnisse von Cornwall gegeben.

[3]) Carne, Henwood in Trans. geol. soc. Cornwall Bd. 3—5 und Salmon: Q. j. geol. soc. 1861, p. 517.

[4]) Borlase: Nat. hist. of Cornwall 1758, p. 160 f.

Zu Borlase's Zeit waren noch merere Zinnwäschen in Arbeit und sollen erträglich gewesen sein. Die bedeutendste war jene von St. Austel Moor. Sie erstreckte sich von St. Austel drei englische Meilen weit gegen die See.

Borlase bemerkt diesbezüglich: Sämmtliche Bäche der Umgebung bringen hierher, was sie in irem Gebiete zu verschiedenen Zeiten weggewaschen haben. In Folge dessen wechsellagern die Alluvien der besagten Strecke bis zu grosser Tiefe (6 Mtr.) mit Zinnerzstraten.

Etwa 4 Mtr. unter Kies, Sand, Geschieben und Lem trifft man meist die erste abbauwürdige Lage. Sie besteht aus Geschieben und Kieseln von Kopf- bis Linsengrösse. Zwischen diesen Rollsteinen und Steinchen trifft man viel Zinnsand, aber auch grosse Stücke Zinnstein eingebettet.

Noch in den Dreissiger-Jaren dieses Jarhundertes waren Wäscharbeiten im Gang; man arbeitete die alten Wäschhalden wieder auf. Das gewonnene Zinn zeichnete sich durch besondere Reinheit aus und wurde als granulirtes Zinn mit höherem Preis in Handel gebracht. [1])

Unzweifelhaft haben die Zinnwäschen in alten Zeiten fast ausschliesslich den Bedarf gedeckt und noch im späteren Mittelalter mag diese Ausbeute grösser gewesen sein, als jene der Bergwerke. Seit Jarhunderten aber hat das letztere Vorkommen den Bedarf vorwiegend gedeckt und im Laufe des letzten Jarhundertes sehen wir die Wäscharbeit allmälig ganz verschwinden. [2])

Die entwickeltere Technik hat das Vordringen im festen Gesteine mer und mer erleichtert und es hat sich gezeigt, dass das anstehende Gebirge viel ausgiebigere und nachhaltigere Schätze beherbergt, als das Wäschland.

Das Vorkommen des Erzes im Gestein hat, wie wir eben hörten, schon Borlase karakterisirt. Er beschreibt merere Arten des Vorkommens und man wird durch seine Worte zu einer Ver-

---

[1]) Carne: Trans. geol. soc. Cornwall 1832, p. 48, 57, 106.
Im Mining J. (Bd. 22 u. 23) und bei Beche (Report p. 405) werden die Verhältnisse mererer Wäschen, welche von jungen, marinen fluviatilen und lakustren Ablagerungen bedeckt waren, eingehend besprochen.

[2]) Derzeit wird nur noch das durch die Brandung zu Tag gebrachte Waschzinn von Zeit zu Zeit gesammelt.

gleichung dieser Gebilde mit den bekannten des Erzgebirges aufgefordert.

Leider aber hat der Bergbau im Laufe der letzten Generazionen nur die Gangvorkommnisse berücksichtigt und als abbauwürdig befunden. Dies ist der Grund, warum wir über das Auftreten von Zinnkörnern im Gesteine und über die Floors derzeit nichts aussagen können. Wir können uns nur auf die älteren Berichte beziehen, und diese sind spärlich genug:

Borlase bemerkt, wie gesagt, dass das Zinnerz in manchen Fällen nicht in Gängen oder Lagern, sondern unregelmässig im Gestein eingestreut vorkommt. Vielleicht hat dieser Autor Verhältnisse gesehen, gleich jenen von Zinnwald und Kalenberg, wo bekanntlich das Zinnerz als unzweifelhaft ursprünglicher Gemengteil im Granit, beziehungsweise Granit und Porfir vorkommt.

Die Angabe ist leider zu skizzenhaft, um einen sicheren Schluss zu erlauben.

Etwas mer erfaren wir über die Floors, welche als flache, erzhältige Blätter bezeichnet werden. In manchen Fällen mögen es horizontale oder doch ser flache Gänge im Schiefer oder Granit gewesen sein, welche man abbaute. Solche Vorkommnisse erwänt Borlase. Er beschreibt Floors mit horizontalem Abbau in der Pfarre Lannaut und in der Pfarre Breag. Dieselben sollen ergiebig gewesen sein; doch bedurfte man wegen des grossen Deckendruckes eine Unzal von Stützen und musste sich überdies entschliessen, viele Gesteinspfeiler sammt dem Erz stehen zu lassen. Trotz dieser Stützen ereigneten sich doch oft bedeutende Einstürze und Verunglückungen.[1])

In anderen Fällen scheint es, dass man horizontale erzreiche Schlieren des Eruptivgesteines mit obigem Namen bezeichnet habe.

Hawkins beschreibt ein solches Vorkommen von Trewidden Bal, in der Pfarre von Madron. Dort war eine Wechsellagerung von Schiefer und Porfir zu beobachten und zwar kam das Erz im Porfir in Butzen und Schweifen vor. Er vergleicht dies Vorkommen mit den Lagern von Zinnwald.[2])

---

[1]) Borlase: Nat. hist. of Cornwall 1758, p. 160.

[2]) Hawkins: Trans. geol. soc. Cornwall 1822, p. 30f.

Hawkins legte auf dieFloors grossen Wert und erwartete sich von inen einen viel anhaltenderen Ertrag als von den Gängen. Die folgenden Zeiten aber haben den Floors wenig Aufmerksamkeit geschenkt. Nur bei Foster finde ich noch ein einschlägiges Vorkommen beschrieben. Bei South Wendron (nahe Lovel mine) findet sich nämlich nach diesem Autor eine linsenförmige Masse von Zinnfürendem Granit im gemeinen Granit. Diese Linse fällt mit etwa 50 Grad gegen NNW. Beide Granite stehen mit einander durch Uebergänge in Verbindung. Klüfte, von welchen eine Impregnazion ausgegangen sein konnte, mangeln.[1])

Nach diesen Angaben zu schliessen, scheinen die zinnfürenden Granitschlieren nicht haüfig und ziemlich arm zu sein.

Seit langer Zeit folgt der Bergbau nur mer den Zinngängen.

Diese haben, wie Berger zuerst hervorhebt, im Allgemeinen kein Salband, sondern sind mit dem Nebengesteine verwachsen.[2])

Der Erzgehalt ist ser ungleichmässig über die Gangfläche verteilt, so dass jeder Gang nur fleckweise abbauwürdig befunden wird. Dies ist aus der Darstellung der Abbauraüme[3]) leicht ersichtlich und Jedermann, welcher die erzgebirgischen Vorkommnisse studirt hat, bekannt.

De la Beche hebt diese Tatsache wiederholt hervor, und betont, dass Kupfer- und Zinnerz viel unregelmässiger und in viel geringerem Perzentsatze vorkommen, als man gemeiniglich glaubt.[4]) —

Selten kommt das Zinnerz allein vor. Gemeiniglich wird es begleitet von Kupferkies, Eisenkies, Arsenkies[5]) u. s. f. In den meisten Gruben herrschten sogar lange Zeit die Kupfererze vor und es hat, wie wir später sehen werden, der Abbau des letzteren Produktes in den dreissiger und vierziger Jaren eine ungleich grössere Bedeutung gewonnen, als die Zinnerzeugung. —

Kupfer- und Zinngänge erscheinen fast immer in der Nähe

---

[1]) Le Neve Foster: Q. j. geol. soc. 1878, p. 651. Derartige Massen werden durch den Ausdruck „pipe“ (Pfeife) bezeichnet.

[2]) Berger: Trans. geol. soc. London 1811, p. 176.

[3]) Williams: Trans. geol. soc. London 1817, p. 144 u. Taf. 7.

[4]) De la Beche: Cornwall 1839, p. 325 und Taf. 8.

[5]) Berger: Trans. geol. soc. London 1811, p. 169.

der grossen Granitmassen, so dass an eine Abhängigkeit dieser Erze vom Granit gedacht werden muss.[1])

In den letzten Jaren hat Le Neve Foster merere treffliche Studien über die Zinngänge Cornwalls veröffentlicht. Wir greifen ein tipisches Beispiel heraus:

Eine Kluft mit einer lettigen Brezzie von Quarz und Schiefer verlaüft auf der Grenze zwischen Granit und Schiefer.

In unmittelbarer Nachbarschaft dieser Kluft erscheint auf der Seite des Granit ein quarziger Turmalinfels. Ein turmalinfürender schwarzer Granit vermittelt den Uebergang in den gemeinen Granit.

Auf Seite des Schiefers grenzt quarziger Schörlschiefer an die Kluft. Auch dieses Gestein steht durch Uebergänge mit dem gemeinen Schiefer in Verband.

Der Turmalinfels wie der Turmalinschiefer füren Zinnerz eingesprenkelt.[2])

Es ist kein Zweifel, dass wir es hier mit einer Umwandlung und Impregnazion des Granites, bez. Schiefer in der Nachbarschaft der Kluft zu tun haben.

Die Wandlung und Impregnazion stellt sich meist beiderseits der Kluft in einer Mächtigkeit von 1—5 Mtr. ein.

Das umgewandelte Gestein ist mit 1 bis 3% Kassiterit impregnirt. Doch hat die Kluft nicht überall eine Impregnazion bewirkt; das Gestein in der Nachbarschaft der Kluft ist oft auf grössere Strecken taub.[3])

Seltener als die Turmalinisirung kommt die (im Erzgebirge vorherrschende) Verquarzung des Nebengesteines in der Nähe der Klüfte vor. Wo sie sich aber einstellt, zeigen sich dieselben Erscheinungen wie im Erzgebirge:

Der Granit ist in ein Gestein umgewandelt, welches vorwaltend aus Quarz mit etwas Glimmer, Chlorit, Gilbertit und Turmalin besteht.[4]) Pirit, Kupferkies und Zinnerz sind eingestreut. Der Zinnerzgehalt beträgt haüfig 1 bis 2.5%.

---

[1]) De la Beche (Cornwall 1839, p. 286) hebt hervor, dass im Gegensatze zu dieser Erscheinung Zink, Blei, Antimon, Eisen und Mangan unabhängig vom Granit und dass die letzteren Erze meist an Trapp gebunden erscheinen.

[2]) Turmalinfels und Turmalinschiefer heissen in Cornwall Capel; der schwarze Granit wird als Grayback bezeichnet.

[3]) Le Neve Foster: Q. j. geol. soc. 1878, p. 641, 647 und 650.

[4]) Der Greisen heisst in Cornwall „Cab“.

Der Schiefer zeigt mitunter dieselbe Verquarzung. Er ist dann auch durchsetzt von Quarzschnüren und Linsen.[1])

Foster betont die Uebereinstimmung mit den erzgebirgischen Gängen und verweist treffend auf die Tatsache, dass diese Vorkommnisse nicht unter die gebraüchliche Definizion von Gang (Kluftausfüllung) fallen.

Er teilt die Ansicht, dass diese erzfürenden Turmalin- bez. Greisengesteine sekundäre Gebilde seien. Dämpfe oder Quellen, welche aus den Spalten aufstiegen, haben diese Wandlung bewirkt.

Diese Ansicht wird in Cornwall bestätigt durch zalreiche Pseudomorfosen.

Davey beobachtete bereits im Jare 1832 Pseudomorfosen von Zinnstein nach Feldspat. In verschiedenen Fällen fand er 10 bis 75% der Feldspatsubstanz durch Kassiterit ersetzt. Auch zerbrochene, durch Zinnoxid verkittete Feldspate wies er nach.[2])

Hole Pseudomorfosen von Turmalin nach Feldspaten beschreibt De la Beche.[3])

Pseudomorfosen von Zinnstein und Quarz nach Feldspat erwänt Daubrée.[4])

Carne's Beobachtungen machen es warscheinlich, dass der Feldspat zuerst zu Gruss zersetzt und dann erst durch Zinnoxid verkittet wurde.[5])

Foster beschreibt Pseudomorfosen von Quarz nach Ortoklas im Turmalingranit.[6])

Alle diese Tatsachen beweisen die Verdrängung der Feldspatsubstanz durch Quarz, Turmalin und Zinnoxid.

Bezüglich des Erzgehaltes[7]) der Gesteine in früheren Zeiten liegen mir keine Nachrichten vor.

---

[1]) Le Neve Foster: Trans. geol. soc. Cornwall 1877 u. Q. j. geol. soc. 1878, p. 650.

[2]) Davey: Trans. geol. soc. Cornwall 1832, p. 486.

[3]) De la Beche: Cornwall, p. 190.

[4]) Daubrée: Ann. des Mines 1841, Bd. 20, p. 110.

[5]) Carne: Trans. geol. soc. Cornwall 1846, p. 29.

[6]) Foster: Q. j. geol. soc. 1878, p. 641.

[7]) In England gibt man nicht, wie in Bömen und Sachsen, den Metallgehalt, sondern den Erzgehalt der Gesteine in Perzenten an. 100 Erz wird durchschnittlich = 70 Metall gerechnet.

Moissenet schätzt ihn in den fünfziger Jaren auf höchstens 2 % im Durchschnitt.[1])

In den sechziger und zu Anfang der siebziger Jare wurden Gesteine von 1 bis 2 % Erzgehalt aufbereitet. Viele Gruben förderten aber auch ungleich ärmere Gesteine mit Gewinn, weil der Zinnpreis hoch stand. So wurde u. A. ein von vielen Impregnazionsklüften durchsetzter Schiefer mit einem mittleren Erzgehalte = 0.13 % abgebaut. Das Gestein war weich; die eingesprenkelten Zinnkörner waren gross, wodurch die Aufbereitung ser erleichtert wurde; es fand sich kein Kies im Gestein, so dass das Rösten wegfiel; man hatte endlich genug Wasser zur Verfügung. Unter solchen Verhältnissen konnte man, so lange der Zinnpreis gut stand, die Grube immerhin ausbeuten.

In den folgenden Jaren mit irem niederen Zinnpreise wurde natürlich der Abbau wesentlich modifizirt. Ganz arme Gebiete verliess man, in den übrigen Gruben aber nam man nicht mer, wie vordem, fast alles impregnirte Gestein beiderseits der Impregnazionskluft heraus, sondern beschränkte sich auf das reichere und liess die ärmeren Partien stehen. Foster gibt den Erzgehalt der zu seiner Zeit geförderten Gesteine = 1 bis 2.5, selbst 3 % an.

Der great flat lode hat im Jare 1876 mit einem durchschnittlichen Gehalte von $2\frac{1}{4}$ % Erz fast $\frac{1}{8}$ der gesammten Zinnerzeugung Cornwalls geliefert.[2]) So viel über den Erzgehalt.

Zum Schlusse haben wir noch zu besprechen die relative raümliche Verteilung der Zinn- und Kupfer-Erze in den einzelnen Gängen.

Percy, welcher in der zweiten Hälfte des vorigen Jarhundertes schrieb, ist meines Wissens der Erste, welcher die Tatsache feststellt, dass viele Gänge, welche ehedem (in den oberen Teufen) auf Zinn abgebaut wurden, zu seiner Zeit, da der Abbau gegen die Tiefe vordrang, reichlich Kupfererze lieferten. Zu Anfang unseres Jarhundertes war man von der Gesetzmässigkeit dieser Wandlung überzeugt. Man glaubte bestimmt behaupten zu dürfen, in grosser Tiefe herrsche überall Kupfer, und man fügte sich gern in die Tatsache, dass die Zinnminen Cornwalls in gleichem Grade zu Kupferminen wurden, wie der Abbau gegen die Tiefe vordrang.

[1]) Moissenet: Ann. des Mines 1858, p. 93.

[2]) Foster: Q. j. geol. soc. 1878, p. 654.

Da wurde eine neue merkwürdige Wandlung konstatirt:

Die Grube Dalcoth, welche tiefer niederging, als irgend ein anderes Werk von Cornwall, wurde in der bedeutenden Tiefe von 300 Mtr. unter dem Meeresspiegel wieder reich an Zinn, nachdem sie durch lange Zeit Massen von Kupfer geliefert hatte.

Diese Tatsache, welche natürlich von bedeutendem praktischen Interesse war, veranlasste nun mer Aufmerksamkeit auf die Verteilung der verschiedenen Erze in ein und demselben Gange zu richten.

Thomas hebt hervor, dass solcher Wechsel der Erzfürung öfters und nicht nur in vertikaler, sondern auch in horizontaler Richtung vorkomme. Es kann ein Gang in den oberen Teufen Zinn und in den tieferen Kupfer, dann wieder Zinn füren, derselbe Gang kann aber auch in ein und demselben Horizonte, hier als Kupfer-, dort als Zinngang auftreten! So verhielt sich z. B. der Chasewater lode, welcher um 1820 in der Grube Wheal Daniel als Zinngang, in Chasewater als Zinn- und Kupfergang, in Treskaby endlich als Kupfergang bezeichnet und abgebaut wurde.[1])

Thomas war demnach der Meinung, dass diese Verhältnisse überhaupt ser wechseln, und dass keine Gesetzmässigkeit zu erwarten sei.

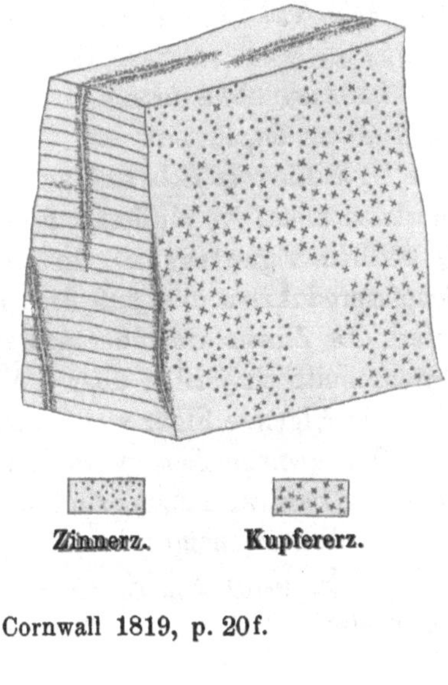

Nach seiner Zeit aber wurden viele Tatsachen bekannt, welche allerdings die Behauptung rechtfertigen, es bestehe ein Zusammenhang zwischen Tiefe und Erzfürung.

Das beistehende Profilmodell stellt die herrschenden Verhältnisse schematisch dar. Im Profil sieht man die (punktirten) Impregnazionsklüfte dargestellt; auf der grossen Vorderfläche aber ist die Verteilung der zwei Erzarten angedeutet. Erstens sieht man,

[1]) R. Thomas: Mining District of Cornwall 1819, p. 20f.

dass das Erz, wie dies die Grubenbaue leren, durchaus nicht gleichmässig über die ganze Fläche der Erzkluft verteilt ist; zweitens sieht man, wie die Kupfererze in den mittleren Tiefen vorherrschen. Dass diese Tatsache eine ser generelle Bedeutung hat, ergibt sich aus den folgenden Daten.

In der ersten Hälfte des vorigen Jarhundertes begann die Kupferprodukzion neben der Zinnerzeugung eine Rolle zu spielen. In der zweiten Hälfte wurde eben so viel Kupfer- als Zinnwert gefördert.

Und, wie die Gruben tiefer wurden, so wurde in gleichem Maasse die Zinnförderung durch die Kupferprodukzion überholt. Der Sieg des Kupfers war schon in den letzten zwei Dezennien des vorigen Jarhundertes entschieden und es steigerte sich dies Verhältniss noch bis in die dreissiger und vierziger Jare unseres Jarhundertes fortwärend.

Von der Mitte des vorigen Jarhundertes bis in das zweite Dezennium unseres Jarhundertes wuchs die Kupferförderung von 1000 bis auf 7000 Tonnen, wärend die Zinnprodukzion in dieser langen Zeit fast stazionär blieb.

Von da an hob sich zwar die Zinnerzeugung, in noch höherem Maasse aber wuchs auch die Kupferförderung. In den dreissiger und vierziger Jaren war der Wert der Kupferprodukzion sogar doppelt so hoch, als jener des geförderten Zinnes. Aber von den vierziger Jaren an geht es mit der Kupferprodukzion wieder abwärts, wärend sich die Zinnerzeugung fort und fort hebt.

Im Jare 1844 brachten die Gruben von Cornwall und Devon noch einen Kupferwert von $^4/_5$ Millionen L. Stl. und einen Zinnwert von $^1/_3$ Million L. Stl. zu Tag. Im Jare 1866 aber war die Kupferprodukzion auf $^2/_3$ Millionen gesunken und die Zinnerzeugung auf $^2/_3$ Millionen gestiegen. In den siebziger Jaren endlich fällt die Kupferprodukzion bis auf den Wert von $^1/_3$ Million, wärend der Wert des Zinnes trotz der schlechten Preise der letzten Zeit doch durchschnittlich järlich über 1 Million beträgt.[1])

Die folgende Figur stellt diese Produkzionsverhältnisse dar.

Die geologischen Verhältnisse, welche den Produkzionsumschwung bewirkt haben, sind kurz folgende:

In den zwanziger Jaren schon hatte man, wie gesagt, in der

[1]) S. die Berichte in den Trans. geol. soc. Cornwall und Mineral Statistics von England.

Grube Dalcoth (300 Mtr.) wieder mer Zinn getroffen,[1]) wärend die Kupfererze nachliessen. In den folgenden zwei Dezennien traten nun der Reihe nach merere bedeutende Werke in jene grosse Tiefen ein, und wie dieser Uebergang zu den grossen Tiefen sich vollzog, so änderten sich auch bei ein und der anderen Grube die Verhältnisse der Erzfürung und der Erzeugung. Mächtige Bergwerke, welche von der zweiten Hälfte des vorigen Jarhundertes bis in die dreissiger und vierziger Jare unseres Jarhundertes als Kupfergruben gegolten hatten, wurden nun in den fünfziger und sechziger Jaren zu Zinnbergwerken. Diese Erscheinung ist nicht etwa vereinzelt beobachtet worden, sondern fast an allen Gruben der Gebiete Gwennap, Redruth, Illogan und Camborne.[2])

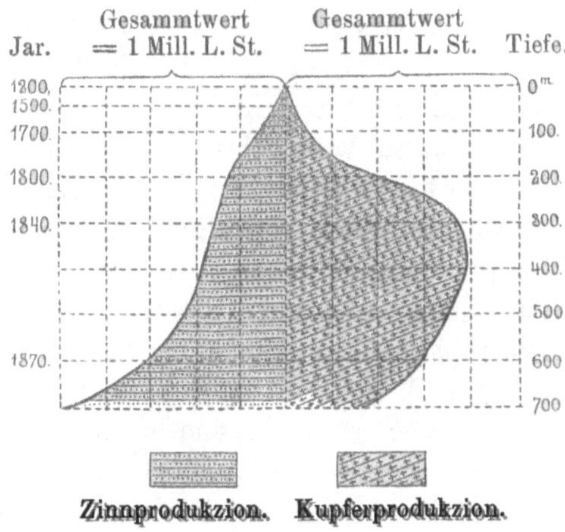

Wir wiederholen: die Gänge Cornwalls füren in den obersten Teufen gemeiniglich Zinn, zwischen 100 bis 300 Mtr. Tiefe kommt Kupfer zur Herrschaft; in noch grösseren Tiefen aber treten wieder die Zinnerze vor.

Geschichte der Zinnproduktion und des Zinnhandels von Cornwall.

Bevor das römische Reich zu blühen begann, beherrschten die Fönizier das Mittelmeer und den Welthandel. Sie brachten Waaren von Indien und von Spanien und Britannien. Beide letztgenannten Länder lieferten unter anderen Produkten auch Zinn. —

Als nachmals die Römer zur Weltherrschaft gelangten, musste

---

[1]) Bei 400 Meter Tiefe herrschte anno 1860 in der Grube Dalcoth das Zinnerz weitaus vor.

[2]) Ch. Thomas: Mining fields of the West 1867, p. 10.

der fönizische Handel weichen. Spanien verfiel unter römischer Herrschaft, Britanniens Zinnerzeugung aber wurde durch gallische Kaufleute nach dem Mittelmeer verfürt.

Diodorus Siculus berichtet[1]), man bringe das Metall zuerst nach Iktis (Vectis, d. i. die Insel Wight[2]), dann schiffe man es nach Gallien über. Mit Pferden werde es in 30 Tagen weiter durch Gallien bis zur Rone gebracht. Marseille war damals der Stapelplatz.

Die grosse Bedeutung Britanniens in Bezug auf Zinnprodukzion ist wol am besten ersichtlich aus der Tatsache, dass um diese Zeit der alte mittelländische Ausdruck Kassiteros und die lateinische Bezeichnung plumbum album durch das keltische Wort Stean, Istaen (latinisirt = Stannum) ersetzt wird.[3])

Aus dieser Zeit mögen Reste von Schmelzhütten stammen, welche noch heute da und dort im Gebiete verlassener Wäschen gefunden werden. Diese Ruinen werden vom Volke als „Judenhaüser“ bezeichnet, wol in Erinnerung an das frühe Mittelalter, zu welcher Zeit die meisten Schmelzhütten und der Zinnhandel in Händen der Juden sich befanden.

Le Grice beschreibt zwei Formen der Schmelzhütten.[4])

In einem Falle traf man nur eine Hölung im Boden mit Resten von Zinnkuchen, im anderen Falle fand man eine konische Hölung in einem aus Steinen aufgefürten Sockel. Die Hölung war etwa 1 Mtr. breit und ebenso tief und mit Lem ausgekleidet. Ein Kanal fürte durch den Sockel zu dem Boden dieses konischen Raumes. Warscheinlich diente diese Rinne sowol zur Aufname der Blasdüse, als auch zum Abfluss des Metalles.

Le Grice vermutet, dass die ersterwänte Form den ältesten Zeiten angehören möge. Damals wurde warscheinlich über der besagten Hölung ein Holzstoss errichtet und auf diesen das Erz aufgelegt. Das reduzirte Metall musste durch die glühenden Kolen in die Hölung rinnen, wo es sich in der Asche ansammelte.[5])

Natürlich konnte auf diese Weise nur das reinste (folglich ser

---

[1]) Diodor. Sicul. Lib. V., Cap. 9.

[2]) Phillips: American. J. 1849, Bd. 8 p. 99.

[3]) Greatheed: Trans. geol. soc. Cornwall 1822, p. 362.

[4]) Grice: Trans. geol. soc. Cornwall 1846, p. 43.

[5]) In dieser Weise wird nach Humboldt noch heute das Silber von den Indianern Südamerikas geschmolzen.

leicht schmelzbare) Erz reduzirt werden und in der Tat hat man in jenen Hölungen nur ser reine, mit Erde und Asche untermischte Zinnkuchen gefunden.

Die Schmelzherde mit Kanal schreibt Grice den Römern zu.

So viel über die ersten Zeiten des Bergbaues in Cornwall. —

Wärend der Völkerwanderung mag der Verker gestockt haben; doch gewiss nicht lange. Denn Marseille fürte in den folgenden Jarhunderten einen lebhaften Handel.

Die Kirchenglocken, welche im 6. und 7. Jarhunderte aufkamen und immer allgemeiner angewendet wurden, dürften die Zinnerzeugung bedeutend gesteigert haben. Ueberdies blieb Zinn für die Bereitung der Bronze und Verzinnung unentberlich.

Es ist demnach wol zu vermuten, dass Cornwall in den folgenden Jarhunderten an Bedeutung gewonnen habe. Auch mag man annemen, dass Köln, welches seit Wilhelm dem Eroberer in lebhaften Handelsbeziehungen mit England stand, einen Teil der Zinnprodukzion nach Deutschland gebracht habe.[1] Doch sind mir direkte Nachrichten hierüber nicht bekannt. Was ich aber über die drei letzten Jarhunderte des Mittelalters erfaren konnte, habe ich hier zusammengestellt.

Die älteste Aufzeichnung gibt an, dass die Tinnfarm (Zinnsteuer) des Königs zu Johann's Zeit (1199—1216) für Devon und Cornwall järlich 270 Mark betrug,[2] und dass fast $^2/_3$ dieses Betrages aus Devon zufloss.[3]

Dies und die Zal der Münzstädte in Devon zeigen uns an, dass zu jener Zeit Cornwall noch keine grosse Bedeutung zukam.

Im Laufe des 13. Jarhundertes aber wurde Devons Produkzion immer geringer, wärend Cornwall mer und mer förderte. Um das Jar 1200 war die järliche Erzeugung Cornwalls nur etwa 150 Tonnen, wärend Devon um die Hälfte mer producirte. Im Jare 1471 ist die Erzeugung Devons auf 120 Tonnen gesunken, jene Cornwalls aber auf 420 gestiegen.

---

[1]) Siehe Barthold: Geschichte der deutschen Städte 1850, I. p. 135 und Blümeling: Handel Kölns.

[2]) Borlase: Nat. hist. of Cornwall, p. 190 f.

[3]) 10 Zentner leichten devonischen Gewichtes zalten damals in Devon $2^1/_2$ Shill., wärend 10 schwere cornwällische Zentner nach altem Brauche 5 Shill. abgaben.

Um 1600 produzirt Cornwall etwa 700, Devon nicht einmal 30 Tonnen.

Es lässt sich diese Erscheinung einfach erklären: In Devon wurden eben im frühen Mittelalter noch ziemlich reiche Wäschen abgebaut. In der Folge, als der Bergbau auf das anstehende Gebirge überging, erwiesen sich aber die Gänge Cornwalls ungleich ergiebiger, wärend die Gänge, von welchen die reichen Wäschen Devons abstammten, arm befunden wurden. Wir werden auf diese Erscheinung in einem folgenden Abschnitte noch zu sprechen kommen. —

Durch Verordnung vom 9. Jare Richards wurde die Zinnsteuer wesentlich erhöht. Es wurde nämlich bestimmt, alles geschmolzene Zinn solle an bestimmte Orte gebracht und dort unter Aufsicht eines Beamten des Landesherrn umgeschmolzen werden.[1]) Dies umgeschmolzene Zinn solle aber 1 Mark abgeben von je 10 Ztr.[2])

Zum Zeichen der erfolgten Zalung solle das Zinn gestempelt werden. Ungestempeltes Zinn zu kaufen, wird Juden und Christen streng untersagt.

Männer sollen in allen Hafenplätzen bestellt und beeidet werden, um die Ausfur ungestempelten Zinnes zu verhindern.[3])

Richard von Cornwall hat durch diese Steuererhöhung so kolossalen Reichtum erpresst, dass er sich damit den Königstitel kaufen konnte (1257). Er hat aber die Zinnerzeugung durch diese Metode für lange Zeit heruntergebracht.

In Eduard I. 16. Regierungsjahre (1288) wurden folgende Verfügungen aufgezeichnet:[4])

Wenn der Bergmann nach einer Mine sucht, kommt er in gebraüchlicher Weise zu dem Bailiffe, welcher genannt wird Bargmaster (Bergmeister) und verlangt zwei „meeres“. Jede meere enthält vier Maasse und jede Maass soll sein 24 Fuss.

Will der Bergmann in einem alten Feld arbeiten, so erhält er dasselbe Maass. Ausserdem soll aber noch eine „meere“ aus-

---

[1]) Bei dieser zweiten Schmelze wurden aus 9 Teilen Grobzinn 8 Teile Feinzinn.

[2]) 1 Mark etwa = $13^1/_8$ Shill.

[3]) Einen Abdruck dieser Schrift findet man in De la Beche Cornwall, p. 632.

[4]) The liberties and customs of the myners E. G. 1649, u. Pearce: Laws of the stannaries 1725.

gemessen werden für den König. Und der König soll haben den 13. Teil vom Erz [1]) und überdies das Vorkaufsrecht.

Der Bergmann hat freies Wasser und freien Torf. — Er darf seine Grube frei verkaufen. Er ist frei von gemeinen Abgaben und gemeinem Gericht. Alle Bergsachen sollen kommen vor ein besonderes Berggericht. Dies soll alljärlich abgehalten werden durch den Bargmaster. Für Grenzüberschreitungen an der Erdoberfläche soll der Bergmann zalen zwei Pence noch am selben Tage. Versaümt er dies, so soll er jeden folgenden Tag ein doppeltes Strafgeld entrichten. Für Grenzüberschreitungen in der Grube hat er 5 Shill. 4 Pence zu zalen und den Schaden zu ersetzen.

Ist Blut vergossen worden, so soll der Täter 5 Shill. und 4 Pence zalen am selben Tag; versaümt er es, so soll er jeden folgenden Tag verdoppelt zalen bis auf 100 Shill.

In einer anderen Verordnung, welche wol auch etwa aus dieser Zeit stammen mag[2]) wird angegeben, eine „meere“ solle haben eine Länge von 10 „wands“ und 7 Fuss, d. i. 87 Fuss und wird immer zwischen den 2 Wänden gearbeitet nach natürlicher Weise bis an die Grenze der Maassen.[3]) Daneben soll dem Könige seine Maass zugemessen werden.

Jeder Bergmann hat freie Baustelle und freies Holz und freie Weide und soll frei sein von Zoll.

Der Bergmeister soll wachen, dass gearbeitet werde, und wo er eine Grube unbestellt findet, soll er in die „spindle“ (Haspel?) einen Schnitt machen. Und wo eine Grube drei Wochen lang still steht, da soll er drei Zeichen einschneiden und die Grube verleihen an jeden beliebigen neuen Bewerber.

---

[1]) Wir haben oben Richard von Cornwall im Besitze des Zinneinkommens gesehen, jetzt aber den König. Das hat seinen Grund darin, dass das Zinn Regal war. Nur so oft das Herzogtum Cornwall besetzt wurde, erhielt der bez. Vasall das Zinnregal. Wenn das Herzogtum aber frei war, fiel das Regal an den König zurück. In späteren Zeiten wird Cornwall regelmässig dem Kronprinzen verliehen.

[2]) Dieses Blatt ist nur unterzeichnet von W. Debankes, fürt aber keinen Titel. S. Liberties of the myners 1649.

[3]) Diese Vermessung, welche an die deutsche Art erinnert, gilt natürlich für Gänge. Für Wäschen bestand, wie wir später sehen werden, lange Zeit eine viel primitivere Art der Verleihung.

Für den Erzdiebstal soll nach alter Weise 5 Shill. 4 Pence Strafe gezalt werden. (5 Shill. dem König, 4 Pence dem Bergmeister.) Wenn der Dieb ein zweites Mal überwiesen wird, zalt er das Doppelte, das dritte Mal stösst man ihm ein Messer durch die Hand und treibt das Messer bis an das Heft in den Haspelstock (stow) und so soll er angeheftet bleiben, bis er todt ist, ausser er schneidet sich selbst los. Dann aber soll er das Bergwerk abschwören.

Wenn ein Bergmann in der Grube verunglückt ist, soll nicht der Gutsherr, sondern nur der Bergmeister sich mit seinem Gute befassen.

Wenn ein Bergmann seines Nachbars Maasse untergraben hat, soll er das Loch wieder ausfüllen mit dem geförderten Erz und soll Strafe zalen.

Die Gruben dürfen frei verkauft werden, doch hat der Grundherr das Vorkaufsrecht. Der König erhält vier Pence von jeder Ladung[1]) als Abgabe. —

Im 33. Jare des Königs Eduard I. (1305) werden als Stempelstädte bestimmt: Lostwithill, Bodmyngan, Loskiriel, Truro, Helston.[2]) Der König verlangt 4 Shill. vom Ztr. gestempelten Zinnes als Gebür.

Aus der Verordnung von 1288 ersehen wir, dass der König den 13. Teil des Erzes für sich forderte. In der zweiten, offenbar jüngeren Schrift ist eine bestimmte Geldabgabe vom Erz zu entrichten. Aus der Verordnung von 1305 endlich ersehen wir, dass eine Schmelzgebür vom gewonnenen Metall (4 Shill. vom Ztr.) an den König zu zalen war.

Nach meiner Ansicht ist die Geldabgabe vom Erz ein Ersatz für den ehedem verlangten 13. Teil des Erzes, und mag der König wol die Absicht gehabt haben, sich ein fixeres, leichter verfügbares Einkommen zu schaffen. In der Tat aber schädigte der Fürst durch die Konvertirung die Landesinteressen in empfindlichster Weise; denn offenbar lag es jetzt im Interesse des Bergmannes, nur reicheres Gestein zu fördern, d. i. Raubbau zu treiben, und zweitens hatte die Geldabgabe die natürliche Tendenz, immer ge-

[1]) Es ist hierunter eine Pferdeladung verstanden. Bis zur Mitte des vorigen Jarhundertes wurde das Erz auf Pferden transportirt.

[2]) S. De la Beche: Cornwall 1839, p. 626.

ringere Werte zu repräsentiren (in Folge der vom Fürsten selbst gestatteten Münzverschlechterung). Dasselbe musste auch gelten für die Stempelgebür, welche nun durch Jarhunderte auf 4 Shill. pro Ztr. stehen blieb. In der Tat sehen wir in der Zukunft die Abgaben des Bergmannes an den König einen immer kleineren Teil der Roprodukzion darstellen. Doch das gilt erst von viel späteren Zeiten.

Um das Jar 1300 standen die königlichen Zinnsteuern noch riesig hoch; denn die erste Erzsteuer können wir, wie gesagt = dem Dreizehnt, also etwa 8 % setzen. Die Zinnsteuer von 4 Shill. pro Ztr. aber repräsentirte etwa 30 % der Roerzeugung, wenn wir den Zinnpreis jener Zeit (1300) gleich jenem der vierziger Jare des 14. Jarhundertes setzen, d. i. = 1 Mk. = 13 Shill. Nahezu 40 % der Roprodukzion musste der Bergmann also damals dem Könige (bez. Landesherrn) geben. Diese hohe Steuer war gewiss hart und dazu kam noch die vom Könige anbefolene Vertreibung der Juden.

Diese populäre Massregel musste von nachteiligstem Einflusse sein, weil die Juden bisher die Schmelzhütten und den Zinnhandel (daneben freilich auch die Wucherei) fast ganz in Händen gehabt hatten.[1])

Natürlich fanden sich nicht sogleich taugliche Kräfte, welche die Rolle jenes geschäftsgewandten Volkes übernemen konnten, und so mag denn vorübergehend eine Stockung der Zinnerzeugung eingetreten sein. —

Ueber den Absatz des Metalles erfaren wir folgendes: Der Handel, welcher ehedem nach Marseille gegangen war, richtete sich jetzt nach Köln und vor Allem nach der weltberümten Kaufherrnstadt Brügge. Durch einige Zeit ging fast alles Metall nach Brügge und von da erst wurde es verfürt nach Deutschland, Frankreich und Italien.

Bald traten aber auch die aufblühenden italienischen Städte Pisa, Genua, Venedig und Florenz in Mitbewerbung. Sie beherrschten vorzugsweise den Handel mit dem Orient. Pegolotti, welcher in

---

[1]) Hawkins: Trans. geol. soc. Cornwall 1832, p. 75. In späterer Zeit finden wir freilich den Zinnhandel in christlichen Händen. Den Wucher scheinen aber diese christlichen Brüder ebenso gut betrieben zu haben, wie ire jüdischen Vorfaren.

der ersten Hälfte des 14. Jarhundertes als Faktor einer grossen Handelsgesellschaft von Florenz in England, Antwerpen und dem Oriente wirkte, berichtet uns[1]), dass die italienischen Städte zu seiner Zeit nicht bloss zu Land (über Frankreich), sondern auch auf dem Seeweg das englische Zinn zufürten. Der Preis des Metalls stand damals in Cornwall pro Ztr. = 1 Mark.

Das sind die Notizen über jene Zeit. Vom Bergbau selbst erfaren wir gar nichts und auch aus der nächsten Zeit ist uns nur die Tatsache bekannt, dass seit Anfang des 15. Jarhundertes deutscher Einfluss bemerkbar wird.

Unter Heinrich IV. (im Jare 1402) wurden nämlich drei Bergleute aus Bömen berufen. Sie brachten 30 Arbeiter mit. Welche Verbesserungen sie einfürten, wird nicht erwänt.[2])

Die Produkzion der zweiten Hälfte des 15. Jarhundertes ist mer als dreimal so gross, als sie Ende des 12. Jarhundertes war. Für das Jar 1471 wird die Zinnerzeugung Cornwalls = 420, jene Devons = 120 Tonnen angegeben.[3])

Die Einfürung der Bronzekanonen mag nicht wenig zu dieser Steigerung der Produkzion beigetragen haben.

Zunächst wurde dieses Kriegswerkzeug wol nur selten und zwar als schweres Belagerungsgeschütz verwendet, zu Ende des 15. Jarhundertes aber begleiten auch bereits leichtere Stücke die Bewegungen der Infanterie. Ausserdem wurde damals in Italien ein ziemlich allgemeiner Luxus mit Zinngeschirr getrieben. Die meisten vermöglichen Haüser hatten zinnerne Teller und Schüsseln.[4]) Deutschland folgte diesem Beispiele.

Aus den Zeiten Eduard IV. (1461—83) sind uns einige bergrechtliche Vorschriften bekannt, welche nicht one Interesse sind. Die Verfügungen lauten:[5])

Wenn ein Schürfer sein Leben als Bergmann wagen will, so

---

[1]) Pegolotti: „Pratica della mercatura“, geschrieben um die Mitte des 14. Jarhundertes, gedruckt 1766 (zit. bei Hawkins Trans. geol. soc. Cornwall 1822, p. 122).

[2]) Hawkins: Trans. geol. soc. Cornwall 1832, p. 82.

[3]) Beche: Cornwall 1839, p. 587.

[4]) Biringuccio. Dieser Schriftsteller gibt an, dass man zu seiner Zeit zur Glockenspeise 25%, zu anderen Zwecken (insb. für Kanonen) 12% Zinn legirte.

[5]) Trans. geol. soc. Cornwall 1846, p. 328.

soll er den Grundherrn um die Erlaubniss anflehen, auf seinem Grunde schürfen zu dürfen. Die Erlaubniss soll nicht versagt werden.

Wo er schürft, da soll er das Land durchgraben dürfen, so weit als er seine Grubenhacke vor und hinter sich werfen kann;[1]) kein anderer darf in diesem Bereiche graben.

Der Schürfer darf sein Erz reinigen und schmelzen lassen, wo immer er will. Doch muss er vorerst den Zehent an den Grundherrn entrichten.

Wer die Schmelzberechtigung vom Grundherrn hat, soll sie behalten für alle Zeiten für sich und für jedermann, dem er sie übertragen will; doch muss auch er dem Grundherrn den zehnten Teil zalen.

Die folgenden Bestimmungen sind meist disziplinar:

Wenn ein Bergmann Erz im Werte von $13^1/_2$ Pence oder mer entwendet, darf der Grundherr auf all seine Habe Beschlag legen und seine Hütte und Werkzeuge verbrennen, und ihn aus der Knappschaft ausstossen. Wiederholt der Mann später nochmals den Diebstahl (bez. die Unterschlagung), so soll er nicht nach Berg-, sondern nach gemeinem Recht gestraft werden; denn die Knappschaft hat mit ihm nichts mer zu tun.

Niemend darf einen derart von der Knappschaft verbannten Mann in seinen Dienst nemen, bei Strafe des Verlustes all seiner Habe.

Ferner werden Geldstrafen und Beschlagname der Güter verfügt für Uebervorteilung, körperliche Verletzung, Entheiligung des Sonntages u. s. f.

Die Strafgelder fallen regelmässig dem Grundherrn zu. —

Diese Verfügungen zeigen uns bedeutende Umänderungen der Abgabsverhältnisse.

Zu Edward I. Zeit wurden an den König 8 % vom Erz und etwa 30 % vom Metall abgeliefert. Jetzt werden an den Grundherrn 10 % vom Erz und 10 % vom Metall, ausserdem aber die Stempelgebür an den König entrichtet (4 Shill pro Ztr. im Wert fast = 20 % des Metalls.

---

[1]) Diese Verfügung kann wol nur für die Wäschen gegolten haben, denn auf Gängen wurde, wie wir sahen, schon seit Eduard I ganz genau vermessen.

Wie in Deutschland, so hat eben auch in England Schwäche und Geldnot der Könige dieselben zur Uebertragung irer Rechte an die Vasallen gezwungen. —

Ueber den Bergbau selbst haben wir bisher fast nichts erfaren. Erst vom Ende des 16. Jarhundertes erhalten wir durch Carew folgende gute Schilderung: [1])

Hat ein Bergmann Erz erschürft, so verbindet er sich mit mereren anderen zu geteilter Arbeit und geteiltem Gewinne. Zu Beginn des Tagwerkes werden die Bergleute mittels Haspel und Seil durch die Schächte in die Tiefe gelassen, zum Schluss ebenso wieder aufgehaspelt. Zu diesem Behufe sind an den Seilenden Schlingen angebracht, in welche der Arbeiter wie in Steigbügel tritt, wärend er mit dem einen Arm das Seil, mit dem andern das Werkzeug hält.

Die Arbeit wird ser lässig betrieben. Meist halten die Hauer nicht mer als 4 Stunden aus[2]) und mancher Tag, ausser dem Sonntag, wird ganz vertan.

Das Erz wird mittels der Picke gewonnen. Diese ist scharf auf der einen Seite, auf der anderen aber hammerartig. Zuerst wird mit der Scharfseite eine Rinne in den Fels geschlagen, dann setzt man schmale eiserne Keile in die Rinne und treibt dieselben mittels der Hammerseite der Picke ein.

Auf Strecken gehen sie vor, und nur bei quälendem Luftmangel teufen sie einen neuen Schacht ab.

Die Grubenwässer werden mittels einfacher Pumpe und Wasserrad gehoben, in manchen Fällen baut man auch einen Entwässerungs-Stollen.

Trotz dieser armseligen Mittel scheint man aber doch schon damals (Ende des 16. Jarhundertes) an manchen Stellen bis zu 100 Meter Tiefe vorgedrungen zu sein.

Die Erze werden trocken gepocht, dann mittels Wasserkraft auf Mülen zu Pulver gerieben. Neben dieser mittelalterlichen Art der Aufbereitung beginnt man aber zu Anfang des 17. Jarhundertes auch nass zu pochen.[3]) Das Pochmel wird in folgender Weise

[1]) Carew: Survey of Cornwall, 1. Aufl. 1602. Ich beziehe mich auf die Aufl. v. 1811 (mit Anmerkungen von Tonkin), p. 33 f.

[2]) Die schlechte Ventilazion wird wol so kurze Arbeitszeit bedingt haben.

[3]) Carew: Survey of Cornwall 1602. Auflage v. 1811, p. 38. Diese Metode hatte Maltitz zu Anfang des 16. Jarhundertes erfunden (zu Alten-

geschlämmt: In einem Bache werden neben und hinter einander Stücke von Torfrasen gelegt, so dass der Bach über eine längere Rasenfläche hinlaüft. Auf diese Rasen wird das Pochmel geschüttet, und mit einer Schaufel gewendet.

So schlämmte man damals noch in England. Doch soll die Aufbereitung zu Anfang des 17. Jarhundertes durch deutsche Bergleute wesentlich verbessert worden sein.[1])

Es ist dies unzweifelhaft ein Verdienst Elisabets, welche wiederholt Deutsche berief und inen grosse Freiheiten erteilte. Sie begründete die Society of Mines Royal und forderte die Mitglieder auf, zu schürfen und neue Bergwerke und Schmelzhütten zu gründen.

Ein Deutscher, welcher Haughsetter oder Howcetter geschrieben wird, warscheinlich aber wol Hochsetter hiess, erhielt im Verein mit Thurland das Schürfrecht auf Edelmetalle und Kupfer für 8 Grafschaften.

Sie allein waren privilegirt, diese Metalle zu gewinnen, sie durften frei kaufen, keiner ausser inen durfte innerhalb der nächsten 20 Jare die von inen angewendeten Instrumente (oder Metoden) sich aneignen. Sie sollten den Zehent zalen, aber von allen anderen gemeinen Lasten und Abgaben frei sein; den Mayors und Sherifs wurde anbefolen, inen jederzeit hilfreich beizustehen. Einen änlichen Freibrief erhielten Humfrey und Christof Shutz (wol Schütz). Es wurde in irem Patente noch besonders hervorgehoben, dass sie ausländische Arbeiter aufnemen dürften, und wird den Baronen des Landes aufgetragen, sich keine Eigenmächtigkeiten zu Schulden kommen zu lassen.

Dies Privilegium wurde unter König James erneuert und hinzugefügt, dass die besagten Bergherren ire Beamten ernennen, und über ire Untergebenen Gerichtsbarkeit üben dürfen.[2])

Die Hochsetter'schen Bergwerke beschäftigten in Cumberland in dem folgenden Dezennium 4000 Arbeiter. „Durch den Tod der deutschen Künstler und durch Krieg“ sollen sie aber wieder zu Grunde gegangen sein.

---

berg in Sachsen). Nach Daub leistet das Nasspochen $1/8$ mer als das Trockenpochen.

[1]) Carew: Survey 1602 und Hawkins: Trans. geol. soc. Cornwall 1832, p. 82.

[2]) Pettus: Fodinae regales 1670, p. 49.

Manche Verbesserung der Aufbereitung und des Schmelzwesens mag von diesen Einwanderern mitgebracht worden sein. Im Allgemeinen aber stand das Hüttenwesen noch zu Carew's Zeit auf niederer Stufe. Man gebrauchte Holzkolen und Blasbälge, welche durch Wasserkraft getrieben wurden. Dabei flogen übrigens so viele Erzteilchen durch den Schornstein, dass man das ganze Strodach der Schmelzhütte nach einer Reihe von Jaren einzureissen und zu verbrennen pflegte, um die darin angehaüften Metallteilchen zu gewinnen.

An manchen Hütten war aber doch auch schon damals ein schräger Rauchfang angebracht, in welchem sich der abfliegende Erzstaub ansammeln konnte.

Das gewonnene Metall wurde nach einer der vier Stämpelstädte (Helstone, Truro, Lestwithiel, Liskerd) gebracht. Hier musste jeder Zentner seine 4 Shill. Stämpelgebür an den Landesherrn zalen. Dann erst durfte es verkauft werden. Carew schildert den Erzkauf recht anschaulich:

Die Londoner Kaufleute kamen an bestimmten Tagen nach den Münzstädten, um mit den Zinnproduzenten die Kaüfe abzuschliessen. Zuerst erzälten sie die Neuigkeiten von London, dann sprachen sie die Vermutung aus, dass in der nächsten Zeit Krieg bevorstünde, schilderten die Gefar, welcher ire Schiffe durch die Piraten ausgesetzt waren, und klagten wie viel Zinn sie noch auf dem Lager hätten. Die Zinnverkaüfer verstopften gegen all' diese Reden ire Oren, berichteten irerseits über die wachsenden Schwierigkeiten des Bergbaues, und hielten iren Preis aufrecht.

So wurde lange gefeilscht, bis endlich die Kaüfe doch zu Stande kamen. Gewönlich hing der Preis ab von demjenigen Zinnkaüfer, welcher über das meiste Geld, und jenem Verkaüfer, der über das meiste Metall verfügte. Hatten diese abgeschlossen, so konnten die kleineren Kaüfer und Verkaüfer meist nicht viel am Preise ändern.

Carew bespricht die Zinnkaufleute und ir Gebaren in einem längeren Kapitel, doch enthält der ganze Passus nichts Günstiges, sondern nur Tadel. Insbesondere spricht er über die Darlehensgeschäfte dieser Leute mit einer Entrüstung, welche den Edelmann der damaligen Zeit karakterisirt. Er berichtet folgendermassen: „Wenn ein Edelmann die Kosten seines Londoner Aufenthaltes schwer aufbringt, so wendet er sich an einen der ihm bekannten Zinnkaufleute, um Geld auszuleihen. Er bekommt das Geld, aber kaum anders, als wenn er einen Schein ausstellt, in welchem er sich verpflichtet, für je 20 L. St., zehn Zentner Zinn zum nächsten Zinntermine zu liefern. Kommt dieser Termin, so steht aber das Zinn sicherlich auf 23 oder gar auf 25 L. St. pro 10 Ztr. Aber nicht genug; der Edelmann muss, nachdem er sich so hart verpflichtet, noch mermals bei dem Wucherer vorsprechen, bevor dieser ihm das Geld wirklich übergibt."

„Dies nun, sagen die Kaufleute, sei kein Wucher, denn der Preis des Zinnes könne ja zum künftigen Termin eben sowol auch fallen. Nun ja — mag man die Sache nennen, wie man will, in Wirklichkeit ist es doch nichts anderes als Kelabschneiden und verwerfliches Handeln; denn im Zeitraum von 12 Jaren ist ein einzigesmal der Zinnpreis zur Marktzeit geringer gewesen, als die Preise zur Zeit der Darlehen. In allen anderen Fällen aber war er gestiegen. Dies ist die eine allgemeine Art von Wucher; die folgende aber, welche von kleineren Wucherern ausgeübt wird, ist noch weit härter."

„Diese Kaufleute nämlich leihen unter der Hand an den kleinen Bergmann Summen aus, um wucherischen Gewinn zu ziehen und um zugleich seiner Zeit einen sicheren Zinnkauf zu haben."

„Zu diesen hungrigen Fliegen lauft der kleine Bergmann, wenn er Geldnot leidet. Der Kaufmann weist ihn zuerst ab, indem er sagt, er könne jetzt durchaus sein Geld nicht entberen. Zum Schlusse aber, wenn der arme Mann durch die Not gezwungen wird, seine Bitte zu erneuern, fängt der Wucherer an zu fragen: was er mit dem Gelde wol tun wolle? Sagt der Zinner: Ich will Brod kaufen und Fleisch für mich und mein Haus, und Schuhe und Kleider für Weib und Kinder. Auf das hin wird aus dem Zinnkaufmann plötzlich ein Trödler. Nun, ich will dir dienen, sagt er und übergibt ihm verschiedene Waaren im Werte bis zu zwei L. St., wogegen der Bergmann sich verpflichtet, zum nächsten Termin zwei Ztr. (!) Zinn zu liefern (diese zwei Ztr. mögen dann aber wenigstens 4 L. wert sein). Dass der Wucherer ausser der sicheren Zinnlieferung zu halbem Preis auch bei der verkauften Waare gehörig gewinnt, ist begreiflich."

„Derart ist der Handel der Zinnkaufleute, und dürften wenige sein, die nicht an diesen schmutzigen Geschäften sich beteiligten." So berichtet Carew.

Eine andere harte Sache war für den Zinnbergmann jener Zeit das alte Vorkaufsrecht des Königs, welches von diesem bald verkauft, bald vergeben wurde. Als im Jare 1601 im Parlamente der Sturm gegen die Monopole losbrach, wurde unter Anderem auch das Zinnprivilegium angegriffen, doch blieb es diesmal noch unangetastet. In der folgenden Zeit hat es der Regierung oft Verlegenheit bereitet, die Bergleute aber zum Schmuggel verleitet.

Ein bezüglicher Brief vom Jare 1624 setzt auseinander, wie die Zinnschmelzer die drückende Abgabe sich zu ersparen suchen, indem sie das Metall ungestämpelt heimlich nach dem Orient verschiffen. Der englische Gesandte in Konstantinopel wird ersucht, die einlaufenden Schiffe öfters prüfen zu lassen und ungestämpeltes Zinn zu konfisziren. [1])

So standen damals die Varhältnisse. Sie waren nicht geeignet, den Produzenten besonders zu ermutigen und es ging auch langsam genug vorwärts.

Den Wert der järlichen Zinnerzeugung gibt Carew um das Jar 1600 mit 30.000 bis 40.000 L. Stl. an, was bei einem Zinnpreise von $2^1/_2$ L. pr. Ztr. einer mittleren Produkzion von 700 Tonnen pr. Jar entspricht. [2])

Das Metall wurde damals sowol aus Wäschen, als auch aus dem anstehenden Gesteine gewonnen. Carew erwänt die Wäschen an erster Stelle und schildert sie als ser ergiebig. Zum Teil waren es alte Wäschen, welche wieder aufgenommen wurden.

Wärend des ganzen 17. Jarhundertes scheint das Bergwesen ziemlich matt gegangen zu sein.

Der Zinnpreis um 1650 stand auf 65 Shill. per Tonne. [3]) Ein Bericht vom Ende dieses Jarhundertes (1693) schildert die Produkzionsbedingungen ungünstig.

In diesem Dokumente wird geklagt, dass der Bergmann etwa den fünften Teil der Produkzion an den Grundbesitzer (Lord oder Bounder) und ausserdem 4 Shill. pr. Ztr. an den Landesherrn ab-

---

[1]) Hawkins: Trans. geol. soc. Cornwall 1832, p. 81.

[2]) Carew: Survey 1602, Aufl. von 1811, p. 45 f. Eine andere Quelle (Mining Journal 1849, p. 400) gibt die damalige Erzeugung doppelt so hoch an.

[3]) Hawkins: Trans. geol. soc. Cornwall 1828, p. 134.

geben müsse (was bei einem Zinnpreise von 65 Shill. pro Ztr. weitere 7 % sind).

Es wird ferner berichtet: Die 8000 Arbeiter von Cornwall brauchen järlich für 8000 L. Stl. Eisen, Holz, Seil und Licht, die Aufbereitung kostet pr. Ztr. 2 Shill. 6 Pc. (macht im Jare 3400 L. Stl.) und jede Schmelze (à 10 Ztr.) kommt auf 30 Shill. (zusammen pro Jar 2700 L. Stl.).

Diese schweren Zeiten haben zu Verbesserungen jeder Art gezwungen. Mancher Zweig des Bergwesens behält zwar noch lange seine alte unvollkommene Gestalt, andere Gebiete aber werden in überraschend kurzer Zeit zu hoher Vollendung gebracht.

Mittelalterliche Weise und küne, ganz moderne Neuerungen bekämpfen einander wärend jener denkwürdigen Zeit von 1700 bis etwa 1770.

Der Uebergang vom mittelalterlichen Zustande des Bergbaues zum neuzeitlichen, wurde offenbar durch deutsche Einwanderer eingeleitet und durch deutsche Lerbücher gefördert.

In der zweiten Hälfte des 17. Jarhundertes (zu Pettus Zeiten) ist Agricola in Ansehen, und Pettus übersetzt selbst den Lazarus Erker aus dem „heigh dutch“ (Hochdeutsch) in's Englische.

Im Jare 1707 zält der gelerte Verfasser des „Account of mines“[1]) auch Encelius, Caesalpinus, Mathesius u. a. auf, — kurz man bekümmert sich mer und mer um die ausländischen Leistungen, und verwertet die fremden Erfarungen zum Teile.

Wir wollen im Folgenden versuchen, ein Bild der damaligen Bergwerksverhältnisse zusammenzustellen:

Zuerst fällt uns die veränderte Arbeit im festen Gesteine auf.

Um das Jar 1700 wurde in Cornwall folgende eigentümliche Sprengmetode angewendet:

Mit einem Kronborer wurde ein Loch geschlagen, in dieses legte man zwei rinnenförmige Eisen (Legeisen) ein, und diese dienten als Fürung für einen langen eisernen Keil, welcher in das Loch eingetrieben wurde.[2])

In Wales gebrauchte man um eben jene Zeit eiserne Stangen, an deren Ende ein Stalmeissel befestigt wurde. Das Bormel wurde

---

[1]) An account of mines, London 1707, p. 30 f.

[2]) Hawkins: Trans. geol. soc. Cornwall 1832, p. 84. Das Feuersetzen wird nirgends erwänt. Es felte an Holz.

durch zugeschüttetes Wasser grossenteils herausgespült. In dieser Weise brachte man damals in ser hartem Gestein ein Borloch von 1 Elle Tiefe im Laufe eines Tages zu Stande.[1])

Neben dieser Metode fand seit Anfang des 18. Jarhundertes auch das Sprengpulver Eingang. Ein deutscher Bergmann brachte es zuerst nach St. Agnes und Ives.

Anfangs benützten nur wenige Eingeweihte diese Verbesserung. Endlich aber wurde sie doch allgemeiner bekannt und gebraüchlich.[2])

Die Art des Abbaues blieb noch lange ungeändert. Man teufte etwa von 60 zu 60 Mtr. Schächte ab. Sie dienten zur Förderung und Ventilazion. Tiefe Stollen vermied man der Kosten wegen.[3])

Die Förderung geschah aus senkrechten Schächten[4]) mittels Pferdegöpel. Zur Wasserförderung verwendete man:

1. Ketten one Ende mit ledernen Knoten, welche, durch eine Pumpröre gezogen, das Wasser mit sich brachten (Paternosterwerke).

2. liess man in Gebieten, wo viel Aufschlagwasser zu haben war, auch Pumpwerke mittels Wasserkraft arbeiten. Wärend trockener Sommer kam es aber oft vor, dass die Pumpwerke den Bergmann im Stiche liessen.

3. wird Newcomen's Feuermaschine als das mächtigste Förderwerk erwänt.[5])

---

[1]) Discourse concerning mine adventure. London 1700. In Deutschland kamen Meisselborer erst um die Mitte des 18. Jarhundertes in Aufname. Haupt: Filosofie der Geschichte des Bergbaues 1866, II. p. 63. Nach Gätzschmann (Bergmännische Gewinnungsarbeiten, p. 661) leistet der Meisselborer $^2/_5$ mer als der Kronborer.

[2]) Hawkins: Trans. geol. soc. Cornwall 1832, p. 84. Seit der ersten Hälfte des 17. Jarhundertes war das Sprengen in den Bergwerken von Freiberg und am Oberharz eingefürt. Haupt: Filos. der Gesch. des Bergbaues 1866, II, p. 56.

[3]) Die folgenden Angaben findet man in Borlase: Nat. hist. of Cornwall 1758, p. 169f.

[4]) Diese Metode konnte selten angewendet werden, weil die meisten Schächte den Gängen folgten, meist also mer oder minder geneigt waren.

[5]) Schon im Jare 1700 wurde vom Komité des Bergwerkes Eskirhir (Wales) die Feuermaschine des Kapitäns Savary zur Wasserförderung empfolen; doch zog man damals noch die Ausfürung eines Stollens vor. Zen Jare später wird eine Savary'sche Dampfmaschine von der Grube Wheal For aufgestellt. Zwischen den Jaren 1720 und 1778 wird in mereren Bergwerken Newcomen's Maschine angewendet. Zu Borlase's Zeit (1758) waren fünf Dampfmaschinen

Borlase berichtet weiter:

Das Zinnerz wird, nachdem es zu Tag gebracht ist, verteilt. Der Grundherr bekommt den fünften Teil, begnügt sich aber oft auch mit dem achten oder zehnten, um die onedies durch die kostspielige Wasserförderung ser in Anspruch genommenen Unternemer nicht zu ser zu drücken.[1])

Der Rest wird durch den Rechenmeister (one dass Schreiben oder Lesen nötig wäre) in Haufen abgeteilt und verloost.

Die Aufbereitung ist noch recht primitiv: Nasspochen, Sieb, Graben, Planherd. Der Transport zu den Pochwerken wird durch Lastpferde besorgt, da die Wege nicht für Wägen farbar sind.

Das Schmelzwesen hingegen, welches noch zur Zeit Elisabets ser unvollkommen war, hat wesentliche Verbesserungen erfaren. Entscheidend war die Einfürung des Reverberir-Ofens, weil die kostspielige Torf- und Holzkolenfeuerung in diesem Ofen durch Kolenheizung ersetzt werden konnte. Zwar wurde das Zinn etwas brüchig durch die schwefeligen Dämpfe der Kole, doch verzichtete man auf die Vorteile der Holzkolenschmelzung gern, weil das Ersparniss eben ganz ausserordentlich gross war.[2])

Diese Erfindung verdankte England dem berümten und berüchtigten Becher. Dieser merkwürdige Mann war 1635 zu Speier geboren, schlug sich selbst durchs Leben, wurde Arzt und Professor in Mainz; verfeindete sich daselbst, wanderte nach Wien aus und kam hier durch seine alchimistischen und finanziellen Projekte zu grossem Ansehen. Aber wieder machte er sich durch seine maasslose Ueberhebung und Ränke unmöglich, so dass er endlich fliehen musste.

1678 treffen wir ihn in Haarlem mit Goldprojekten beschäftigt. 1681 wanderte er weiter nach Cornwall. Hier gelang es ihm nun, das Zinnerz mittels Steinkole zu reduziren. Vor ihm hatten schon merere versucht, die billige Steinkole als Schmelzmittel statt des Torfes anzuwenden, doch war der Versuch immer missglückt, weil sie das Erz unmittelbar auf die Kolen aufschichteten. Becher ver-

in Anwendung. (2 in der Grube North Downs, 2 in Pitt Louarn und eine in dem Werke Polgoth).

[1]) Wir sehen also den ehemaligen Förderungszehent und den Schmelzzehent derzeit vereinigt, meist auch ser verringert.

[2]) Borlase: Nat. hist. Cornwall 1758, p. 182.

wendete nur die glühend abstreichenden Kolengase und erhielt treffliche Resultate. — In seinem Alfabetum Minerale, welches er kurz vor seinem Tode in Truro niederschrieb, erwänt er diesbezüglich „Ignis usus ope flammarum lithantracum, stannum et mineralia fundendi Cornub. hactenus incognitus, sed a me introductus."

Diese Einfürung hat, wie wir heute wissen, einen grossartigen Erfolg gehabt.

Becher selbst aber erlebte weder Rum noch Reichtum, sondern starb ein Jar nach Einfürung seines Flammofens zu Truro in drückender Armut.

Er wird uns geschildert als küner Abenteurer, gleich genial wie lasterhaft, selbstsüchtig und gewissenlos.

Seine Gönner und Freunde soll er verraten, seine Frau und Tochter zu Niedertracht verleitet haben. Glanz und Elend waren ihm gleich vertraut. Sein Tod aber war einsam und trostlos.[1])

So tragisch ging das schuldvolle Dasein zu Grunde. England aber hatte den Flammenofen. —

Doch faren wir fort in unserem Berichte über die Zustände um die Mitte des vorigen Jarhundertes.

Jars berichtet über Verhüttung: Ausser der alten Metode, das Erz mittels Gebläseöfen zu erschmelzen (blowing), wird auch mit Vorteil die Verhüttung in Flammenöfen durchgefürt (smelting):

5 Zentner Erz werden mit dem gleichen Volum Kolenklein vermengt, in den Reverberirofen eingetragen. Nach sechs Stunden wird die Masse umgerürt und das Metall abgelassen. Man reinigt das Metall, indem man die Blöcke Rozinn langsam zum Schmelzen erwärmt. Das reine Zinn fliesst von der geneigten Sole des Bodens ab, wärend die Verunreinigungen liegen bleiben.[2])

Borlase berichtet ferner (a. a. O.): Der Schmelzer liefert meist 60, von besonders edlen Erzen aber 65 % Metall ab.[3])

Das geschmolzene Zinn wird in eine der 5 Münzstädte von

---

[1]) Vgl. Leibnitz, (Misc.), Gmelin u. Hawkins: Trans. geol. soc. Cornwall, 1832, pag. 94.

[2]) Jars: Voyages metallurg. 1774—81 III. p. 214.

[3]) Diese hohen Zalen sprechen dafür, dass man sich damals nur an besonders reiche und reine Erze hielt; später hat man viel unreineres Erz mit Erfolg zu Gute zu machen gelernt.

Cornwall gebracht, wo es gegen Entrichtung eines Prägezehent (4 Shill. p. Ztr.) geprüft und gestämpelt wird.

Diese Abgabe fällt dem Landesherrn zu. Erst nach Entrichtung dieser Steuer darf das Metall verkauft werden.

Der Zinnpreis, welcher zu Carew's Zeit $2^1/_2$ £ pr. Ztr. gestanden, betrug um die Mitte des 18. Jarhundertes 3 £ 3 Shill. bis 3 £ 8 Shill. Die Jareserzeugung Cornwalls dürfte sich damals etwa auf 2500 Tonnen Zinn belaufen haben. Blicken wir auf die Abgaben zurück, so sehen wir, dass die Bergleute seit dem 15. Jarhundert dem Grundherrn 20, später (seit dem 18. Jarhundert) je nach Vereinbarung 15 oder 10 % des Erzes bez. Metalles abgeben mussten[1]) und dass sie überdies von dem Metall an den Landesherrn eine in Geld fixirte Abgabe entrichteten. Diese letztere Abgabe hatte in Folge der Münzverschlechterung und Entwertung der Edelmetalle seit der Entdeckung Amerika's beträchtlich abgenommen.

Die 4 Shill., welche seit Edward I. Zeiten vom Ztr. entrichtet wurden, repräsentirten noch im 15. Jarhunderte 20 % des Wertes des produzirten Zinnes. Im Jare 1600 war aber der Wert des Zinnes auf das doppelte gestiegen; daher war die Abgabe von 4 Shill. anno 1600 nur mer = 10 % des Zinnwertes. Um 1700 beträgt besagte fixe Abgabe 7 % und um 1750 6 %, um 1830 nur 5 bis 4 %. 1838 wird diese Abgabe ganz aufgehoben.

So zalte denn der Bergmann im 15. Jarhunderte 40 % der Roproduction als Abgabe, um 1600 zalte er 30 %, 1700 27 %, 1750 16—18 %.

Trotzdem klagten die Unternemer, und Borlase fült sich verpflichtet, die Leute durch folgende Worte aufzumuntern: „Der unternemende Bergmann, welcher seine Arbeit und sein Geld an die Sache setzt, mag allerdings manchmal mit Verlust aus dem Unternemen hervorgehen; doch wird ihm immer der erhebende Trost bleiben, arme Leute mit Arbeit versehen und die Einkünfte des Grundherrn und des Staates in hohem Grade vermert zu haben."

Sonderbar mutet uns Borlase's Bericht an: So viel altes verrottetes Wesen und daneben so kraftvolle Neuerungen!

[1]) Pryce: Mineralog. Cornub. 1778, p. 132, berichtet, jeder Zinnwäscher habe zu seiner Zeit dem Grundherrn entweder 30 bis 20 Shill. pro Jar fix gezalt oder je nach Uebereinkunft $^1/_6$—$^1/_9$ des erwaschenen Erzes abgegeben.

Am wunderbarsten kontrastiren Aufbereitung und Wasserförderung. Wärend die Aufbereitung noch fast ein mittelalterliches Gepräge zeigt, entwickelt sich die Dampfmaschine rasch zu einer Weltmacht.

Noch im Jare 1700 hatte man diese Erfindung mit misstrauischem Auge betrachtet. Um die Mitte des 18. Jarhundertes aber verhalf sie bereits den tiefsten Gruben zu einer ungeanten Entfaltung und etwa 100 Jare vor unserer Zeit errang sich die Dampfmaschine durch Watt's Verdienst die Stellung, welche sie seither bewart hat.

Die tiefen Bergwerke von Cornwall waren die ersten und wichtigsten Förderer dieser Erfindung,[1]) und umgekert hat die neue Maschine den Bergwerken von Cornwall eine beherrschende Stellung in der Welt verschafft; denn von dieser Zeit an werden die Tiefen so erfolgreich ausgebeutet, dass bald kein anderes Bergwerk der Welt konkurriren konnte. Die Unternemungen werden seit jener Zeit mit grösseren Mitteln und küne Gedanken werden mit zäher Ausdauer durchgefürt.

Ich möchte hier die Aufmerksamkeit insbesondere auf die unterseeischen Minen lenken. Schon in der ersten Hälfte des vorigen Jarhundertes hatte man die im Festlande begonnenen Kolenminen von Whitehaven bis in Gebiete fortgesetzt, welche vom Meere bedeckt waren.

In Cornwall folgte man diesem Beispiele und fürte merere Strecken ziemlich weit im submarinem Gebirge fort. Carne[2]) erwänt merere Fälle, in welchen man es sogar wagte, das schützende Dachgestein, welches die Minen von dem Meeresboden trennte, so stark abzubauen, dass man in den Minen das Brausen der Wogen über sich hören konnte. Man erfur durch diese Versuche, dass eine ser geringe Mächtigkeit des Felsens genügt, um das Wasser abzuhalten. Die Menge des zusickernden Wassers war durchaus nicht grösser, als in den Festlandsgruben und man hatte keine schwere Arbeit, dasselbe zu beseitigen.[3])

---

[1]) Watt bezog als Prämie den dritten Teil der Kolenersparniss.

[2]) Carne: Trans. geol. soc. Cornwall, 1822, p. 337.

[3]) Diese Erfarungen haben bekanntlich schon im vorigen Jarhunderte das Projekt eines Themse-Tunnels in's Leben gerufen, ein Projekt, welches in

Bei weitem die künste diesbezügliche Arbeit ist in der Mounts Bay zur Ausfürung gelangt.

Man hatte in dieser Bucht schon längst Gelegenheit gehabt, in einigen, wärend der Ebbe entblössten Felsen, Zinnadern zu beobachten; ja einige Bergleute benützten sogar die kurze Zeit, wärend welcher die Klippen trocken lagen, um das Erz zu gewinnen. Doch musste diese Art der Arbeit natürlich bald iren Abschluss finden. Da fasste ein armer Bergmann, Namens Curtis, im Jare 1778 den Gedanken, an der besagten Stelle einen Schacht abzuteufen. — Die erzfürenden Felsen lagen 240 Mtr. von der Küste entfernt; die Brandung war, besonders wärend des Winters, wütend. Bei Hochflut wurden die Klippen von 6 Mtr. hohen Wogenmassen bedeckt.

All diese Schwierigkeiten aber gedachte Curtis zu überwinden. Und es gelang ihm auch.

Wärend der ruhigeren Sommerzeit setzte er einen Holzschacht auf die Felsen auf und dichtete die Verbandstellen zwischen Holz und Fels mit Pech und Werg. Mit eisernen Strebestangen wurde dieser Holzschacht gegen die Brandung geschützt und dann so hoch fortgesetzt, bis er über das Nivo der Hochflut emporragte.

Dann wurde in der besagten Höhe eine Brücke angesetzt, welche die Verbindung zwischen dem Schacht und dem Festlande herstellte.

Das Werk bewärte sich und bald waren auch die Geldopfer durch reiche Ausbeute erstattet.

Im Jare 1791 gingen die Arbeiten etwa 8 Mtr. unter dem Meeresboden um; an manchen Stellen hatte man sogar nur 1 Mtr. dickes Dachgestein stehen gelassen.

Zu jener Zeit erarbeiteten 10 Mann im Laufe einiger Monate einen Wert von 600 £. Man verfolgte einen Quarzporfir, welcher von Zinnklüften durchschwärmt und überdies in seiner ganzen Masse so reichlich mit Erz impregnirt war, dass man ihn als Zinnporfir bezeichnen konnte.

Im folgenden Jare setzte man diese Arbeiten mit noch besserem Erfolge fort. Im Laufe dieses Jares soll ein Wert von nahe 3000 £ gefördert worden sein.

---

den Zwanziger bis Vierziger-Jaren unseres Jarhundertes zur Ausfürung gekommen ist.

Durch längere Zeit bewärte sich das Unternemen als günstig, so dass man sogar eine Dampfmaschine in Arbeit setzte.

Ein unglückliches Ereigniss aber schnitt plötzlich das Leben dieses merkwürdigen Unternehmens ab: Ein amerikanisches Schiff, welches in der Nähe vor Anker lag, wurde vom Sturme losgerissen und auf den Holzschacht losgetrieben. Der Stoss warf den Schacht nieder, das Bergwerk ertrank und wurde nicht wieder eröffnet.[1]) —

Soviel habe ich über den Stand des Bergwesens im vorigen Jarhundert zu berichten. Wir sehen, dass dieses Jarhundert den Engländern den Flammofen, die Dampfmaschine und Unternemungsgeist geschenkt hat.

Und noch ein gewaltiges Moment dürfen wir nicht vergessen: Die Einfürung des Tantiemengedinges.

Sehen wir zu, wie sich die Arbeiterverhältnisse gestalteten:

In älteren Zeiten waren die Bergwerksbesitzer meist selbst Arbeiter. Doch war es auch gebraüchlich, die Minen gegen eine gewisse Abgabe der Erzeugung an Unternemer zu verpachten. Pryce berichtet, dass diese Unternemer zuerst die Abgabe an den Grundherrn in Erz auszalten; dann lieferten sie den Bergwerksbesitzern je nach dem Vertrage noch $^1/_2$ oder $^1/_4$ Ztr. ab. Die Bergwerksbesitzer prüften von Zeit zu Zeit, ob das Bergwerk in gutem Stande erhalten wurde.[2])

Geding war schon früh gebraüchlich für Arbeiten im erzleeren Gestein. Man vergab so Stollen, Schächte etc. nach der Klafter.[3]) Tribut-Geding wird für die Arbeit auf Erzgängen angewendet. Auch diese Metode dürfte ziemlich alt sein. Schon Jars erwänt, dass man zu seiner Zeit (1765) mit Vorliebe diesen Modus gebrauchte. An gewissen Tagen kamen die Bergkapitäne (Bergmeister) zusammen, sie schlugen den Preis vor, welchen sie an den verschiedenen Orten des Bergwerkes pr. Klafter zalen wollten und dann lizitirten die Bergleute von diesem Preise abwärts.

Die Arbeiter, welche sich zu Tribut-Geding verpflichteten, hatten alles selbst zu leisten und nur die nötigen Maschinerien wurden von den Grubenbesitzern errichtet und in Stand ge-

---

[1]) Hawkins: Trans. geol. Soc. Cornwall, 1822, p. 136—142.

[2]) Pryce: Mineralog. Cornub. 1778, p. 188f.

[3]) Taylor: Trans. geol. soc. 1814 Bd. 2 p. 310f. De la Beche: Cornwall, 1839, p. 569.

halten.[1]) Dafür erhielten die Arbeiter bestimmte Perzente des produzirten Erzes (Tantiemen).

Waren die Anbrüche in der folgenden Zeit gut, und arbeiteten sie tüchtig, so machten sie natürlich ausgezeichnete Geschäfte.[2]) Bei armen Anbrüchen aber konnten sie sich nur durch fleissige Arbeit den Unterhalt sichern.

Es liegt in der Natur dieses Vertrages, dass die Lonverhältnisse ausserordentlichen Schwankungen unterliegen: Waren die Anbrüche zur Zeit des Vertragstages günstig, so konnten die Arbeiter in Erwartung reicher Tantiemen die Arbeit gegen ser geringen Lon übernemen. Waren arme Erzgänge in Arbeit, so brachte der Kapitän seine Strecken gar nicht zu dem vorgeschlagenen Preise an den Mann.

Derart ist jenes Tantiemen-Geding, welchem Cornwall gewiss in nicht geringem Maasse seine gewaltige Entwickelung im letzten Jarhunderte verdankt. In der Tat ist dieser Vertrag den Interessen des Staates, des Besitzers und jenen des intelligenten Arbeiters ser günstig; denn der Arbeiter wird zu Fleiss und Aufmerksamkeit aufgefordert, der Besitzer kann sich auf die Leistung des Mannes verlassen; der Staat endlich ist einer tüchtigen Produkzion sicher und braucht nicht zu sorgen, dass die Erzreichtümer schleuderisch gewonnen werden, denn, indem der Mann eine bestimmte Strecke, einen Erzpfeiler von bestimmtem Inhalt überantwortet erhält, liegt es in seinem eigenen Interesse, das enthaltene Erz sparsam zu gewinnen.

In den Dreissiger-Jaren unseres Jarhundertes hat dieses Tantiemen-Geding sich noch weiter vervollkommnet, indem die Arbeiter auch den Transport und die Aufbereitung bezalten. Nun lag es natürlich im Interesse des Arbeiters, das Erz möglichst rein zu brechen, damit die Aufbereitung billig komme, und es musste ihm begreiflicherweise auch ser wichtig sein, dass Transport und Aufbereitung möglichst vorteilhaft ausgefürt wurden — er war ja mitinteressirt und die Wolfart des ganzen Bergwerkes war auch die seine.[3]) —

Die Leistungen des 19. Jarhundertes können sich kaum messen

---

[1]) Jars: Voyages Metallurgiques, III., p. 202.

[2]) In günstigen Fällen kam auf den Mann pro Monat bis 50 L. Stl. Reingewinn. Taylor. cit.

[3]) S. Taylor: Mining Review, 1837, p. 268.

mit jenen des vorigen; aber es hat doch erlich seine Schuldigkeit getan und es ist Vieles geschehen, um der wachsenden Konkurrenz anderer Länder gerecht zu werden.

Ich werde im Folgenden die wesentlichen Fortschritte natürlich nur mit wenigen Worten andeuten, da der heutige Zustand der Bergwerke onedies in vielen neueren Aufsätzen ausfürlich geschildert ist.

1. Zunächst fällt auf, dass seit den Zwanziger-Jaren die Arbeitszeit von 6 aut 8 Stunden verlängert wurde. Carne schreibt diesen Fortschritt der besseren Ventilazion (Harzer Wettersatz) zu, welche seit dem Jare 1820 in einigen der vornemsten Gruben eingefürt wurde [1]).

2. Ferner wurde der Entwässerung mer Aufmerksamkeit geschenkt. Carne klagt, dass bis zu den Zwanziger-Jaren eine ausnemend schlechte Wasserwirtschaft geherrscht habe. Erst zu seiner Zeit suchte man die oberen Horizonte besser zu drainiren und das Zurücksickern der gehobenen Grubenwässer zu verhindern. [2])

Die folgenden Dezennien haben diesen Zweig der Technik entwickelt.

Dafür blieb die Förderung der Gesteine lange ser primitiv. Für geringere Tiefe wendete man noch in den Fünfziger-Jaren die Haspelbeförderung, für grössere den Pferdegöpel (selten Wasser- und Dampfmaschinen) an. [3])

3. Seit Anfang der Fünfziger-Jare besteht in Cornwall eine Haupteisenban mit mereren Nebenstrecken. Tramwege sind seit derselben Zeit allgemein gebraüchlich [4]).

4. Seit 1828 werden Dampfpochwerke eingefürt [5]). In den Fünfziger-Jaren herrschen sie nach Moissenet bereits allgemein (p. 78 cit.).

In den Fünfziger-Jaren wurde das erste Quetschwalzwerk errichtet. Doch hat es keine Nachamung gefunden, obwol man glauben sollte, dass die gleichmässige Körnung der Walzen der ferneren Aufbereitung ser günstig sein müsse. [6])

---

[1]) Carne: Trans. geol. soc. Cornwall, 1824, p. 64.

[2]) Carne: Trans. geol. soc. Cornwall, 1824, p. 67.

[3]) Zirkel: Preuss. Ztg. f. Berg- und Hütt., 1861, p. 250.

[4]) Moissenet: Ann. des Mines, 1858, p. 85.

[5]) Beche: Cornwall, 1839, p. 576.

[6]) Mining J. London 1873 bringt viele Artikel gegen das feine Stampfen. Es wird hervorgehoben, das die feinsten Erzpartikeln die längste Zeit flottiren

5. Das Schlämmen hatte von Mitte bis Ende des vorigen Jarhundertes wenige Veränderungen erfaren (s. Boase und Pryce), und noch in den Dreissiger-Jaren war der Planherd gebraüchlich. De la Beche klagt, dass man noch zu seiner Zeit keinen Stossherd hatte, obwol dessen Vorzüge durch Vivian klargelegt wurden.

Die Melfürung wurde allerdings bereits (seit 1825) mechanisch besorgt.[1])

Im Jare 1842 wurden die Rundherde (round bouddles) in Cornwall erfunden.[2]) Anfangs der Fünfziger-Jare haben sie schon ziemlich allgemein Eingang gefunden.[3]) Sie arbeiten rasch und billig. Moissenet schätzt, dass man etwa 20% der im Gesteine enthaltenen Erze durch die Aufbereitung verliere (p. 254 cit.).

6. Das Rösten wurde in den Dreissiger-Jaren erleichtert durch Rürvorrichtungen.[4]) Moissenet erwänt, dass in den Fünfziger-Jaren merere Werke mit Vorteil rotirende Röstherde in Anwendung brachten.[5]) Die abstreichenden Gase lässt man durch lange mit Reisig gefüllte Rauchrören streichen. Dort wird Arsen abgesetzt. Die schweflige Saüre liess man noch Ende der Fünfziger-Jare in die Luft entweichen. (Zirkel cit.).

In den Fünfziger-Jaren wurde die Reinigung der Zinnerze wesentlich verbessert.[6]) Die Reihenfolge der Prozesse ist seither folgende: Zuerst werden die Kiese in hergebrachter Weise durch Rösten oxidirt. Die darauf folgende Schlämmung entfernt einen

---

und in Folge dessen mit dem trüben Waschwasser abfliessen. Referent verweist darauf, dass jener feine Erzschlich, welcher an den Ufern der Flüsse und an der Küste des Meeres erwaschen wird, zum grossen Teile der Aufbereitung entschlüpft sei.

[1]) Henwood: Trans. geol. soc. Cornwall, 1832, p. 148f. — Beche: Cornwall, 1839, p. 577, 581. Ueber die Arbeitsersparniss bei der verbesserten Aufbereitung s. B. Kerl: Oberharzer Hüttenprozess, p. 120.

[2]) Gätzschmann: Aufbereitung, 1872, II., p. 375.

[3]) Moissenet: Ann. des Mines, 1858, p. 100f. u. 199; p. 236 wird ermittelt, wie viel Arbeit durch die round buddles erspart wird. Vgl. Zirkel: Preuss. Ztg. f. Berg- u. Hüttenwesen, 1861, p. 252. Carcanagues: Ann. des Mines, 1878, p. 209, hat die jüngsten Zustände der Aufbereitung geschildert.

[4]) Beche: Cornwall, 1839, p. 578.

[5]) Moissenet: Ann. des Mines, 1858, p. 229.

[6]) Siehe Pearce: Mechan. Magazine, 1861, p. 339; Daux und Watson: Le Credit Minier, 1861; Zirkel: Preuss. Ztg. f. Berg- und Hütt., 1861, Dingler's J. 1861; Walch: Bergmänn. Abh. des österr. Ingenieurvereines, 1862.

grossen Teil der fremden Körper. Nun sind noch Wolfram (Wolframsaures Eisen), Magnetstein, Kupfer und Wismut zu beseitigen. Diese Körper sind durch Schlämmen schwer entfernbar, deshalb muss man chemische Mittel anwenden.

Zuerst wird der geröstete Schlich mit Schwefelsaüre behandelt, wodurch Eisen und Kupfer ausgezogen werden. Letzterer Stoff wird auf nassem Wege metallisch niedergeschlagen (Zementkupfer), oder durch Soda gefällt. Dann ist noch das besonders lästige und schädliche Wolfram zu beseitigen.[1]

8. Mitchell hatte zu diesem Behufe im Jare 1854 vorgeschlagen, das Zinnerz mit einer vorher empirisch zu bestimmenden Menge Kochsalz merere Stunden lang (bis 163° Daniel) im Flammofen zu glühen und dann auszulaugen. Bei dieser Temperatur wird das Zinnerz wenig angegriffen, das wolframsaure Eisen aber zersetzt.[2]

Oxland hat seit 1858 statt des Kochsalzes Soda eingefürt. Das geröstete und geschlämmte Erz wird durch merere Stunden im Flammofen mit etwa $^1/_{10}$ seines Gewichtes Soda und Kolenklein geglüht. Es entsteht wolframsaures Natron und Eisenoxid. Das erstere, durch Wasser ausgezogen, gibt einen wertvollen Handelsartikel.[3]

Die in Sachsen übliche Behandlung des Schliches mit Salzsaüre behufs der Entfernung von Wismut wird selten angewendet, und macht sich, wenn die Erze gut aufbereitet waren, nicht bezalt.[4]

Die für peruanisches Zinn empfolene Metode, alles Zinn durch Salzsäure zu lösen[5], ist für das viel reinere englische nicht brauchbar.

---

[1]) In den Fünfziger-Jaren wurde das Zinnerz um $^1/_3$, ja um die Hälfte schlechter gezalt, wenn es viel Wolfram enthielt. Moissenet: Ann. des Mines, 1858, p. 149.

[2]) Politechn. Zentralblatt und Berg- u. Hüttenm.-Zeitung, 1854, p. 46.

[3]) Noch zu Ende der Fünfziger-Jare wurde die Wolframlösung wegen Mangel an Nachfrage weggegossen (Zirkel: Preuss. Ztg. f. Berg- u. Hüttenwesen, 1861, p. 255). Seitdem aber wird das wolframsaure Natron verwendet, um Stoffe unverbrennlich zu machen. Wolfram selbst wird zur Darstellung von Wolframstal verwendet (Berg- u. Hüttenm.-Zeitung, 1866, p. 325, und American Artizan, 3. S., Bd. 5, p. 319).

[4]) Berg- u. Hüttenm.-Zeitung, 1862, p. 147.

[5]) Philipps: Politechn. Zentralblatt, 1854, p. 1401.

9. Die Verhüttung lieferte zu Anfang unseres Jarhundertes bereits recht gute Resultate. Heron de Villefosse berichtet, dass man zu seiner Zeit noch zwei Schmelzmetoden anwendete.

a) Das reine Waschzinnerz wurde in Schachtöfen mit Holzkole reduzirt. Man erschmolz mittels 230 Kil. Holzkole 100 Kil. Zinn aus 200 Erz.[1])

b) Gemeinen Schlich (aus den Bergwerken gewonnenes, unreines Erz) behandelte man im Flammofen und rechnete auf 100 Kil. Metall 38 Kil. Steinkole behufs Röstung und 170 Kil. Steinkole behufs Redukzion. Man brauchte also im Ganzen 208 Kilogr. Steinkole, um 100 Kilogr. Zinn zu gewinnen.[2]) Man erschmolz auf diese Weise im Durchschnitte 55 $^0/_0$ Metall aus dem Erz (Lampadius).

Die Metode der Aufbereitung und Verhüttung in den Zwanziger-Jaren schildern merere Autoren folgendermassen:[3])

Für die erste Schmelzung des Erzes hat man fast allgemein Reverberiröfen, welche mit Steinkole beheizt werden. 12—16 Ztr. Erz werden auf einmal behandelt. Man erschmilzt aus 100 Teilen Erz 62—65 Zinn.

Dieses rohe Zinn, welches nach Berthier bis 15$^0/_0$ Eisen und bis 10 $^0/_0$ Blei enthält, wird nun mereren Reinigungsprozessen unterworfen.

Zuerst legt man die Blöcke unreinen Zinnes auf die schwach geneigte Sole eines Saigerofens, und erwärmt gelinde und langsam bis zur beginnenden Schmelzung. Da fliesst denn das reine Zinn ab, wärend die schwerer schmelzbaren Legirungen auf einem Haufen liegen bleiben (z. Teil oxidirt und vermischt mit Zinn). Das abgeflossene Zinn wird dann dem Poling-Prozesse unterworfen. Man schmilzt es zu diesem Zwecke im Flammofen und taucht frische Holzscheiter oder Reisig in das Metall. Die aus dem Holz

[1]) Die grossen Schlackenwalder Schachtöfen leisteten dasselbe mit 150 Kilo Holzkole. (?) Trotzdem wurden sie aber in England nicht gebraüchlich. Bergmänn. J. Freiberg, 1790, II, p. 163, und Heron: Richesse miner. 1819, III, p. 320.

[2]) Heron de Villefosse: Richesse miner., 1819, III., p. 321.

[3]) Dufrenoy und Beaumont: Ann. des Mines, 1825, p. 348 u. Taf. VIII, und Karsten's: Archiv I., Bd. 13. p. 130. Henwood: Trans. geol. soc. Cornwall, 1828. Lampadius: Fortschritte etc. 1839, p. 229.

entweichenden Gase erzeugen eine wallende Bewegung im Metall. Ein Schaum, welcher aus Zinnoxid und ser viel Eisen besteht, wird abgeschieden. Man entfernt die Bündel, bez. Scheiter und lässt nun das flüssige Metall einige Zeit ruhen. In Folge dessen setzen sich die Unreinigkeiten zu Boden. Die höheren Partien werden abgeschöpft und sind feines Zinn. Die tieferen Teile sind Zinn schlechterer Sorte und werden je nach Bedarf als solche in Handel gebracht, oder durch nochmaliges Polen[1]) auf reines Zinn verarbeitet. Meist werden drei Sorten von Zinn (von 95—99 % Gehalt) in Handel gebracht. Die feinste Sorte wird zu Färbesalz verarbeitet; die zweite Sorte dient zum Verzinnen und Löten; die dritte zu anderen Zwecken, insbesondere zum Guss.

Selten (und nur für das Waschzinnerz) wurde noch zu Dufrenoy's Zeiten die Redukzion mittels Holzkole angewendet. Die Kosten dieser Metode stellten sich unverhältnissmässig hoch. Ein Vergleich mit Altenberg ergab:

Für Redukzion von 100 Kil. Zinn (aus 155 Erz) verbrauchte man im Cornwaller Reverberirofen 175 Kil. Steinkole, wärend man in Altenberg 280 Kil. Holzkole brauchte, um eine gleiche Menge Metall zu erschmelzen. Ueberdies stellte sich der Verlust an Metall im ersten Falle nur = 5 %, im letzteren aber doppelt bis dreimal so hoch.[2])

Aus den sechziger Jaren erhalten wir folgende vergleichende Angaben:

Der selten angewendete Schachtofen hat den Nachteil, dass der starke Luftstrom in demselben leicht eine teilweise Oxidazion und folgende Verschlackung des Zinnes bewirkt. Auch wird das zarte Oxid leicht vom Luftstrom fortgefürt.[3]) Man verbraucht in besagtem Ofen zur Erschmelzung von 1 Zinn mindestens $1^2/_3$ Holzkole; im Flammofen aber höchstens $1^1/_2$ Steinkole.

In den Flammofen werden auf einmal 15—20 Ztr. Erz (mit 10—20 % Kolenklein, wol auch mit einem Flussmittel feucht untermengt) eingetragen. Aus 20 Zentnern Erz werden mittels 22 bis 23 Zentner Steinkolen 13—14 Ztr. Rozinn erschmolzen.

---

[1]) An manchen Orten bewirkt man die Reinigung, indem man das flüssige Metall in Schöpflöffeln hebt und dann wieder niederfallen lässt. („Tossing".)

[2]) Der Kolenverbrauch behufs Röstung ist in diesen Zalen einbegriffen.

[3]) Kerl: Hüttenkunde, 1863, II., p. 751.

Nun folgt die Reinigung: Aussaigern (1 Stunde), Polen (3 Stunden), Absetzen (1—2 Stunden.)[1])

Ich will hier nicht weiter auf diese technischen Fragen eingehen, da dieselben in allen Metallurgien gut behandelt sind. Wol aber wird es am Platze sein, einige Daten zusammenzustellen, welche die gewaltige Steigerung aller Leistungen in diesem Jarhunderte veranschaulichen.

Einzelne Gruben hatten schon in den ersten Dezennien unseres Jarhundertes bedeutende Ausdenung und Tiefe.

Der Hauptstollen der Grube Gwennap (Redruth) reichte im Jare 1819 etwa 3 Kilometer in's Gebirge hinein; die Summe aller Seitenstrecken auf diesem Horizonte betrug aber fast 50 Kilometer, Die Tiefe, welche an den Stellen, die das meiste Gebirge über sich hatten, eingebracht wurde, war 140 Mtr. Die Gruben von Wheel Ann gingen meist in einer Tiefe von 100—200 Mtr. um, Dalcoath reichte sogar über 300 Mtr. unter den Meeresspiegel.[2]) Seitdem haben die Gruben noch viel bedeutendere Ausdenung und Tiefe erlangt.

Um das Jar 1700 hatte Cornwall 8000 Arbeiter. In den Dreissiger-Jaren unseres Jarhundertes waren 30.000 Personen beschäftigt. Mer als ein Drittel dieser Zal waren Weiber und Kinder.[3])

Um das Holz für die Grubenzimmerung von Cornwall und Devon jaraus jarein zu liefern, waren in den ersten Dezennien unseres Jarhundertes nicht weniger als 140 engl. □Meilen norwegischen Waldes notwendig.[4])

In den Dreissiger-Jaren wurden järlich 300 Tonnen Sprengpulver im Werte von 13.000 L. Stl. verbraucht.

Diese Zalen geben uns eine beilaüfige Vorstellung über die Ausdenung dieser Bergwerke.

Trotz der ungünstigen Zeitverhältnisse wird energisch gearbeitet und, wie wir oben gesehen haben, steigt die Zinnerzeugung von Jar zu Jar.

---

[1]) Wagner: Die Metalle, 1866, I., p. 588.

[2]) R. Thomas: Minig District 1819, p. 25, 29.

[3]) Henwood: Trans. geol. soc. Cornwall 1843, p. 479. Mer als die Hälfte dieser Kräfte wurden durch die Kupferproduktion beschäftigt.

[4]) Lemon. Journ. of the Statist. soc., 1838, p. 81.

Ende der Dreissiger-Jare produzirte England einen Metallwert von 11 Mill. L. Stl. pro Jar; 8 hiervon entfielen auf Eisen, von den drei übrigen wurden fast $1^1/_2$ durch Cornwall gedeckt.

Ein Dritteil der gesammten europäischen Kupferproduktion und $^9/_{10}$ der europäischen Zinnerzeugung lieferte Cornwall allein.

Gross ist das Einkommen, welches einzelne glückliche Gruben gefördert haben. Wenn wir aber die Summe aller Bergwerke in Rechnung bringen, finden wir zu unserer Ueberraschung, dass die Cornwällischen Bergwerke oft durch lange Zeit nicht rentabel waren. So war zu Ende der Dreissiger-Jare unseres Jarhundertes die Summe aller Zechen nicht unbeträchtlich passiv.[1])

Es zeigt sich also hier dieselbe Erscheinung, wie wir sie fast bei allen Zinnbergwerken des Erzgebirges nachgewiesen haben: Das Bergwerk im grossen Ganzen ist oft nicht rentabel. Die glücklichen Erfolge einzelner Gruben aber haben immer die passiven Unternemungen ermutigt und erhalten. —

Und nun noch einige Worte über die Stellung des Arbeiters in Cornwall:

Die Lebensverhältnisse desselben, welche ehedem elend waren, haben sich besonders in unserem Jarhunderte gebessert. Der Unternemer hat gelernt, dass er selbst mer gewinnt, wenn er den Arbeiter in gutem Stande erhält, als wenn er seine lebendigen Maschinen elend behandelt und erschöpft. Im Einzelnen können wir folgende Punkte hervorheben:

1. Wurde von einzelnen Gewerken für die Kranken- und Versorgungskassen gesorgt.[2])

2. Wurde, wie erwänt, leichtere und längere Arbeit in den Gruben ermöglicht durch eine verbesserte Ventilazion. Wenigstens in den wichtigsten Gruben wurden Wettertüren angebracht. Kostspieligere Einrichtungen werden allerdings selbst in den letzten Dezennien noch fast nirgends angetroffen.[3])

[1]) Official Report von 1838 und Watson: Engl. Mining. Journ. N. 692.

[2]) Die Gründer des Bergwerkes von Eskirhir (Wales) bestimmten im Jare 1699 den 12. Teil des Ertrages für Arme, Kranke und Schulen. Solche Fälle stehen allerdings ser vereinzelt da, und meist waren es die Arbeiter selbst, welche die nötigen Hilfskassen durch monatliche Beiträge gründeten und in Stand erhielten.

[3]) Carne: Trans. geol. soc. Cornwall, 1824, p. 64, erwänt die Einfürung des Harzer Wettersatzes. Diese Vorrichtung ist aber nie populär geworden.

3. Erleichterung des Personenverkeres in den Gruben wurde in den Dreissiger-Jaren dieses Jarhundertes angestrebt. Die Polytechn. Soc. setzte damals Prämien für die beste Lösung dieser Frage aus. Schliesslich einigte man sich, die Harzer Maschine einzufüren. Man berechnete die Kosten der Herstellung für 400 Mtr. Tiefe auf 2400 £.[1]) Ende der Fünfziger-Jare sehen wir einige dieser Maschinen in den vornemsten Gruben in Gebrauch.[2])

4. Wurde im ersten Dezennium unseres Jarhundertes die Karrenförderung durch Förderung auf Schienenbanen ersetzt, was nach Carnes Berechnung die Arbeit auf $^1/_2$ reduzirte.

5. Liessen die reicheren Gruben die Aufbereitung seit Anfang unseres Jarhundertes in gedeckten Raümen vor sich gehen, wärend man bisher unter freiem Himmel gearbeitet hatte.

6. Hat die Regierung Inspektoren bestellt, welche die Interessen der Arbeiter zu vertreten haben. —

Durch diese Verbesserungen, welche, wie gesagt, sämmtliche in den Anfang unseres Jarhundertes fallen, wurde die Lage der Arbeiter wesentlich erleichtert. Trotzdem aber war der Gesundheitszustand derselben noch in den Dreissiger-Jaren recht schlecht und deren mittlere Lebensdauer ser kurz.

Lanyon findet (für die Dreissiger-Jare), dass die Bergarbeiter im Durchschnitte nur 31 Jare alt waren, wärend die Bauern der Umgegend doch im Durchschnitte 47 Jare zälten.[3]) —

Zum Schlusse wollen wir noch einen vergleichenden Rückblick auf die vorgefürte Entwicklungsgeschichte werfen.

Die Arbeitszeit war um das Jar 1600 4stündig, 1700 6stündig, 1820 8stündig.

Die Erzgewinnung erfolgte 1600 durch Schramm und Keil, im 17. Jarhunderte durch Borloch und Keil, etwa seit 1700 durch Sprengpulver, gegenwärtig durch Dinamit.

Förderung und Wasserhaltung. 1600 Haspel, Wasserrad. Bis 1750 Pferdegöpel, Pumpe mit Pferd oder Wasserkraft. Um 1750 Newcomen's Feuermaschine. Um 1770 Watt's Dampfmaschine.

---

[1]) Beche, Cornwall, 1839, p. 572.

[2]) Die erste Farkunst wurde im Harz im Jare 1833, in Cornwall im Jare 1842 errichtet. Karst. Arch. Bd. 10. Moissenet: Ann. des mines, 1859, p. 1.

[3]) Lanyon: Report Polyt. Soc., 1837, p. 56.

Aufbereitung und Verhüttung. Im Mittelalter wurde hauptsächlich Torf verheizt. Seit 1700 wird neben Torf und Holzkole auch Steinkole angewendet. Noch zu Anfang dieses Jarhundertes verhüttete man das edle Wascherz mittels Holzkole in Gebläseöfen, wärend man aus dem unreinen Schlich im Reverberirofen mittels Steinkole unreineres Zinn erschmolz.

Um 1600 noch Trockenpochwerk und Müle; Waschen über den Rasen. Seit Anfang des 17. Jarhundertes Nasspochwerke, verbesserte Wäschen, Reverberiröfen. Um 1750 Planherd. Nach 1830 Rürvorrichtung beim Rösten. 1842 Round buddles.

Seit den Fünfziger-Jaren Extrakzion von Eisen und Kupfer durch Schwefelsaüre. 1854 Beseitigung des Wolfram durch Glühen der Erze mit Kochsalz. 1858 Wolfram durch Glühen mit Soda zersetzt.

Die Fortschritte der Verhüttung seit Anfang unseres Jarhundertes sind aus folgenden Zalen ersichtlich:

Jar	Aus 100 Gewichtsteilen Erz erschmolzenes Metall	Kolenverbrauch
	Gewichtsteile	
1750	60[1]	—
1800	55	114
1820	63	110
1830	65	—
1860	67	110

Järliche Zinnerzeugung von Cornwall.[2]

Um das Jar	1200 =	150	Tonnen.
„ „ „	1470 =	420	„
„ „ „	1600 =	700	„
„ „ „	1692 =	1300	„

[1]) Offenbar wurden in früheren Zeiten vorzugsweise reiche Gesteine und edle Erze gewonnen. Später hat man ärmere Gesteine und stark verunreinigte Erze mit Vorteil zu Gute gemacht.

[2]) Die Erzeugung wird meist in Blöcken angegeben. 6 Blöcke Zinn kann man durchschnittlich auf eine Tonne rechnen. Die Angaben in Trans. geol. soc. Cornwall, 1846, und 1865, weichen ser von einander ab. Ueberhaupt sind die älteren Angaben (De la Beche: Cornwall) zum Teile mangelhaft. Die jüngeren Ziffern sind aus den Mineral Statistics entnommen.

Um das Jar	1740	= 2100 Tonnen.
„ „ „	1750—1759	= 2600 „
„ „ „	1760—1769	= 2700 „
„ „ „	1770—1779	= 2800 „
„ „ „	1780—1789	= 2900 „
„ „ „	1790—1799	= 3300 „
„ „ „	1800—1809	= 2600 „
„ „ „	1810—1819	= 2800 „
„ „ „	1820—1829	= 4300 „
„ „ „	1830—1839	= 4500 „
„ „ „	1840—1849	= 8000 „
„ „ „	1850—1859	= 6400 „
„ „ „	1860—1869	= 8300 „
„ „ „	1870—1878	= 9800 „

Zinnpreise in England.

Um das Jar	1350	durchschnittl. pr. Tonne[1])	13 £
„ „ „	1480	„ „ „	25 „
„ „ „	1600	„ „ „	50 „
„ „ „	1650	„ „ „	65 „
„ „ „	1750	„ „ „	65 „
Im Zeitraume	1790—1799[2])	„ „ „	90 „
„ „	1800—1809	„ „ „	100 „
„ „	1810—1819[3])	„ „ „	115 „
„ „	1820—1829[4])	„ „ „	86 „
„ „	1830—1839	„ „ „	82 „
„ „	1840—1849[5])	„ „ „	76 „
„ „	1850—1859	„ „ „	125 „
„ „	1860—1869	„ „ „	110 „
„ „	1870—1876[6])	„ „ „	110 „

[1]) So viel £ per Tonne, so viel Shill. (bez. Mark) pro Ztr. (à 50 Kilogramm).

[2]) Die Angaben sind lückenhaft. S. De la Beche: Cornwall und Mineral-Statist.

[3]) Im Jare 1814 steigt der Preis bis 150, fällt aber im nächsten Jare rasch auf 130.

[4]) Im Jare 1823 schnellt der Preis von 116 bis 184; 1826 fällt er auf 78.

[5]) Im Jare 1843 wird ein Minimum von 60 erreicht.

[6]) Der Zinnpreis ist im Jare 1872 auf 150 gestanden, in den folgenden Jaren aber stetig gefallen: 140, 100, 70. Bei gleichbleibender Erzeugung wird also in den letzten Jaren nur der halbe Wert erzielt.

Abgaben (ausgedrückt in % der Erzeugung).

	An d. Landesherrn	An den Grundherrn	Summa
Jar 1300	40 %	—	40
„ 1480	20 %	20 %	40
„ 1600	10 %	20 %	30
„ 1700	7 %	20 %	27
„ 1750	6 %	15—10 %	21—16
„ 1830	5—4 %	7— 4 %	12— 4
„ 1840	—		

In den Zwanziger-Jaren war der Import von Zinn nach England etwa 700 Tonnen pro Jar, und zwar kamen 500 Tonnen von Singapore, 200 Tonnen von anderen Orten der East India Comp. Territor. Englands Erzeugung betrug im Durchschnitte pro Jar 4300 Tonnen. Erzeugung plus Import = 5000 Tonnen.

Der Export ging hauptsächlich nach Frankreich, Italien, Russland, Nordamerika. Jedem dieser Staaten wurden je 300 bis 400 Tonnen des produzirten und importirten Zinnes zugefürt.[1]) In den Dreissiger-Jaren wurden järlich über 2000 Tonnen exportirt, insb. nach Frankreich.

In folgenden Zeiten steigerte sich nicht blos die Erzeugung, sondern auch die Einfur, wärend die Ausfur relativ abnam. Dies erklärt sich daraus, dass England das Zinn zum grossen Teil selbst verarbeitete, und nicht mer im rohen Zustande, sondern als Geschirr oder Zinnblech ausfürte.[2])

In den Sechziger-Jaren wurden nach England järlich importirt 4000 Tonnen Zinn, und zwar 2300 Tonnen von Singapore und 2100 von Holland. 8300 Tonnen wurden in England produzirt. Summe der Produkzion und des Importes = 12.300 Tonnen Zinn.[3]) Der Hauptkonsument war Frankreich. Dorthin gingen etwa $^2/_5$ dieser ganzen disponiblen Menge.[4])

---

[1]) M'Culloch: Dictionary of commerce, 1832, p. 1046.

[2]) Vgl. die statist. Zusammenstellung in J. Statist. soc. London, II, 260.

[3]) Trotz des amerikanischen Krieges, durch welchen die Ausfur von etwa 2000 Tonnen abgeschnitten wurde, hat sich die Erzeugung doch gesteigert.

[4]) Die Daten finden sich in Hunts Mineral statistics, London.

Anhang:

Erklärung der in Cornwall üblichen geologischen Ausdrücke.

Die wichtigsten petrografischen Bezeichnungen sind folgende: Growan = Granit; Killas = Schiefer; Elvan = Porfir; Cab = Greisen; Gossan = Eiserner Hut; Floocan = Lem.

Die letztere Bezeichnung wird meist nur für Gangvorkommnisse gebraucht und hat demnach dieselbe Bedeutung wie Lettenkluft und Lettensalband.

Capel heisst der zinnfürende Turmalinfels, bez. Turmalinschiefer, welcher an die Zinnklüfte gebunden erscheint.

Grayback ist ein schwarzer, zinnfürender Turmalin-Granit, welcher den Uebergang vom zinnhältigen Turmalinfels in den erzleeren Granit vermittelt.

Mannigfaltig sind die Bezeichnungen für die Gangvorkommnisse. Es liesse sich eine Geschichte der bezüglichen Ausdrücke schreiben, aus welcher man ersehen würde, dass die meisten Worte ursprünglich gar keine feste Definizion hatten, und dass im Laufe der Zeit manches Wort eine engere oder weitere Bedeutung erhalten hat. Ich will mich aber darauf beschränken, nur die wichtigsten Ausdrücke mit irer derzeit herrschenden Definizion anzugeben.

Der allgemeinste Ausdruck ist Vein = Gang (mit oder one Erz). Lode = Erzgang; Floor = horizontaler Erzgang, Erzlager; Course heisst jeder erzlose (taube) Gang one Unterschied, ob die Füllmasse eruptiven Ursprungs, oder Quarz, Detritus, Lem u. s. f. ist.

Dyke hatte ursprünglich eine ser allgemeine Bedeutung, wird aber derzeit mit Vorliebe für die Gänge mit eruptivem Material gebraucht.

Floocan heisst in Cornwall Lem, wird aber, wie gesagt, insbesondere zur Bezeichnung der Lemklüfte und Lettenbestege gebraucht. Da diese Lettenklüfte in Cornwall meist Nordklüfte sind, hat das Wort Floocan gemeiniglich die engere Bedeutung: Nordgänge (bez. Klüfte) mit Lemfüllmasse oder Lettenbesteg. Diese Lettenklüfte sind für den Bergmann von grosser Wichtigkeit.

Slide bedeutet taube Kluft. Meist bezeichnet man in Cornwall mit diesem Worte jene Klüfte, welche nicht nach Norden streichen und nicht so steil fallen, als die Floocans.

Fault oder throw = Verwerfung.

Zinn in anderen Ländern Europas.

Spanien. Die Fönizier brachten Edelmetalle und Zinn von Spanien nach den Mittelmeerländern.[1]) Plinius berichtet über das Vorkommen des Erzes: Das Weissblei (Zinn) kommt auf den Inseln des atlantischen Meeres und in Gallizien und Lusitanien (Portugal) vor. Man findet dort im Sande ausgetrockneter Bäche eine schwarze schwere Erzart. Die Wäscher waschen diesen Sand und schmelzen die schweren Erzkörner in Oefen. Auch die Goldwäscher finden solche schwarze Knollen neben dem Golde und schmelzen Weissblei daraus.

Der Preis des Zinnes stand damals (1. Jarh. n. Chr.) pr. 10 Pfd. = 80 Denar = 25 fl. ö. W. (10 Pfd. schwarzes, gemeines Blei kosteten 7 Denar).

Nach Austreibung der Mauren soll der Bergbau erloschen sein, doch wurde er später wieder aufgenommen. Zu Ende des vorigen Jarhundertes hatte er keine grosse Bedeutung.

Man trifft das Erz in Wäschen und auf Klüften im Granit und Schiefer. Das reichste Gebiet findet sich an der Grenze der Provinzen Orense und Pontevedra. Hier wurden seit den Dreissiger-Jaren unseres Jarhundertes auf einem Raume von drei Quadratstunden etwa 30 Gänge bearbeitet. Dieselben sind bis zu 0.2 Mtr. mächtig. Sie setzen in hornblendehaltigem Glimmerschiefer auf. Das Ganggestein besteht aus Glimmer und Quarz. Zinnerz, Wolfram und Kiese sind eingestreut.[2])

In der Provinz Salamanca kommen quarzige Gänge mit Zinnstein in alten Schiefern vor. Das Erz giebt 60 % Metall. Der Bergbau beschäftigt derzeit 70 Arbeiter.[3])

Die Zinnwerke von Cartagena gehen in sekundären Gesteinen

---

[1]) Jesaias 60, 8. Ezech. 27. Herodot, Plinius Lib. 34, Cap. 47 f.

[2]) W. Schulz und Paillette: Bull. soc. geol. (6) VII., p. 16. Jb. f. Mineral., 1850, p. 710.

[3]) Massaret (Ann. soc. geol. Belg., 1875, II, p. 58) gibt eine Geschichte dieser Bergwerke.

um. Das Zinnerz findet sich daselbst in linsenförmigen Massen im Permschiefer.[1])

Ferner findet sich Zinn in der Provinz Almeria (Granada.)[2])

Die Bergwerke von Portugal waren schon zu Argicola's Zeiten tätig. Der Autor spricht sich über die Verhüttung folgendermassen aus:

Die Lusitanier gebrauchen für iren Schachtofen je zwei zilindrische Lederblasbälge mit Ventil, der Form nach änlich den Papierlampen.

Diese zwei Bälge zieht ein Arbeiter abwechselnd.

In einem ganzen Tag erschmilzt man in einem solchen Schachtofen $^1/_2$ Ztr.[3])

Eschwege fand im Jare 1827 in Portugal bei Valongo im Flusssand sowol, als auch im anstehenden Granit Zinnerz. Er errichtete Wäschen, welche mit gutem Erfolge arbeiteten. Die Kriegsunruhen aber setzten der Unternemung ein Ende.[4])

Heale berichtet neuerlich über Zinn in Portugal:

Die Zinngänge in der Provinz Tras os montes gingen im Jare 1874 in einer Tiefe von 30—50 Mtr. um. Die Gänge werden als reich, das Erz als rein geschildert. (Die portugiesische Gesellschaft wünschte das Bergwerk zu verkaufen.)[5])

Frankreich. Im Jare 1809 wurde zuerst bei Limoges, dann im Jare 1817 im Sande der Loiremündung (Bretagne) Zinnerz nachgewiesen. Dufrenoy fand, dass daselbst auch Zinngänge im Granit und Schiefer aufsetzen.

Durocher beobachtete in der Bretagne Zinnerz im Granit fein eingesprenkelt, ferner erzhältige Quarzgänge im Granit, endlich Zinnerz im Detritus.[6]) Auch in einzelnen Lagen des Hornblendeschiefers findet man das Erz eingestreut.[7])

---

[1]) Garcia: Bolet. mapa. geol. Espagna, 1876, p. 2.

[2]) Revista mineral. Madrid, 1821, p. 148 u. Cotta: Erzlagerstätten, 1861, II. p. 457.

[3]) Agricola: 12 Bücher vom Bergwerk. Uebers. 1552, p. 342.

[4]) Eschwege: Karsten's Arch. für Berg. u. Hütt. 1835, p. 221. Fernere Literatur findet man in Karst. Arch. 1854, p. 110, 125.

[5]) Mining. J. London, 1874, p. 343.

[6]) Die Literatur findet man in v. Cotta: Erzlagerstätten 1861, II., p. 429. Ferner: Berthier: Metallurg. Chem. übers. Kersten, II., p. 486. Kerndt: Politechn. Zentralhalle, 1858, p. 86, 106, 168.

[7]) Cotta: Erzlagerst. II 426.

Italien. Im Liaskalk von Cento Camerelle bei Livorno setzt eine OW. streichende Kluft auf. Der Kalk in der Nähe der Kluft ist von Zinnkörnchen durchsetzt. Das Zinnerz ist von Limonit begleitet.

Es ist warscheinlich, dass schon die Etrusker hier Zinn gewannen. [1])

Gemellaro beobachtet Zinnerz in Granitauswürflingen des Aetna. [2])

Finnland. In Pitkaranda am N.-Ufer des Ladogasees trifft man mannigfaltige kristallinische Schiefer mit Granit wechsellagernd. Ein derartiges Sistem von Lagern ist in abbauwürdiger Weise mit Kupfer- und Zinnerz, Schwefelkies, Magnetkies, Magneteisen, Bleiglanz und Zinkblende reichlich durchsprenkelt. Die betreffenden Lager sind 10 bis 20 Mtr. mächtig. Sie lassen sich im Streichen weit verfolgen und fallen mit 60 Grad gegen und unter den See ein.

Kupferkies hat bei Weitem das Uebergewicht, Zinnerz tritt zum Teil in nadelförmigen Aggregaten, zum Teil unsichtbar eingestreut in den kristallinischen Schichten auf. Das Vorkommen ist etwa seit 1830 bekannt und wurde im Jare 1834 von Blöde im Auftrage des Besitzers bereist. [3])

Die Jaresprodukzion belief sich zu Ende der Sechziger-Jare auf etwa 5000 Pud Zinn. [4])

Ausserdem findet sich Zinnerz in Schweden, Grönland und am Onon in Sibirien. [5])

---

[1]) Blanchard: Bol. comit. geol., 1876, p. 52. Braun: Jb. f. Mineral. u. Geol., 1877, p. 498.

[2]) Gemellaro: Sopra alcuni pezzi di Granito e. Catania 1823.

[3]) Blöde: Leonh. Jb. Mineral. 1836, p. 197 und Ascheraden: Berg- u. Hütt.-Zeitung, 1876, p. 280.

[4]) Grothe: Berg- und Hüttenm.-Zeitung, 1871, p. 173.

[5]) Karst. Arch., 1839, p. 178; Abhandl. Schwed. Akad. übers. Kästner, 1744 und 1746.

VIII. Malakka, Banka und Bilitong.

1. Birma, Siam, Malakka.

Wir wissen, dass die asiatischen Kulturstaaten eine uralte Bronze-Industrie haben; dies setzt eine ebenso alte und belangreiche Zinnerzeugung voraus.

Wir wissen ferner, dass die Fönizier, seit Davids Zeiten auch die Juden, den Handel mit Indien vermittelten. Ferner ist zu berücksichtigen, dass das Zinn im Altindischen ebenso genannt wird, wie das Land zwischen Bengalen und Barma, nämlich Naga, und dass auch die Juden das Zinn mit dem indischen Namen (Anak) nennen.

Dies alles macht es fast gewiss, dass Indien (und zwar der Westen von Hinterindien) schon in alten Zeiten eine schwunghafte Zinnproduktion aufzuweisen hatte.

In späterer Zeit wurden die Handelsbeziehungen mit Indien immer lebhafter. Indische Mineralprodukte beherrschten alle Länder bis zum Mittelmeer.

In den letzten Jarhunderten v. Chr. traten die Egipter, in den folgenden Jarhunderten n. Chr. die Aetiopier (Abessinier), dann die Araber mit Indien in Handelsverker. Auch die Aetiopier nennen das Zinn mit dem indischen Namen Naak, zum Beweise dessen, dass dies Land die Hauptbezugsquelle war.[1])

Unter anderen Erzwaaren dürfte wol schon ziemlich früh die Glocke, ein uraltes indisches Gerät, nach den Mittelmeerländern (Bizanz) gekommen sein. Im 6. Jarhundert finden wir bereits auch Glocken in Italien.

Metallisches Zinn mag wärend dieser ganzen Zeit sowol von Spanien und England, als auch von Indien den Mittelmeerländern zugefürt worden sein.

Erst im späteren Mittelalter, als die italienischen Städte das Mittelmeer beherrschten, scheint das indische Zinn mer und mer durch das englische verdrängt worden zu sein. —

Fraglich ist es, welche Gebiete Indiens in den alten Zeiten als Zinnproduzenten auftraten.

Im Gebiete Merwar, zwischen Oberlauf des Ganges und Unterlauf des Indus, sollen im vorigen Jarhunderte und noch zu Anfang dieses reiche Zinnbergwerke abgebaut worden sein. In neuerer Zeit scheint aber der Bergbau daselbst ganz eingegangen zu sein.[2])

Ferner wurden und werden Zinnwäschen ausgebeutet in Bengalen,[3]) Barma,[4]) Siam und Malakka.

Ich habe hervorgehoben, dass das Land zwischen Bengalen und Barma den Namen Naga fürt, einen Namen, welchen die altindischen Schriften dem Zinn geben. Dies macht es mir warscheinlich, dass dies Land in den frühesten Zeiten der indischen Kultur vorzugsweise Zinn geliefert und dass das Metall von ihm den Namen entlent habe.

Doch wollen wir diese Vermutung auf sich beruhen lassen und fernere Angaben über Zinnvorkommen in Hinterindien zusammenstellen.

Die Zinnwäschen von Siam erwänen bereits La Loubère[5])

---

[1]) Diese Angaben verdanke ich Herrn Prof. Reinisch.

[2]) Ritter: Erdkunde. VI. p. 882.

[3]) Mining J. London 1878. p. 1191, 1219, 1247.

[4]) Ritter: Erdkunde. 1835. V. p. 246. Zinnwäschen von Ava und in den Shan-Provinzen.

[5]) La Loubère: Descr. Siam I. Cap. V. p. 46.

und Bruckmann.[1]) Zu Anfang unseres Jarhundertes wurden järlich etwa 500t Zinn nach der Hauptstadt Bangkok gebracht.[2])

Kapitän Temenheere, welcher in den Vierziger-Jaren unseres Jarhundertes die von England eben erworbene Provinz Mergui zn untersuchen hatte, berichtet über dieses Gebiet:

Im ganzen Gebiete des Flusses Tenessirim trifft man alte Zinnwäschen an. Trotzdem dickes Jungle die ganze Gegend überzieht, fallen doch die zalreichen Löcher und Halden, mit welchen das Land übersäet ist, auf. Ausserdem gewart man auch viele Kilometer lange steinerne Kanäle, welche in alter Zeit wol dazu bestimmt waren, das Wasser vom Fluss zu den landeinwerts liegenden Wäschen zu leiten.

Temenheere liess die Wäschen untersuchen und fand sie an mereren Stellen noch ser abbauwürdig. Sogar der moderne Flusssand fürt Zinn in ziemlich grosser Menge mit sich.

Ein indischer Zinnwäscher trat in den Fluss und formte mit seinen Füssen eine Vertiefung im Sande. Er wirbelte dann das Wasser in dieser natürlichen Schale um, wärend er unausgesetzt Flusssand zuschüttete. Das wirbelnde und strömende Wasser fegte den Sand weg, wärend die schweren Zinnkörner in der Grube niedersanken und liegen blieben. Nach kurzer Zeit hatte der Wäscher in dieser Weise eine ziemliche Menge Zinnsandes gesichert.

Wo immer im Gebiete des Tenessirim und seiner Nebenflüsse geschürft wurde, fand man Zinn; in den Alluvionen des Laudoungia hingegen traf man statt des Zinnsandes ziemlich reichlich Wolframsand.[3])

Auch im anstehenden Gesteine (Granit) fand Temenheere Zinnerz.

Bei Kahan (nahe Mergui) hatten die Eingeborenen einen Gang von zersetztem Granit abgebaut.

Temenheere traf, nachdem er etlichen Schutt weggeraümt, den bröckelichen Granit durchsprenkelt von Zinnkörnern. Die Eingeborenen berichteten ihm, dass, als sie hier gearbeitet, auch ziemlich grosse Erzknoten gefunden worden seien. —

---

[1]) Bruckmann: Magnalia, 1727, I. 293.

[2]) Crawfurd: Asiat. J. XIX. p. 13.

[3]) Temenheere: Trans. geol. soc. Cornwall. 1846. p. 70.

Die ausgedenten Wäscharbeiten mit den Steinkanälen sprechen entschieden für ein hohes Alter der Zinnerzeugung in Siam.

Die älteste Quelle über die Beziehungen Siams zu Europa bietet Lubère. Er berichtet, zu seiner Zeit (1687) sei viel Bergbau im Gebiete von Mergui betrieben worden. Die Golderzeugung, durch welche das Land vor drei Jartausenden hervorragte, war zwar erloschen, doch wurde Kupfer, Blei und unreines Zinn gewonnen.

Aus einer anderen Quelle erfaren wir, dass zu Ende des 17. Jarhundertes (1692) viel indisches Zinn nach Holland eingefürt wurde.

Die holländische Regierung schloss damals mit dem Könige von Siam einen Vertrag ab, in welchem sich der Letztere verpflichtete, alles erzeugte Zinn an Holland abzuliefern zum Preise von 2 L. St. 4 sh. Die Holländer hielten den Hafen blockirt, um die strenge Ausfürung dieses Vertrages zu überwachen.[1])

Der Bergbau scheint ser herabgekommen zu sein, da das Land von den Siamesen an die Burmesen überging. Erst seitdem die besagte Provinz an die Engländer gekommen ist, werden die Wäschen wieder beachtet.[2]).

Uebereinstimmende Nachrichten gibt Royle.

Der Tenessirim-Distrikt liefert Eisen, Kole und Zinn. Eine Gebirgskette von Granit und Gneis zieht in Nordsüd-Richtung durch das Land über Malakka und findet ire Fortsetzung in Banka.

Der Fluss Tenessirim und seine Genossen fliessen von diesem Granitgebirge gegen Westen dem Meere zu. Ire Alluvien enthalten das Zinn, welches offenbar vom Granitgebirge hergebracht worden. —

Von grösserer Bedeutung für uns sind die Wäschen von

Malakka.

Auch hier herrschen im Inland hohe Granitberge, in den Niederungen aber jüngere eisenschüssige Sandsteine; Zinnalluvien füllen die Täler.[3]) Schon in alter Zeit muss hier Zinn gewonnen worden sein.

---

[1]) Mining Journal 1849. p. 400. Der englische Zinnpreis stand 1692 auf 3 £. St. 3 sh. pro Ztr.

[2]) Temenheere: Trans. geol. soc. Cornwall. 1846. p. 70 ff.

[3]) Royle: London. Edinb. Phil. Mag. 1844, Bd. 24, p. 62. Croockewit: Banka 1852, p. 70, 74 ff.

Seit dem Anfange des 17. Jarhundertes bringen die Holländer einen grossen Teil des Handels in ire Hände. Insbesondere vermitteln sie den Zinnhandel mit China.[1]) Einige 100t kamen aber auch järlich auf den europäischen Markt.[2])

Bevor Banka als Zinnproduzent auftrat, soll Malakka den Zinnbedarf Chinas und Indiens zum grossen Teile gedeckt haben.[3]) Aber auch als der mächtige Konkurrent zur Herrschaft kam (seit 1710), blieb die Erzeugung von Malakka noch bedeutend. In den ersten Dezennien unseres Jarhundertes sollen järlich etwa 1500 bis 2000t Zinn aus Malakka exportirt worden sein.

Ende der Zwanziger-Jare wird folgende Erzeugung von Malakka und den anliegenden Inseln angegeben:

Ostküste von Malakka		Westküste von Malakka	
Junk Ceylon .	300 Tonnen	Tringany .	400—500 Tonnen
Perak . . .	200 „	Sungora & Patani	200 „
Salangore . .	200 „	Singkep . . .	300 „
Malakka	200—300 „	Pahang	200 „

Summa also über 2000t.

Etwa die Hälfte dieser Menge wurde von Singapore aus verschifft. China (Canton) und Indien waren die Hauptkonsumenten.[4])

Die Erzeugung der Dreissiger- und Vierziger-Jare ist ziemlich regelmässig = 2000t.[5])

Der Distrikt Perak (an der Westküste von Malakka), welcher lange Zeit in Folge von Kriegen brach gelegen, ist seit 1873 wieder als starker Produzent aufgetreten. Unter englischem Schutze wanderten viele chinesische Wäscher ein.

Im Jare 1871 kamen vom besagten Gebiete 700t Zinn nach Singapore; 1875 aber etwa 4700t.[6])

Doyle beschreibt die besagten Zinnwäschen, welche durchschnittlich 7 bis 8 Mtr. tief anstehen. Unter den zinnfürenden Lagen

---

1) Beer: Welthandel 1862, II., p. 191.

2) Berg- u. Hütten-Ztg. 1878, p. 401.

3) Hamilton: Account of the East Indies. II., p. 73, zit. bei Crawfurd.

4) M'Cullochs Dictionary of Commerce. 1832, p. 1047.

5) Royle: London Edinb. Phil. Mag. 1844, p. 62 und Croockewit: Banka 1852, p. 62. Der letztere Autor schildert ausfürlich die Verhältnisse, welche jenen von Banka änlich sind. Chinesische Arbeiter überschwemmen seit Ende der Vierziger-Jare das Land (p. 70—98).

6) A. Faber: Revue d'étain, 14. März 1876.

trifft man immer auf Kaolinmassen, welche mitunter bis 7 Mtr. mächtig sind. In diesen Kaolin dringt man nicht ein, da er erfarungsmässig niemals Erz in abbauwürdiger Menge enthält.[1])

Offenbar hat man es hier mit dem in situ verwitterten Granit zu tun. Was derzeit Kaolin ist, war ehedem hartes Granit-Flussbett. Im Laufe der Zeit sind eben die ganzen von erzfürendem Sand bedeckten Granitgebiete tief verwittert und es ist wol begreiflich, dass man derzeit, wo man noch reiche Wäschen hat, den erzarmen kaolinischen Granit nicht ausbeutet.

China und Indien sind nach wie vor die Hauptkonsumenten für Malakka-Zinn. Der Zinnhandel, welcher ehedem grösstenteils durch chinesische, indische und malaische Schiffe besorgt worden, kommt jetzt mer und mer in europäische Hände.

Dass die gesammte Erzeugung fortwärend zugenommen hat, können wir aus den Angaben über die Ausfur von „Straits tin“ ersehen. Unter dem eben erwänten Ausdrucke versteht man das von Singapore verschiffte Zinn. Dieses Zinn wird aber von Malakka und den anliegenden Inseln mit Ausname von Banka und Bilitong bezogen und nach England (und Holland) verschifft.

Welche Gebiete von Malakka besonders ergiebig waren und sind, ist nicht zu erfaren und auch über die umliegenden zinnfürenden Inseln wissen wir (mit Ausname von Banka und Bilitong, welche besonders abgehandelt werden) nicht viel.

Folgendes sind die mir zugekommenen Daten:

Sumatra[2]) und Java[3]), die Westküste von Borneo und Flores[4]) haben Zinnwäschen; doch war die Ausbeute nie von Bedeutung. —

Die Insel Carimon hat anstehende Felsen von Granit und Greisen, auch nicht selten Turmalinfels.

Bis zum Jare 1862 haben hier Malaien und Chinesen in ser primitiver Weise Zinn gewaschen:

Man liess einfach den Bach so lange in den Alluvien wülen,

---

[1]) Doyle: Q. j. geol. soc., 1879, p. 229.

[2]) Bruckmann: Magnalia 1727, I., p. 304.

[3]) Ueber die Geologie von Sumatra, s. Jaarb. Mynwesen Ned. Oost Indie, 1875 und 1876.

[4]) Berggeist 1863, p. 319; Schneider: Jb. geol. Reichsanst. 1876, p. 134.

bis die erzfürende Schicht entblösst war, dann erst wurde vorsichtiger geschlemmt.

Um die Tiefe einer Erzlage zu bestimmen, wendete man den chinesischen Erdborer an. Es ist dies eine eiserne, an eine Stange befestigte Düte, welche mit der Spitze in den Boden eingetrieben wird. Ein Pfropf schliesst die nach oben gerichtete Mündung der Düte; er kann mittels eines Strickes gelüftet werden. Dann füllt sich die Düte natürlich mit dem umgebenden Detritus und dieser kann untersucht werden.

Seit 1862 hat der Wäschenbetrieb sich bedeutend vervollkommt, indem eine holländische Gesellschaft unter Dach's Leitung die Insel belegt hat.

Am reichsten sind die Wäschen an den Biegungen der Bäche.[1])

In den Wäschen findet man Zinnerz gesellt mit Quarz, Magneteisen etc. Das Vorkommen der Zinnerze scheint vollkommen analog jenem von Banka.

Die Versuchsborungen ergaben, dass die Erzlagen im allgemeinen 6 bis 12 Mtr. tief liegen. In der Hälfte der Fälle war die Dicke der Lage von erzfürender Erde etwa $^1/_2$ Mtr., in den anderen Fällen aber ganz unbedeutend. Unter 50 Fällen fand man 6 Borungen mit einem mittleren Gehalt von 1200 Kg. Erz in 1000 Kbm. Detritus, acht andere Borungen ergaben einen Gehalt von über 100 Kg. in 1000 Kbm. Alle übrigen Fälle lieferten keine nennenswerten Mengen Erz.[2]) —

Die Zinnwäschen der Granitinsel Junk Ceylon (oder Salanga) werden schon seit dem vorigen Jarhunderte ausgebeutet. Im Jare 1783 wurden 500t. Zinn produzirt; 1787 nur 240t.

Die Selbstkosten sollen damals nur halb so hoch zu stehen gekommen sein, als der Marktpreis.[3])

Zu unseren Zeiten ist die Erzeugung fort und fort zurückgegangen.

Durch die hohe Steuer (von 24 $^0/_0$ der Erzeugung), welche der Raja forderte, sahen sich die chinesischen Arbeiter veranlasst, einen grossen Teil der Wäschen aufzugeben.[4]) —

[1]) Dach: Berg- und Hütt.-Ztg. 1863, p. 337.

[2]) Everwyn: Jaarb. Mynwesen Ned. Oost Indie, 1872. II, 81, 123, 124.

[3]) Ritter: Erdkunde, 1835, V, p. 77.

[4]) Engin. and Mining J. New-York, 1876, Bd. 22, p. 156.

Die Wäschen auf Koendor haben sich als nicht abbauwürdig erwiesen. —

Sinkep wird durch Eingeborene und Chinesen schon seit Ende des vorigen Jarhundertes ausgebeutet.

Für das reiche Waschtal Segemok stellt Everwyn folgende Schätzung auf: Durchschnittliche Tiefe der Erzlage 7 Mtr. Gehalt pro 1000 Kbm. Schutt 1500 Kg. Erz. Drei Chinesen können 1000 Kbm. im Jare umsetzen (?). Mit 100 Chinesen kann man in 24 Jaren 24 Wäschen anlegen und so das Tal erschöpfen. Ueber 52t Erz = 37t Zinn = 40000 fl. werden aus jeder Wäsche gezogen. Dagegen hat man Auslagen für 100 Chinesen (15 fl. pro Monat) = 18000 fl., Schmelzlon für 37t = 1700 fl., Transport, Verwaltung etc. 10000 fl. Bleiben 10000 fl. Gewinn.

Eine reiche Wäsche beim Dorfe Sinkep hat ein Chinese von dem Fürsten von Linga im ersten Jare für 22000, in den folgenden drei Jaren für 17000 fl. gepachtet. Durchschnittlich produzirten daselbst 50 Chinesen järlich 25t Erz. (Evervyn: Jaarb. Mynwesen 1872 p. 104).

In diesem Falle ist es allerdings schwer zu verstehen, wie der Chinese das riesige Pachtgeld herein bringen soll, und muss man wol annemen, dass er durch wucherische Vorschüsse und durch Unterschleif sein Geschäft rentabel machte.

Anfangs der Siebziger-Jare dürfte die Insel etwa 600t Zinn produzirt haben.

Endlich sind auch die Wäschen von Lingen zu erwänen. —

Der Hauptexport von Malakka und den Inseln geht nach England, China und Indien.

Die Einfur von Straits-Zinn nach England stellte sich in den Sechziger-Jaren auf 2200t p. Jar. 1870 bis 1877 aber beträgt sie 2300, 5500, 6100, 4800, 4200, 8600, 7500, 4300, also 5600t im Mittel.

Holland bezieht ausser der gesammten Erzeugung von Banka und Bilitong noch järlich etwa 2000t von den übrigen Straits-Ländern.

Indien bezieht järlich etwa 2000t von den Straits.[1])

Auch China muss von dort her beträchtliche Mengen beziehen.

Der gesammte Export von den Straits (mit Ausname von

[1]) Statement of the trade of Brit. India 1874—1878.

Banka und Bilitong) lässt sich, wie man sieht, nicht bestimmt ermitteln. Das Mining J. giebt für den gesammten Straits-Export von 1872 bis 1875 die (wol zu niedrig gegriffenen) Zalen 9800, 7000, 7600 und 11000t.

2. Banka und Bilitong.

Die Insel Banka [1]) ist die Fortsetzung des Gebirgszuges von Malakka. Sie weist dieselbe geologische Beschaffenheit und denselben Reichtum an Zinnwäschen auf.

Van Diest's Abhandlung und die beigegebene geologische Skizze von Banka geben folgendes Bild: [2])

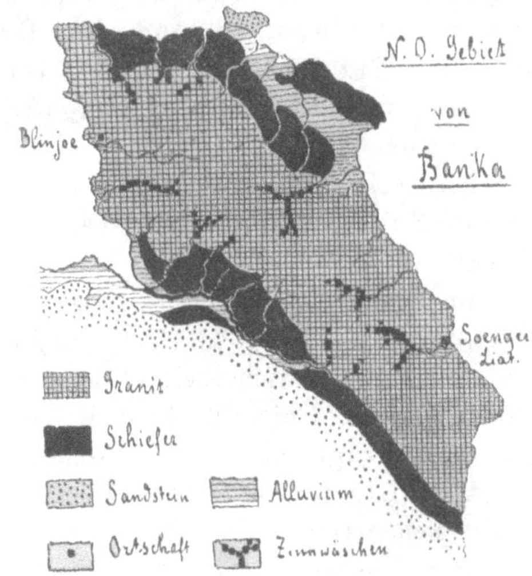

Die Insel besteht aus mereren Granitmassen, deren Längserstreckung mit der orografischen und tektonischen Linie Malakka-Banka zusammenfällt. Der Granit ist meist grosskörnig, grusig, verwittert blockig. Mitunter zeigt er Uebergänge in Sienit. Gänge von feinkörnigem Granit und Granitporfir wurden an mereren Stellen im grobkörnigen Granit angetroffen.

---

[1]) Die reiche Literatur bezüglich Banka und Bilitong findet man im Jaarb. Mynwesen Ned. Oost Indie, 1873, II, p. 174 f. und 1875, II, p. 203.

[2]) Van Diest: Banka, 1865, p. 34, 57 f., 65, 70 f. Resultat p. 74. Detailbeschreibungen der einzelnen Distrikte von Banka findet man im Jaarb. Mynwesen Ned. Oost Indie:

1872 I (Akkeringa: Blinjoe),
1872 II (Van Diest: Soengeileat),
1873 I (Van Diest: Merawang),
1874 I (Renaud: Soengeislan),
1878 I (Cordes: Pankal Pinang).

An die Granitmassen grenzen, wie die Skizze zeigt, Schiefer. Sandige Gesteine wechsellagern mit denselben. Diese Tonschiefer und Quarzite gehören dem Silur an und finden sich ausser auf Banka auch auf Bilitong, Carimon und anderen Inseln.[1])

Auf eine Entfernung von 1 bis 2 Km. von der Granitmasse zeigen sich die Schiefer stark metamorfosirt; die Sandsteine erscheinen wie Quarzite oder wie Hornstein. Ferner sind die Gesteine dieser Kontaktzone haüfig durchsetzt von Turmalin-Trümmern und -Adern und Quarzgängen. Da und dort trifft man etwas Manganerz. (V. Diest.)

Ueber das Vorkommen des Zinnerzes berichtet Everwyn: In wenigen Fällen scheint das Erz gangweise vorzukommen; meist findet man es im Granit eingesprenkelt. In den Schiefern und Sandsteinen, welche den Granit überlagern, trifft man das Erz in Butzen und Adern,[2]) oft auch zwischen den Schicht- und Schieferungsflächen der besagten Gesteine abgelagert.

Im Allgemeinen scheinen die dem Granit aufgelagerten Schiefer und Sandsteine viel erzreicher als der Granit selbst.[3])

Im Granit wurden nur wenige Erzgänge erschürft. Kaartjes untersuchte im Jare 1863 einen Gang (im Distrikte Djeboes), welcher durch die Wascharbeit blossgelegt worden, und fand in drei Versuchschächten eine Mächtigkeit des Ganges von $^1/_4$ bis $^1/_2$ Mtr. und einen Erzgehalt von durchschnittlich 0,7 $^0/_0$.[4])

Van Diest entblösste südlich von Pankalpinang (Ostküste) einen reichen Gang. Das Ganggestein war quarzig-glimmerig, mit Steinmark gemischt. Wolfram und 1 bis 4 $^0/_0$ Zinnerz waren eingestreut.[5])

Im Schiefer wies Van Diest an mereren Orten (südlich von Soengei Leat) Zinnklüfte nach.[6]) Das erzfürende Gestein war quar-

---

[1]) Schneider: Jb. Reichsanst. 1876, p. 122.

[2]) Reich an derartigen Vorkommnissen sind die Distrikte Soengei Leat und Pankalpinang. (Akkeringa: Jaarb. Mynwesen O. Indie, 1872, I, p. 67.)

[3]) Everwyn: Jaarb. Mynwesen Ned. Oost Indie, 1872, II, p. 83.

[4]) Kaartjes: Jaarb. Mynwesen Ned. Oost Indie, 1873. I, p. 155.

[5]) Van Diest: Banka, 1865 zit. Diese und einige andere wichtige Quellen verdanke ich der Güte des Herrn Direktors K. v. Ernst.

[6]) Vgl. Van Diest's Karte im Jaarb. Mynwesen Ned. Oost Indie, 1873, I.

zig und reich an Steinmark; also ganz dieselbe Erscheinung, wie im Erzgebirge. —

Alle Bäche, welche von den Kämmen der Granitzentra herabfüren und dann die Kontaktzone durchwandern, füren Erz, wie aus den Karten im Jaarb. zu ersehen.[1])

Die erzfürenden Kies- und Sandlagen sind mer minder stark bedeckt von jüngeren Alluvien und sitzen fast immer unmittelbar auf Granit oder besser auf einer mächtigen Lage von kaolinisirtem Granitgrus.[2])

Ueber den Ursprung der Zinnwäschen berichtet Everwyn:

Die meisten Wäschen auf Banka stammen nicht von Gängen, sondern verdanken iren Ursprung den erzdurchsetzten Sedimenten, welche den Granit bedecken und jenen Erzkörnern, welche mer minder reichlich da und dort im Granit eingesprenkelt vorkommen. Es erklärt sich so die Tatsache, dass in einer Bachalluvion oft nur einzelne abbauwürdige Flecken und Streifen von Zinnerz-fürendem Schutt vorkommen.

Sucht man in diesen Fällen den Ursprung dieser Ablagerungen, so findet man denselben in dem nachbarlichen Granitgehänge, welches in solchen Fällen lokal eine reichlichere Durchsprenkelung mit Zinnerz aufweist.[3])

Die Geschichte von Banka datirt seit Anfang des vorigen Jarhundertes.

Im Jare 1710 wurden auf Banka in Folge des Abbrennens eines Dorfes aus dem Erze des Schwemmlandes Zinnkörner ausgeschmolzen[4]) und seitdem hat die Insel grosse Mengen von Metall auf den holländischen Markt geliefert.

Der Sultan von Palembang, welchem die Insel unterstand, soll riesigen Gewinn aus derselben gezogen haben. In den Vierziger-Jaren des 18. Jarhundertes sollen nahezu 4000t Jaresprodukzion

---

[1]) Eine geol. Karte des Distriktes Blinjoe gibt Akkeringa, Jaarb. Mynwesen Ned. Oost Indie, 1872, I. Hieraus ist die Verteilung der tätigen und schon abgebauten Erzwäschen schön zu ersehen.

[2]) Van Diest: Banka, 1865, p. 15, 17, 31, 83 und 89.

[3]) Akkeringa: Jaarb. Mynwesen Ned. O. Indie, 1872, I, p. 67 und Everwyn: daselbst 1872, II, p. 83.

[4]) Hamilton: New account of the East Indies II, p. 121, zit. in Crawfurd: Hist. Ind. Archipel 1820.

erzielt worden sein. Der Sultan liess sich von den chinesischen Wäschern das Zinn zu einem fixen Preise abliefern und verkaufte es dann zu mer als dem doppelten Preise weiter. [1]) Somit erhob er die halbe Erzeugung als Abgabe.

In den Achtziger-Jaren ist die Erzeugung in Folge dieser Bedrückung unter 2000t, Anfangs unseres Jarhundertes aber unter 700t gefallen. [2])

1811 wurde die Insel an England abgetreten. Der Zinnhandel aber blieb in Folge besonderen Vertrages mit dem Fürsten von Palembang in den Händen der Holländer. Sie zalten dem Fürsten 6 bis 8 span. Dollars per Pikul, wärend der Marktpreis in China bis 15, ja 20 Doll. stand. [3])

Im zweiten Dezennium dieses Jarhundertes stieg die Erzeugung über 2000t. Die Holländer zalten damals den chinesischen Wäschern etwa $^2/_3$ des Zinnwertes für das abgelieferte Metall. Sie gewannen also immerhin noch über 30 %.

China und Indien waren damals die Hauptkonsumenten. Durch europäische Schiffe allein wurden järlich nach Bengalen 300t, nach China aber etwa 800t Zinn verschifft. Die Menge des durch chinesische Schiffe verfürten Zinnes ist unbekannt.

Der Zinnpreis für Bankazinn stand 1820 in China 83 sh. pro Ztr., in Bengalen 97, in New-York, wo Bankazinn mit spanischem Zinn (?) konkurrirte, auf 100 sh. Bankazinn wurde damals $^1/_5$ höher bezalt als englisches Blockzinn. [4])

Die Erzeugungskosten schätzt Crawfurd auf 22 sh. pro Ztr., wärend er vergleichsweise die Selbstkosten in Cornwall = 64 sh. schätzt. Er meint, in Banka könne man $^1/_2$, in England aber nur $^1/_5$ der Erzeugung als Reingewinn rechnen.

---

[1]) Crawfurd: Indian Archipelago 1820; deutsche Uebersetzung 1821, p. 307.

[2]) Crawfurd: Hist. Indian Archipelago 1820, III, p. 462; deutsche Uebersetzung 1821, p. 314.

Macartney, welcher zu Ende des vorigen Jarhundertes eine Gesandtschaftsreise nach China machte, berichtet, dass Banka damals den Holländern järlich etwa 150 000 Pfd. St. Gewinn einbrachte und dass das Zinn zumeist nach China ging. (Macartney zit. in J. Voigt, Mineral. Schriften 1799, p. 231.)

[3]) 1 Dollar = 4 sh. 1 Pikul = 125 Pfund. Die Erzeugung wird immer in Slabs (Zinnbarren) angegeben. 1000 Slabs sind etwa = 32t. Raffles: Trans. geol. soc. Cornwall, 1828, p. 248.

[4]) Crawfurd: Ind. Archipel, 1820. Uebers. 1821, p. 314 f.

Seit 1821 sind Banka und Bilitong durch Waffengewalt in die Hand der Niederländer gekommen. Um jene Zeit wurden loko Banka für den Pikul 10 Dollar bezalt. Die Sicherstellung dieses Monopols kostete zwar grosse Summen, doch aber dürfte den Holländern ein schöner Gewinn geblieben sein. Raffles rechnet den Preis, den die Holländer den Bergleuten zalten, = 10 Dollar pro Pikul, die Kosten der Ueberwachung repartirt auf 5 Dollar pro Pikul; somit die Selbstkosten = 15 Dollar. Bei dem Marktpreise von 20 Dollar würde den Holländern demgemäss bei normaler Erzeugung ein Jaresgewinn von 50 000 £ St. geblieben sein.

In den Zwanziger-Jaren mag die durchschnittliche Jaresprodukzion von Banka 1700t Zinn betragen haben, wärend die malaische Halbinsel etwa 1500t und Siam eine ganz unbedeutende Menge produzirte.

Fast die Hälfte dieser Metallmassen ging nach China, ein Viertel nach Indien und der Rest nach Amerika und Europa. (Raffles zit.)

In den Vierziger-Jaren produzirte Banka nach Royle über 1500t.[1])

Die Wäscharbeit der eingeborenen Malaien schildert M. Lange in den Vierziger-Jaren) als ser primitiv:

Die Arbeiter graben 1½—2 Mtr. weite Gruben, bis sie die nächste erzfürende Schichte erreicht haben. Dann gewinnen sie durch Untergrabung soviel von der Erzerde der Umgebung, als möglich (bis 1 Mtr. im Umkreis), und schliesslich verlassen sie die Grube, um nebenan eine neue abzuteufen.

Die Erzerde wird durch Handsiebe von dem gröberen Kies getrennt und dann in Körben im Flusse gestossen und gewaschen, bis das reine Erz am Boden des Korbes übrig bleibt.

Die Verhüttung geschieht in kleinen schlechten Oefen mit Blasbalg.

Die Chinesen richten nach Lange's Mitteilung[2]) iren Abbau verschieden ein, je nachdem die Erzlage seicht oder tief liegt. Im ersteren Falle heben sie die überliegenden Detritusmassen einfach ab, im anderen Falle aber gehen sie folgendermassen vor:

---

[1]) Royle: London. Edinb. Phil. Magaz. 1844, Bd. 24, p. 62.

[2]) Lange: Banka 1850, p. 100—130. Raffles und Horsfield sind nicht lesenswert.

Eine Gesellschaft von Chinesen sucht sich einen Platz aus, wo man leicht Wasser mit gutem Gefälle zur Verfügung hat. Hier wird der chinesische Erdborer eingetrieben. Dies Instrument besteht aus einer Eisenstange, an welcher eine mit einem Pfropf geschlossene metallene Düte befestigt ist. Kommt diese mit der Spitze nach unten gerichtete Düte in die erzfürende Lage, so fült dies der erfarene Zinnschürfer schon an der Art der Bewegung des Borers. Er dreht nun den Borer so lange, bis der Pfropf herausgeht. Die erzfürende Erde dringt ein und kann nun durch den Versuchborer gefördert werden. Ergibt die Probe, dass aus dem Erz mindestens 40—50 % Metall erschmolzen werden können, so wird der Wäschbetrieb begonnen, widrigenfalls aber nicht. Der Borer wird so tief getrieben, als möglich, und man erschürft so oft merere Lagen von Zinnerde.[1])

Hat sich der Schurfplatz als gut erwiesen, so meldet die Gesellschaft iren Schurf bei dem holländischen Beamten an. Dieser besichtigt den Platz, erteilt Vorschüsse behufs Anschaffung von Geräten, Anlage von Wasserwerken, leiht selbst Geräte, Eisen, Reis, Zucker, Oel u. s. f. gegen Verrechnung[2]) aus und nun beginnt die Organisazion; Ein Hauptmann, ein Schreiber, ein Säckelmeister, ein Gesellschaftskoch etc. werden erwält. Der Hauptmann leitet alle Geschäfte, sowie den Verker mit der Regierung und erhält von jedem Schmelzen je nach dessen Ertrag 30—50 fl., Schreiber und Säckelmeister empfangen je 15—20 fl. von jedem Schmelzen, der Koch pro Monat 3—4 fl. Alle arbeiten auf gemeinsamen Gewinn und Verlust.[3])

Die Vorarbeit besteht in der Anlage eines Teiches im Schlucht- bez. Talboden. Von diesem aus werden längs beider Talgehänge Kanäle von geringem Gefälle gezogen. Das Land, welches zwischen diesen Kanälen und dem Bachbett eingeschlossen ist, wird aufgearbeitet. Zunächst wird nun gerodet. Von dem Hauptkanal aus

[1]) Wenn die Erzlage nicht tief liegt, wird sie durch Schurfschächte untersucht.

[2]) Die grösseren Gesellschaften füren ein in chinesischer Sprache verfasstes Rechenbuch. Den kleinen Leuten wird von den Holländern ein fixer Vorschuss von 1 Ztr. Reis, Zucker etc. auf Verrechnung übergeben. (Lange, p. 127.)

[3]) In den Sechziger-Jaren hat sich das geändert. Es melden sich nicht genug Eigenlöner, und die Regierung ist darauf angewiesen, viele Kulis (Taglöner) in Dienst zu nemen.

gräbt man da und dort eine Seitenrinne, durch welche das Wasser über den Abhang hinabrauscht. In diese scharfströmende Seitenleitungen werden dann die Baumstrünke geworfen. Das Wasser reisst sie fort. Man gräbt die Erde ab und schüttet sie in den Abflussgraben, und auch sie wird fortgeschwemmt, hinab ins Tal. So transportirt man, so lange man genug Gefälle zur Verfügung hat, das Erdreich mittelst Strömung. Ein Tagwerker kann bei 9stündiger Arbeit 10—15 niederländische Kubik-Ellen wegraümen. (?)[1])

Ist diese Vorarbeit getan, so wird der mächtige Wäschgraben (Kollong genannt) abgeteuft. Er ist meist über 100 Mtr. lang, 50 Mtr. und mer breit und nach Bedarf 10—15 Mtr. tief. 40 bis 60 Mann arbeiten in einem solchen Wäschgraben.

Die Metode des Detritus-Transportes mittelst Wassergewalt, welche man als Erosions-Abbau bezeichnen könnte, ist so günstig, dass man sie immer und so lange anwendet, als die Ortsverhältnisse es erlauben.

Man lässt die Quergerinne an den Rändern des Wäschgrabens fortbestehen und benützt sie in der besagten Weise, wärend man mit dem Ausheben immer tiefer vorgeht.

Je zwei Baüme mit ausgehackten Stufen füren vom Schwämmkanal hinab in den Wäschgraben und da steigt nun eine Kette von Menschen auf der einen Seite nieder, auf der anderen wieder herauf.

In Körben bringen sie den Aushub und werfen denselben in den Schwemmgraben. Das Wasser trägt alles talab. Ein Gräber und ein Träger können bei einer Aushebungstiefe von $1\frac{1}{2}$ bis 2 Ellen täglich etwa 8 Kub.-Ellen fördern. Aus einer Tiefe von 4 Ellen kann eine Person in gleicher Zeit 2 Kub.-Ellen Grund 50 Ellen weit transportiren.

Natürlich kann nicht das ganze Jar in dieser Weise gearbeitet werden. In Wäschen, welche ziemlich weit talab liegen, hat man durch 8 Monate pro Jar genug Wasser, wärend hochgelegene Wäschen (welche wenig Niederschlagsgebiet haben), kaum 5 Monate lang arbeiten.

Im Ganzen kann man pro Mann und pro Jar eine Förderung von 300 bis 400, höchstens 500 Kub.-Ellen rechnen.

---

1) Van Diest: Banka 1865, p. 13.

Auf diese Menge ausgehobenen Materiales kommt im Durchschnitte eine Jaresprodukzion von etwa $^1/_2$t pro Mann.[1])

Im Distrikte Soengeislan hat man in den zwei Dezennien 1850 bis 1870 durchschnittlich 0,6t Zinn pro Mann und pro Jar produzirt.[2])

Die günstigsten Resultate gaben die Wäschen von Blinjoe.

Zehn Wäschen in diesem Distrikte gaben in den 50ger Jaren im Durchschnitte eine Jaresausbeute von 1t Zinn pro Mann.

Sechs Wäschen produzirten pro Mann und pro Jar nur $^1/_2$t Zinn.[3])

Gehen die Wäschgräben gegen die Tiefe vor, so muss die chinesische Kettenpumpe angelegt werden. Sie wird durch ein Wasserrad betrieben.[4])

Hat man die erste Erzlage erreicht, so wird ein Rasttag und ein Festmal abgehalten. Dann wird die erste Erzlage gewonnen und in Körben verwaschen. Oft graben sie dann noch tiefer und verwaschen ein zweites und drittes Erzstratum. Doch gehen sie nie tiefer als 10 bis 15 Mtr., weil ire Kettenpumpen für grosse Tiefe nicht reichen. Auch hören sie gemeiniglich mit der Arbeit auf, wenn sie eine feine weisse oder rote Tonerde antreffen, indem sie diese als das Ende der Erzlage betrachten.

Ist ein Wäschgraben ausgebeutet, so greift man das nächst höher liegende Gebiet an. Wieder wird mittels der chinesischen Schwemmförderung möglichst viel Erdreich abgetragen und in den verlassenen Wäschgraben geschwemmt etc.

So wird also das Land stufenweise erodirt und abgebaut und es geht die Arbeit naturgemäss immer vom Talgrund gegen die Gehänge und gegen den Talschluss vor.

---

[1]) Van Diest: Banka, p. 15, 32 und 90.

[2]) Renaud: Jaarb. Mynwesen Ned. Oost. Indie, 1874, I, p. 82.

[3]) Akkeringa: Jaarb. Mynwesen Ned. Oost Indie 1872, I, p. 76 bis 124. Die Belegung war in den meisten Fällen 10 bis 20 Mann (zum Teil Eigenlöner, zum Teil Tagwerker). Nur wenige Wäschen zälten 100 bis 150 Arbeiter.

[4]) Croockewit (Banka 1852, p. 28) beschreibt diese Maschine und gibt die Kosten des Wasserrades = 76 fl., die Kosten der Pumpe pro Fuss = $2^1/_2$ fl. an.

Van Diest (Banka 1865, p. 15): Aus einer Tiefe von 4,5 Ellen werden in einer Minute durch drei Wasserräder gehoben 13,5 Kub.-Ellen Wasser. 3,2 Kub.-Ellen Wasser sind pro Minute nötig, um eine Kettenpumpe zu treiben.

Die gesammte Erzerde wird zu Ende jedes Jares zu Gute gemacht. Man kleidet die Wände eines Wäschgrabens mit Gestrüpp oder Brettern aus und lässt Wasser mit gutem Gefälle durchströmen. Nun stellen sich die Arbeiter der Reihe nach in diesen Wäschbach und wülen die eingeworfene Erzerde mit Schaufeln auf. War die Erzerde kiesig, so wird sie im Wäschgraben gesiebt. Die Erzteile fallen durch, die Geschiebe aber bleiben im Sieb und werden beiseite geworfen.

Das erwaschene Erz wird dann verschmolzen.

Die Oefen sind aus Lem und Sand gebaut, 1 $^1/_2$ Mtr. hoch, 3 Mtr. lang und 1 Mtr. breit. In der Mitte des Bodens geht ein Loch nieder, durch welches das erschmolzene Metall abfliessen kann. Es sammelt sich in einer vor dem Ofen angebrachten Hölung des Bodens.

In der Rückseite des Ofens ist die tönerne Düse angebracht. Diese hängt zusammen mit einem einfachen horizontalen Pumpenzilinder, welcher aus einem ausgehölten Baumstamme besteht. [1])

Nun wird der Ofen mit Holzkolen gefüllt und mit dem Gebläse bedient, bis fast alle Kole verbrannt ist. Dann wird eine zweite Portion Kolen aufgeschüttet und wieder geblasen, bis alles in heller Glut ist. Nun erst werden von Zeit zu Zeit Erzmassen (one Zusatz eines Flussmittels) in die glühenden Kolenmassen eingetragen. Rasch werden diese reduzirt, das Metall rieselt durch die Kolen nieder und fliesst mit Asche und kleinen Kolen vermengt, in die vor dem Ofen angebrachte Grube. [2])

Von hier wird es in die nebenan aus feinstem Sande bereiteten Barrenformen [3]) übergeschöpft.

Man arbeitet der Hitze wegen nur des Nachts und es erschmilzt jeder Ofen pro Nacht etwa 1 $^1/_2$t Metall.

Die Schlacken werden mit eisernen Dreschflegeln zerschlagen, geschlämmt und verschmolzen.

---

[1]) Croockewit (Banka 1852, p. 35) sagt: „Der Blasebalg besteht aus einem zilindrisch ausgehölten Baumstamme mit einem an der Seite der ganzen Länge nach angebrachten Kanal, worin das Ror steckt, welches die Luft in den Ofen fürt. Der Kanal ist in seiner Mitte derart mit zwei Klappen versehen, dass beim Hin- und Herbewegen des Pumpkolbens Luft in den Ofen geblasen wird."

[2]) Ein gutes Bild „Nächtliches Zinnschmelzen auf Banka" findet man im Jaarb. Mynwesen Ned. Oost Indie 1872, I, Titelblatt (Van Diest).

[3]) Je zwei Barren (Slabs) wiegen = 1 Pikul = 125 Amsterd. Pfund.

Grosse Gesellschaften haben ein eigenes Schmelzhaus. Die kleinen vereinen sich zumeist und bauen sich einen Kommunofen.

In früheren Zeiten scheint man nur die reinsten Erze verhüttet zu haben, was zur Folge hatte, dass das erschmolzene Metall als das reinste berufen und mit 10% höher bewertet war als das Metall aus anderen Bezugsquellen. Trotzdem erschmolz man damals (Zwanziger-Jare) nicht mer als 55 bis 60% Metall. [1])

In neuerer Zeit aber werden auch viel ärmere Erze zu Gute gemacht, und werden drei Sorten Erz unterschieden:

1. Mittelkörniges Erz mit rötlichem Anflug, gibt 72 bis 74% Metall.

2. Grobes schwarzes Erz, gibt 60 bis 64%.

3. Feiner schwarzer Sand, welcher viele, durch die chinesische Aufbereitung unbeseitigbare Beimengungen enthält, durch den Gebläsewind leicht aus dem Ofen gejagt wird, nur 25 bis 30% Metall gibt uud als schmelzunwürdig betrachtet wird. [2])

Im Durchschnitte geben die Erze der Hauptwaschdistrikte (Soengeiliat und Toboali) 64 bis 68 bis 70% Metall und nur die Wäschen von Blinjoe liefern nicht mer als 60%. [3])

Der Kolenbedarf ist erstaunlich gering. Aus 10 Ztr. edlem Erz soll man mittels 7 Ztr. Kole (?) nahezu 7 Ztr. Zinn (70%) erschmelzen. [4])

Dies gilt wenigstens für die erste Schmelzzeit. In der dritten Nacht ist der Ofen schon so durchgeglüht, dass er eine starke Verschlackung (und Metallverlust) verursacht. Die Schmelzer wissen das wol und lassen aus diesem Grunde den Ofen wärend der vierten

---

[1]) M'Culloch: Dictionary of commerce 1832, p. 1047.

[2]) Neuerlich eingesandte Proben von feinstem Zinnerz haben im Durchschnitte nur 0,016% Verunreinigungen enthalten. (Jaarb. Mynwesen Ned. Oost Indie 1875, p. 235 und Oesterr. Zeitschr. f. Berg- u. Hütt. 1879, p. 31.) Es braucht wol nicht hervorgehoben zu werden, dass solche Analisen nicht etwa als Tipen aller Wascherze von Banka aufgefasst werden dürfen.

[3]) Diese Ausbeute-Angaben, in welche schon der unbedeutende Metallgehalt der Zinnschlacken eingerechnet ist, findet man in Croockewit: Banka 1852, p. 43 f. (Ausfürliche Angaben über Schlackenverwertung.) Der Autor gibt (p. 55) die Schmelzkosten von 50 Pfd. Zinn = 1,60 fl. an und meint, die Arbeit mit englischen Flammöfen würde um die Hälfte mer kosten. (?)

[4]) Van Diest: Banka 1865, p. 51 f.: Das Erz könnte bei idealer Verhüttung sogar 74 bis 75% geben.

Nacht auskülen. Am folgenden Tage wird er frisch ausgekleidet und kann dann wieder in Betrieb genommen werden. —

Dies waren die Verhältnisse in den Sechziger-Jaren. Im letzten Dezennium hat sich allerdings mancherlei geändert und mer und mer kommt der europäische Geist zur Herrschaft.

Die Holländer schürfen sistematisch, und zwar je nach der Tiefe der Erzlage in zwei verschiedenen Weisen.

Liegt das Erz seicht, so ziehen sie ein Netz von Quer- und Längsgräben. Steht die Erzlage in grosser Tiefe an, so gehen sie mit Erdborer und Hülse vor.[1])

Die Borlöcher werden etwa von 10 zu 10 Mtr. abgeteuft.

Auch der Abbau hängt von der Tieflage der Erze ab. Ist die Bedeckung der Erzlage durch erzlose Massen dünn, so wird das auflagernde Material nach alter Weise durch einen zugeleiteten Bach weggeschafft. Liegt die erzfürende Schichte hingegen tief, so wird aus Schächten gefördert. Die Schächte werden mittels Wasserräder wasserfrei gehalten.[2])

Die Verhüttung geschieht in 1 $^1/_3$ Mtr. hohen Schachtöfen; durch Wasser getriebene Gebläse mit kontinuirlichem Luftstrom stehen da und dort in Gebrauch.[3])

So wird also die alte Weise mer und mer verdrängt. — Aber auch die anderen Verhältnisse sind in Aenderung begriffen. Die Wäschen verarmen und liefern bei besserer Bearbeitung viel weniger Erz als ehedem. Immer weniger Eigenlöner melden sich; die Chinesen haben bei iren Landsleuten diese Art des Verdienstes in Verruf gebracht und lassen sich lieber auf Taglonarbeit ein. Die Regierung wirbt diese Leute in China an, gibt inen ein Handgeld, zalt inen die Ueberfart und stellt sie dann bei einer Wäsche an. Später zalen die Arbeiter von irem Monatgeld (8 fl. pro Monat) zurück, was sie an Staatsgeld empfangen und was sie für die Ueberfart schulden (etwa 40 fl.).

---

[1]) Einen ausfürlichen Bericht über die Art des Versuchsborens gibt Menten: Jaarb. Mynwesen Ned. Oost Indie 1874, II, p. 164 f.

[2]) Van Diest p. 96 f. (ausfürlich) und Ann. Report. Cornwall Polytechn. Soc. 1869.

[3]) Jb. Nederländ. Indie 1872, I, p. 217, 239. Berg- und Hütt.-Ztg. 1873, p. 423. Früher waren 6 Blasbalgtreiber zur Bedienung eines Ofens nötig. (!) Jeder verdiente pro Nacht 2 fl., Vlaanderen hat dieser Verschwendung durch die besagte Einrichtung gesteuert.

Durch Strafgelder wird für die Ordnung gesorgt. [1])

So also wird die neuere Zeit karakterisirt durch verbesserte Metoden, Taglonarbeit und Verarmung der Wäschen.

Wärend der Fünfziger-Jare erreichte die Produkzion iren Höhepunkt. Seitdem geht sie wieder zurück.

Die Durchschnittserzeugung pro Jar stellte sich in den Zeitraümen:

1820 bis 1829 = 1500t,
1830 bis 1839 = 2700t,
1840 bis 1849 = 4100t, [2])
1855 bis 1859 = 5200t,
1860 bis 1869 = 4700t,
1870 bis 1877 = 4400t. [3])

Bilitong. [4])

Bis zu Anfang der Fünfziger-Jare war Bilitong eine wüste Insel mit wenigen Wegen und noch weniger Brücken.

Einige arme Fischer, die nebstbei Seeraüberei betrieben, bildeten die Bevölkerung.

Man hatte zwar schon in den Zwanziger-Jaren mermals von den Zinnerzen Bilitongs gesprochen, ja im Jare 1827 war der holländische Gouverneur mit einem chinesischen Berghauptmanne wegen der Ausbeutung der Wäschen in Unterhandlung getreten, doch wollten die bezüglichen Unternemungen nicht gedeihen. Die Eingeborenen setzten jedes mögliche Hinderniss in den Weg.

So kam es, dass Bilitong erst zu Anfang der Fünfziger-Jare als Zinnproduzent erwänt ist. [5])

In der Folge hat die Zinnausbeute kolossal zugenommen, insbesondere seitdem die Soc. anonyme pour Bilitong das Monopol erlangt hat (1860).

---

[1]) Van Diest: Banka 1865, p. 21 bis 26.

[2]) Croockewit: Banka 1852, p. 58. Der Autor gibt auch die järlichen Zinnpreise an.

[3]) Mineral Statist. London.

[4]) Die alte Schreibweise Billiton ist unrichtig. Vgl. Croockewit: Banka. 1852, Vorrede.

[5]) Croockewit: Banka 1852, p. 133, 138.
Berggeist: 1863, p. 313.

Im Jare 1853 wurden 40t Zinn produzirt, 1854 = 60t u. s. f. Im ganzen Dezennium wurden durchschnittlich pro Jar 180t erschmolzen.

Im Jare 1862 ist die Erzeugung = 360t, 1863 = 730, 1864 = 800, 1865 über 1000 und seit 1867 über 2000t. Der Jaresdurchschnitt für das ganze Dezennium ist = 1200t. In den Jaren 1870 bis 1876 wurden im Mittel 3600t zu Markt gebracht.[1])

Entsprechend dieser Zuname der Erzeugung hat auch die Bevölkerung im Zeitraume 1860 bis 1876 von 14000 bis 28000 zugenommen. Chinesische Zinnwäscher waren im Jare 1860 nur 400 beschäftigt, 1864 schon 1400, 1865 = 2000, 1870 = 3000, 1873 = 4300. Seitdem aber ist eine Abname notirt (1874 = 4200, 1875 und 1876 = 3800).

Der Zinnpachtschilling, welcher vom Ende der Fünfziger- bis Anfang der Siebziger-Jare nur von 40000 auf 80000 Frcs. zugenommen hatte, schnellte im Jare 1873 plötzlich bis 280000 Frcs. Im nächsten Jare fiel er wieder auf 240000 Frcs.[2])

Im Jare 1872 waren 113 Wäschen in Tätigkeit. Von diesen hatten je 4 eine Erzeugung von 100 bis 300 und mer Tonnen; je 8 Wäschen hatten über 60t Produkzion, 16 erschmolzen über 30t, 25 brachten je 15t Zinn aus und 59 Wäschen blieben mit irer Erzeugung unter diesem Betrage.[3])

Man kann annemen, dass die 12 grössten Wäschen zusammen gegen 2000t, die übrigen 100 aber zusammen nur 1000t produzirten. Die grosse Merzal der Wäschen erschmilzt also järlich im Durchschnitte nicht mer als 10t Zinn.

Die Insel besteht gerade so wie Banka aus Granit, Schiefer und Sandstein (Quarzit).[4]) Meist sind die Zinnwäschen nur in den oberen Teilen der Täler, wo die Quarzbrocken eckig (noch nicht abgeschliffen) sind, reich.[5])

---

[1]) Van Tonningen: De Gids 1875, p. 336 und Mineral Statist. v. London.

[2]) Diese Angaben verdanke ich Herrn Direktor Ritter von Ernst, welcher die bezüglichen Tabellen durch seine holländischen Beziehungen erhalten hat.

[3]) Van Tonningen: De Gids 1875, p. 338.

[4]) S. die geolog. Karte von Akkeringa: Jaarb. Mynwesen Ned. Oost Indie 1873, II.

[5]) Berggeist 1863, p. 313.

Der Ingenieur Rant berichtet im Jare 1865 von einem Versuchsbau, welchen er leitete. Eine mächtigere Impregnazionskluft wurde durch einen Schacht und Seitenstrecken geprüft und es erwies sich, dass 1/4 der geförderten Gesteinsmassen durchschnittlich etwa 10%, 3/4 der Massen aber 4% Erz enthielten.[1])

Andere Vorkommnisse beschreibt Akkeringa.[2])

Die Holländer importiren alles Zinn von Banka und Bilitong, ausserdem järlich einige 100 bis 1000 Tonnen von England.[3]) Der Import von Straits tin nach Holland soll etwa 2000 Tonnen per Jar betragen. Import von Australien und Tasmanien unbekannt.

Die Chinesen auf Banka und Bilitong.

Das Gesammtbild einer chinesischen Wäsche ist nicht one Reiz. Da wird an buschigen Berggehängen gerodet. Gestrüpp und Wurzelwerk und Erde werden im Schwemmgraben talab gerissen. Die mächtige Aushebung des Wäschgrabens beginnt. Kettenpumpen fördern das Wasser, Ketten von Korbträgern wimmeln auf und nieder und werfen den Aushub in die Schlemmgräben.

Und nun wird der Tamtam geschlagen — es ist Mittag.

Da wandert das Volk zu jener Gruppe von Strohütten, die dort am Berghang stehen.

Ein netter Gemüsegarten liegt bei jeder Hütte; bei gutem Wolstand der Wäsche felt es auch nicht an einem sauber gehaltenen Schweinstall.

In der Hütte selbst stehen reihenweise die mit Mückennetzen überspannten Betten; ferner der gemeinsame Tisch, auf dem immer ein Topf voll Reis bereit ist und ein Fass Arak. Bei diesem Fasse ist jedes Arbeiters Name notirt und so oft einer ein Gläschen trinkt, macht er sich einen Strich zu seinem Namen als Schuldzeichen — eine Einrichtung, deren Vorhandensein ser zu Gunsten der chinesischen Gewissenhaftigkeit spricht.[4])

Hier in der Hütte wird nun die einfache Malzeit gehalten und dann beginnt wieder die Arbeit.

---

[1]) Rant: Jaarb. Mynwesen Ned. Oost. Indie 1873, II, p. 80.

[2]) Akkeringa: Jaarb. Mynwesen 1873, II, p. 19 f.

[3]) Herrn Consul Haupt in Amsterdam verdanke ich diese Angabe.

[4]) Van Diest: Banka 1865, p. 27.

So vergeht die Zeit. Da wird eines Tages die Erzlage aufgeschürft — Jubel und Rasttag und gemeinsame fröliche Malzeit und dann geht es wieder an mit der Arbeit.

Zum Schlusse des Jares brennen die grossen Nachtfeuer. Da glüht es hier und dort auf den Gehängen und der Schmelzmeister steht beim langen Ofen und zwei Männer ziehen und stossen den Stempel des Blasbalges, die Kolenburschen schütten die Kolen und der Schmelzer schüttet das Erz zu.

Stossweise rollt das flüssige Metall unter dem Herd hervor in die Sammelgrube. Es wird abgesaübert und in die Formen übergeschöpft.

So dauert es nun merere Nächte und dann wandert der Zug zum Strand und verschifft die Barren und liefert sie den gestrengen Herren ab zu vorbestimmtem Preise.

Von dem Werte des eingelieferten Zinnes werden der Reihe nach die Vorschusslieferanten, dann die Hüttenleute und Kolenbrenner und endlich die Wäscher befriedigt.

Hat die Gesellschaft eine gute Ausbeute gehabt,[1]) so hält sie ein fröliches Schlussessen. Dazu werden auch viele benachbarte arme Landsleute geladen und es wird nicht gespart mit Reis, Schweinbraten, Geflügel und Tee.

So endigt denn ein gutes Jar mit Freuden.

Anders aber stellt sich die Sache, wenn die Leute ein Defizit erarbeitet haben.

Dann keren sie still zu irer Arbeit zurück mit dem Bewusstsein, dass inen die nicht erarbeitete Schuld angeschrieben steht. Vielleicht können sie sich im folgenden Jare erholen — an gutem Willen felt es nicht.

Es kommt aber auch vor, dass sie das Geld nie erarbeiten können, um die mit Zuschlag von 100 bis 200 % angerechneten Waaren abzuzalen. Solch' verschuldete Arbeiter wurden nun in früheren Zeiten von der Regierung anderen Kompanien zugeteilt. Zu Lange's Zeiten aber kam man von dieser Metode ab, weil sie sich als unvorteilhaft erwies. Die Kompanien straübten sich, so tief verschuldete Arbeiter in ire Mitte aufzunemen in dem Glauben, diese würden nun das Unglück auch zu inen mitbringen.[2])

[1]) Croockewit: Banka 1852, p. 15 theilt mit, dass die guten Wäschen seinerzeit an jeden Teilhaber järlich 150 bis 200 fl. abwarfen.

[2]) Oft entstanden aus diesem Grunde Aufstände.

Auch erwiesen sich die kronisch verschuldeten Arbeiter im Allgemeinen so entmutigt, arbeitscheu und fluchtbegierig, dass man schon aus diesem Grunde oftmals auf ire weitere Ausnützung verzichten musste.

Dies ist ein Lebensbild von Banka.

Im Allgemeinen gelten die chinesischen Bergleute als klug, arbeitsam, ordentlich und mässig. Sie sind — wol mit gutem Recht — zurückhaltend gegen den Europäer, sie weisen alle Neuerungen zurück und bleiben beim Althergebrachten, auf dessen Güte sie stolz sind. —

Zum Schlusse gebe ich eine Tabelle, welche die grossartigen Leistungen der eben besprochenen Produzenten vergleichsweise überblicken lässt.

Erzeugung von Straits, Banka und Bilitong.

	Straits		Banka	Bilitong
	Einfur nach England	Gesammte Produkzion[1]	Gesammte Produkzion	
1877	4300	? ?	4300	3000
1876	7500	10000?	4500	3600
1875	8600	11000	5000	4000
1874	4200	8000	4900	4000
1873	4800	7000	4500	3300
1872	6100	10000	4400	3400
1871	5500	8000?	4300	3200
1870	2300	4000?	4700	2800

[1]) Die gesammte Erzeugung ist nicht einmal schätzungsweise bekannt. Manche der gegebenen Zalen dürfte um merere 1000 Tonnen zu wenig anzeigen.

IX. Australien und Tasmanien.

Einleitung.

Die Quellen[1]), auf welche sich die folgenden Angaben stützen, sind meist offiziell, und zwar viererlei:

1. Geolog. Surveys, Berichte über die geologischen Aufnamen.

2. Reports of the Mining Surveyors, spezielle Berichte der Bergräte über einzelne Bergwerke.

3. Mineral Statistics, statistische Ausweise, welche der englischen Volksvertretung vorgelegt werden.

4. Reports of the Inspector, Berichte betreffs der Interessen der Bergleute.

Die erste und dritte Kategorie von Berichten sind für uns von Wichtigkeit.

Sie geben uns ein annähernd richtiges Bild, und zwar ein um so besseres, je jünger sie sind. Insbesondere sind die Produkzionsziffern in den älteren Berichten ganz unzulänglich und regelmässig viel zu niedrig gegriffen. Wir werden in der Folge auch nur einige geologische Daten aus den älteren Berichten entnemen und uns betreffs der Ausbeute nur an neuere Angaben halten.

Bezüglich der geografischen Verteilung des Zinnerzes liegen folgende Daten vor:

Die Erzvorkommen halten sich immer an das flache Gebirge, welches parallel der Ostküste Australiens verlaüft.

Dies Gebirge besteht zum grossen Teile aus „Trapp“ und Granit devonischen Alters.

---

[1]) Ich habe die Literatur in London gesammelt.

Im letzteren setzen die Zinngänge auf; ausserdem findet man das Erz in den Alluvien der Bäche, welche vom Gebirge gegen West (landeinwerts) und gegen Ost (seewerts) rinnen. [1])

Zuerst wurden natürlich die Wäschen in Angriff genommen; in den letzten Jaren ist aber auch der Bergbau in's Leben getreten.

Dies das allgemeine Bild und nun lassen wir die Spezialberichte folgen.

Wir beginnen mit der Südprovinz, weil hier das erste Erz gefunden wurde.

Victoria

hatte bis zu den Fünfziger-Jaren nur Viezucht und wenig Ackerbau getrieben. Seitdem hat es sich in einer Weise entwickelt, welche unsere Bewunderung erzwingt.

Der Reichtum stützt sich auf die verschiedensten Quellen nicht allein des Naturreiches, sondern auch der Industrie. Energie und Tüchtigkeit der Kolonisten verhelfen denselben, sich mer und mer auf eigene Füsse zu stellen.

Unter den Metallschätzen spielt Zinn eine bedeutende Rolle.

Kassiterit wurde in dem schwarzen Sande von den Goldfeldern Victoria's durch G. Foord im Jare 1853 entdeckt. [2])

Man fand bald darauf Waschzinn in den goldfürenden Alluvien von Beechworth, Strathbogie Ranges, Taradale und Berwick.

Der schwarze Sand, welchen man in diesen Gebieten ersichert, enthält ausser Zinnstein auch viel Titaneisen, Zirkon, Turmalin u. s. f. In Folge dieser Beimengungen erschmilzt man aus diesem Materiale im Allgemeinen nicht mer als 53 % Metall. Durch Siebung kann man aber Zinnstein und Titaneisen ziemlich gut trennen, indem der letztere Bestandteil meist viel feinkörniger ist und durch ein Sieb mit 256 Maschen auf den Zoll durchfällt, wärend der gröbere Zinnstein im Siebe liegen bleibt.

Smyth gibt eine Zusammenstellung der Zinnerzeugung, aus welcher wir ersehen, dass vom Jare 1853 bis 1866 järlich etwa 120t Zinnsand (= 60t Zinn) verschifft wurden. Seit 1867 beginnt die Kolonie selbst einiges Erz zu verhütten. [3])

[1]) Vgl. Wolff: Leonh. Jb. f. Mineral 1877, p. 82 mit geol. Karte von Ost-Australien.

[2]) Brug-Smyth: Goldfields of Victoria. Melbourne 1869, p. 412.

[3]) B. Smyth zit. p. 413.

Nach England wurden von Victoria importirt: 1860 bis 1869 durchschnittlich 130t Zinn järlich; von 1870 bis 1877 stellt sich der Import nach England = 110, 130, 300, 270, 1600, 1200, 1300, 2500t Zinn.[1])

Der Import nach Holland, China u. s. f. ist unbekannt.

New South Wales.

New S. Wales wurde zu Ende des vorigen Jarhundertes von Pitt als Verbrecherkolonie in Vorschlag gebracht und lange hat das Land in dieser Eigenschaft gedient. Bis in die Fünfziger-Jare waren Ackerbau und Schafzucht (Talg) die wichtigsten Einnamsquellen. Allmälig wuchs die Bevölkerung, so dass man schon im Jare 1830 statt Grund und Boden zu verschenken, selben verkaufen konnte.

Seit den Fünfziger-Jaren wachsen Bevölkerung und Erzeugung in grossartigster Weise.

Unter den Naturprodukten spielen Metalle, unter diesen das Zinnerz eine bedeutende Rolle.

In New South Wales wurde zuerst im Jare 1853 durch den Aufnamsgeologen Herrn W. B. Clarke Zinn nachgewiesen. Dieser Autor hat die nördlichsten Gebiete von New Sout Wales besucht und stattet hierüber folgenden Bericht[2]) ab:

Die Gebirgskette, welche etwa 200 Km. von der Küste entfernt durch das Land streicht, besteht aus alten Trappgebilden und Granit. Der Granit steht durch Uebergänge mit Porfir sowol als auch mit Trapp in Verbindung. Die Alluvien einiger Bäche dieser Gegend füren Gold. Nahe Dundee am Paradise Creek (Bach) und bei New Valley fand sich Molibdänit, Wolfram und Zinnoxid nebst Turmalin, Spinell und anderen Mineralien im Flusssande.

Eingehendere Berichte erhalten wir über die Wäschen der Bäche, welche nahe der Nordgrenze von N. S. Wales landeinwärts fliessen.

Wilkinson[3]) beschreibt die Wäschen von Copes Creek (nahe Invernell) als reich.

---

[1]) Ich habe 100 Erz immer = 70 Zinn gesetzt. (Siehe Mineral. Statist.)

[2]) Dieser Bericht erscheint abgedruckt in dem sogleich zu besprechenden Aufsatze des Herrn T. Wilkinson (siehe nächste Anmerkung).

[3]) Wilkinson: Tinbearing Country Invernell (New S. Wales) Legislat. Assembly 1873..

Die Banka Tin Mining Co. hat die älteren Alluvien dieses Tales in Arbeit genommen und aus einer „Ladung“ durchschnittlich etwa 13 Pfund Zinnstein erbeutet.

Wärend des Jares 1873 sind 300 Arbeiter in Summe etwa 4 Monate pro Jar beschäftigt gewesen und haben in dieser Zeit aus besagten Wäschen über 300t Erz erwaschen.

Anstehende Gänge wurden an mereren Stellen in den Granitbergen dieser Gegend gefunden; sie streichen in allen beobachteten Fällen zwischen O und NO.

G. Wolff berichtet über Geologie und Abbau im Gebiete des Severn wie folgt: Weit ausgedente Wäschen sind im Abbau begriffen — ausserdem wurden auch viele ONO. streichende Gänge im Diorit und Granit des Severn-Gebietes erschürft. Merere haben einen mauerartig aus dem Boden aufragenden eisernen Hut und es ist das Streichen derselben in Folge dieser Eigenschaft oft weithin an der Erdoberfläche verfolgbar.

Im grauen Granit ist der eiserne Hut weich, erdig und enthält viel Kupferkarbonat. Im dunkelbraunen quarzigen eisernen Hut des Glimmerdiorites findet man viel grün gefärbte Gipskristalle und Knoten von Misspickel. Der Zinngehalt des eisernen Hutes war in den untersuchten Fällen gering.

Einige andere Gänge zeigen im Ausgehenden Hornblende, Quarz, Turmalin und Zinnstein (Wolff, pag. 25).[1]) Ser beachtenswert sind ferner die von Wolff trefflich beschriebenen erzfürenden Lager im Granit. Diese Lager bestehen aus locker miteinander verbundenen Körnern und Kristallen von Feldspat und Glimmer; oft ist auch der Feldspat ganz zu gelbem Ton zersetzt. In dieser grusigen bis tonigen Lagermasse nun sind grosse scharfkantige Quarze und Zinnstein-Kristalle eingebettet. Merfach kann man beobachten, dass diese Quarzkristalle auf den Grenzflächen des anstossenden festen Granitlagers aufgewachsen sind. Wir haben es hier also offenbar mit konkrezionären Bildungen (gleich den Lagern von Zinnwald) zu tun (Wolff, pag. 29).

Die Alluvien wurden vordem durch Versuchslöcher untersucht.

---

[1]) Ueber einige Gänge im Gebiete des Severn berichtet auch Lucas zit. p. 149. Die Gänge sind $^2/_3$—2 Mtr. mächtig und sollen reich sein. Der Abbau geht bis 10 Mtr. tief.

In neuerer Zeit aber werden 5 Cm. weite Holborer (von zwei Mann bedient) angewendet.

Man setzt diese Borlöcher in Entfernung von je 2 Mtr. voneinander und ordnet sie so, dass die Längsrichtung des Tales mit der Diagonale eines von vier Löchern gebildeten Viereckes zusammenfällt.

Bei geringer Tiefe der Alluvien und genügendem Waschwasser behandelt man die Lager mittelst 2—3 Mtr. breiter, stark ansteigender Röschen; man legt ein 60—80 Cm. breites Flachgerinne mit durchbrochenem Boden vor.

Die durch die Rösche vordringenden Wässer bringen die zu waschenden Alluvien zu dem Flachgerinne. Hier gleiten die groben Massen über den durchbrochenen Boden, wärend die feineren Sandmassen sammt den Erzkörnern durchfallen und nun der weiteren Bearbeitung übergeben werden. Wenn viel fester Lem in den Alluvien vorkommt, muss dieser erst zermalmt und zerwaschen werden, weil sonst viele Zinnkörner, welche an den Lemklumpen kleben, verloren gehen.

Diese einfache Art des Abbaues wird angewendet, wenn die Tiefe der erzlosen Alluvien über der Erzschichte unbedeutend ist.

Bei grösserer Tiefe werden weite Schächte abgeteuft und von inen aus Stollen getrieben. Sind die Förderstrecken abgebaut, so raubt man die Zimmerung derselben und lässt die Massen zu Bruch gehen.

Der Wochenlon der europäischen Arbeiter beträgt (bei 7stündiger Arbeitszeit) 2 bis $2^1/_2$ L. St. Die Chinesen bekommen 1 bis $1^3/_4$ L. St. Bei derartigen Lonverhältnissen beschränkt sich die Verwendung der Europäer natürlich ser. In manchen Wäschen füren sie nur mer die Aufsicht. [1])

Diese Berichte werden durch Clarkes Report (über das besagte Gebiet des Severn) ergänzt. [2])

Die folgende Skizze bezieht sich zum grossen Teile auf den letzteren Bericht und hat nur einige Ergänzungen aus dem Annual Report von 1877 aufgenommen. Aus letzterem Berichte entneme ich die Angaben über die Erzeugung, welche in allen früheren Ausweisen zu niedrig gegriffen erscheinen. Wenn man die Zalen der

[1]) G. Wolff: Berg- und Hüttenztg. 1875, p. 13.

[2]) Clarke in Lucas: Mines and Mineral Statist. of New S. Wales 1875, p. 62 und 159.

ersten Reports vergleicht mit den Angaben der Massen australischen Zinnes, welche järlich auf den Markt von London geworfen werden, so kann man die Differenz gar nicht verstehen, und erst wenn man die neueren Angaben über australische Erzeugung in die Hand bekommt, trifft man auf bessere Harmonie zwischen Produkzion und Export.

Dies ist auch leicht begreiflich. Die Kontrole kann unmöglich den durch weite öde Landstriche verstreuten Wäschen und Minen auf dem Fusse folgen und so muss natürlich die offizielle Produkzionsziffer weit hinter der Warheit zurückbleiben. Erst die Zukunft wird uns verlässlichere offizielle Berichte bringen in dem Maasse, als sich der Bergbau fixirt haben wird.

Jetzt dürfen wir an die Berichte noch keinen strengen Maassstab anlegen, sondern wir müssen sie als das nemen, was sie in der Tat sind: Angaben über den beilaüfigen Stand einiger der wichtigsten Bergwerksunternemungen. In diesem Sinne ist auch die folgende Skizze zu fassen:

Der zinnfürende Granit von New South Wales und Queensland steht in innigem Verbande mit den gleichaltrigen devonischen Sedimenten. Alluvien füllen die Schluchten und Täler und in diesen Alluvien findet sich das Waschzinn. Die jüngeren Alluvien sind nicht abbauwürdig und die Erzeugung hat erst jenen grossartigen Aufschwung genommen, seitdem die Unternemer durch Schächte gegen die tieferen Detrituslagen vorgedrungen sind. Die Schächte reichen durchschnittlich etwa 20 Mtr. tief. Die zu durchsinkenden Alluvien bestehen bald aus Geröllen, bald aus sandigem Lem oder Ton. Nicht selten ist eine oder die andere Lage durch ein eisenschüssiges Zäment verkittet und dies erschwert dann natürlich die Arbeit ser, insbesondere, wenn sich gerade eine solche Konglomeratlage als zinnfürend erweist.

Die reichsten Wäschen halten sich derzeit an die Alluvien des Vegetabel Créek, eines Zuflusses des Severn.

Wie dies von den Untersuchungen der Goldwäschen her bekannt ist, erinnert die raümliche Verbreitung der erzfürenden Lagen immer an einen Flusslauf, und in der Tat hat man es mit alten Flusslaüfen zu tun. Ein Vorkommen gleicht immer dem anderen; die Bilder weichen nicht viel von einander ab.

In einem Falle folgt man einem langen, aber höchstens 60 bis

70 Mtr. breiten Streifen erzfürenden Sandes. Diese Ablagerung ist etwa in einer Mächtigkeit von 1 Mtr. in abbauwürdiger Weise mit Erzkörnchen durchsät. Der Sand gibt im Mittel 1,7 Gewichtsprozente Erz. In einer anderen Wäsche folgt man einem ebensolchen erzfürenden Flussstreifen, welcher aus sandigem Lem mit vielen mittelgrossen Geröllen besteht und in einer Mächtigkeit bis zu 1,5 Mtr. abbauwürdig ist.

Der bedeutendste Abbau aber hält sich an einen Erzfluss[1]), welcher etwa 20 Mtr. unter jüngeren Sedimenten begraben liegt, eine bedeutende, noch unbekannte Länge und eine wechselnde Breite von 6 bis 130 Mtr. hat.

Die Schächte treffen in besagter Tiefe auf einen bereits gegen 700 Mtr. langen Tunnel und dieser Tunnel verfolgt den Erzfluss.

Die erzfürende Lage ist abbauwürdig in einer Mächtigkeit von durchschnittlich 1 Mtr., doch schwillt sie stellenweise bis zu 4 Mtr. an.

In diesen durch Ergiebigkeit ausgezeichneten Wäschen hat man nun folgende Ausbeuteverhältnisse gehabt:

1. Durch 18 Monate haben in der einen Wäsche 45 Mann und 2 Pferde wöchentlich durchschnittlich 7 t Erz erwaschen.

2. In einer anderen Wäsche haben 50 Mann und 2 Pferde im Laufe von 6 Monaten wöchentlich 12 t Erz gewonnen.[2])

Trotzdem scheint die Rentabilität nicht gross. Im Jare 1876 waren von sämmtlichen Zinn-Minen 134 nicht aktiv und nur vier zalten eine mässige Dividende.[3])

Die aus den Schächten heraufgehaspelten erzhältigen Massen werden auf Schienenwegen zu den Waschherden gefürt. Manche harte Konglomeratmassen müssen aber vor der Aufbereitung gepocht werden. — Die Arbeiten gehen tüchtig vorwärts; nur bereiten die Witterungsverhältnisse mitunter schwer überwindliche Schwie-

---

[1]) Mir scheint dieser Ausdruck die natürlichen Verhältnisse gut zu bezeichnen.

[2]) Ein ser subjektiv gefärbter Bericht im London Mining J. 1875, p. 928 behauptet, Erzerde mit weniger als 4 % Erz (= 2½ % Metall) werde nicht für abbauwürdig befunden. Solche Angaben können richtig sein; auf jeden Fall sind sie aber dazu angetan, den Laien irrezufüren, wärend sie dem Bergmann gar nichts nützen. Es ist ja ganz begreiflich, dass eine ser dünne Lage reicher Erzerde unrentabel wird, wenn eine ser dicke Lage erzlosen Schuttes darüber lastet.

[3]) Mining J. London 1876, p. 1388.

rigkeiten. Oft kommen monatlange Dürren und es felt dann Wasser zur Aufbereitung. Darum haben die grösseren Kapitalisten riesige Teiche angelegt, welche auch wärend der dürren Zeit Arbeitswasser liefern. Auch wendet man alle Sorgfalt an, um mit möglichst wenig Wasser viel zu leisten.

Die wesentlichsten Verbesserungen der Aufbereitung, welche, wie gesagt, zum Teil durch Wassermangel, zum Teil aber auch durch die niederen Zinnpreise erzwungen wurden, sollen hier skizzirt werden.

Ursprünglich wendete man den in den Goldwäschen gebraüchlichen engen Waschherd und den Waschrechen an. Aber bald fand man diese Metode des Waschens unvorteilhaft, weil man eben mit dem Waschwasser sparen musste.

Es wurde deshalb ein Schüttelbrett eingefürt. Dieses ist $1\,{}^1/_3$ Mtr. lang und ${}^2/_3$ Mtr. breit und von Löchern durchbrochen, welche ${}^5/_8$ bis 1″ Durchmesser haben. Das Brett wird an dem oberen Ende des Herdes angebracht.

In Folge dieser Einrichtung werden die grösseren Geschiebe und Kiesstücke verhindert, auf den Herd zu fallen und das feinere, erzfürende Material, welches allein durch die Löcher in den Herd fällt, kann dort mit einer verhältnissmässig geringen Wassermenge gewaschen werden. Statt des Rechens wendet man eine flache rechteckige Schaufel an, um das Erz am oberen Ende des Herdes zurückzuhalten.

Ferner hat man eine grosse Ersparniss erzielt durch Einfürung von durch Pferde getriebenen Wasserpumpwerken.

Früher wurde die kalifornische Pumpe dnrch je zwei Tagwerker getrieben und beliefen sich die Kosten auf 12 bis 14 Sh. — Jetzt legt man für das eine Pferd, welches man zum Betriebe der Pumpe benötigt, 4 Sh. pro Tag aus und hat überdies einen regelmässigen Wasserstrom, ein für das Waschen wichtiges Moment.

Herr Wesley, der Werkfürer der Great Britain Tin Mining Co., hat die Aufbereitung noch mer vervollkommnet. Besonders hervorzuheben ist die Einfürung eines zilindrischen Siebes (statt des Schüttelbrettes), welches mittelst Transmission zugleich mit dem Pumpwerk in Bewegung gehalten wird.[1]) Die Axe

[1]) S. die Figur in Lucas: Mines and Mineral statist. of New-S.-Wales 1875, p. 62. Trommelsiebe sind bereits zu Ende des vorigen Jarhundertes in

des Siebes hat eine schwache Neigung gegen den Horizont, so dass die gröberen Geschiebe von selbst seitlich abgleiten. Die durchfallenden feineren erzfürenden Massen werden von einem Arbeiter in dem Herd behandelt.

Das Waschwasser gelangt von der Waschrinne in einen Trog, welcher noch immer höher liegt, als das Pumpreservoir, so dass man das hierher gelangte Waschwasser wieder in das grosse Pumpbassin zurückfliessen lassen kann.

Bei dieser Art der Arbeit braucht man zwei Mann zum Auflegen des erzhaltigen Materiales auf das Sieb; einen bei dem oberen Ende des Herdes, einen Burschen am unteren Ende; ein Pferd sammt Burschen zur Abfur des abgleitenden Gerölles (mittelst Schienenban); ein Pferd sammt Treiber zur Abfur des Tailings und endlich ein Pferd zur Bewegung von Pumpwerk und Rotazionssieb.

65t Material werden derart täglich verwaschen mit einer Auslage von etwa 50 Sh.

Die Kosten der ganzen Einrichtung belaufen sich auf 60 bis 70 L. St.

Vier Meilen von Vegetable Creek wurden im Jare 1875 Zinnschmelzen erbaut, wodurch wieder ein grosser Gewinn erzielt wird, indem man früher alles Erz in die Schmelzen nach Newcastle oder Sydney füren oder gar als solches an die überseeischen Konsumenten verkaufen musste.

So hat man die schlechten Zeitverhältnisse überwunden; doch haben dieselben eine nachhaltige Wirkung gehabt.

Die Löne sind nämlich so tief gesunken, dass die anspruchsvollen Europäer sich mer und mer vom Waschwerk abgewendet und den genügsamen Chinesen das Feld überlassen haben.[1]) Nur das Kapital der Europäer behauptet noch die Herrschaft. Das englische Tributsistem ist herrschend. Der europäische Grubenbesitzer überlässt dem Chinesen die Wäsche und zalt ihm pro t Erz im Durchschnitte 28 L. Glück, Fleiss und Geschick entscheiden dann, ob der Arbeiter seine Rechnung findet oder nicht.

Von hoher Bedeutung für New S. Wales ist es, dass man,

Europa bekannt. Seit 1840 kommen sie mer und mer in Aufname. Gaetzschmann: Aufbereitung 1862, I, p. 673.

[1]) Im letzten Jare hat die Regierung den Chinesen ein hohes Kopfgeld auferlegt, um den Zuzug derselben zu beschränken.

wie oben mitgeteilt, in neuerer Zeit auch im anstehenden Fels Zinnerz angetroffen hat.

Die Zukunft der Zinnerzeugung in Australien hängt davon ab, ob diese Gänge sich bewären, denn nach neueren Berichten sind bereits einige der reichsten Wäschen in der Abname begriffen.[1])

Ueber Erzeugung und Verhüttung gibt der Annual Report von 1877 Aufschluss.[2])

New South Wales produzirte in

den Jaren	Tonnen Zinn	und Tonnen Erz
1872	50	900
1873	900	3600
1874	4000	3000
1875	6000	2000
1876	5500	1500
1877	7000	800

Auf Zinn umgerechnet erhalten wir 1872—77 = 600, 3000, 5200, 7200, 6400, 7500t.

Aus dieser Tabelle ersiet man den Aufschwung der Erzeugung und beobachtet, wie die Kolonie sich vom Mutterlande unabhängig macht.

Wärend früher alles Erz unverhüttet auf den Londoner Markt geschickt wurde, verhüttet man jetzt bereits fast alles Erz in Australien und exportirt das verschmolzene Metall.

Die Anfangs ser mangelhafte Aufbereitung und Verhüttung brachte aus den Erzen kaum mer, als 50 % Metall aus; die Fortschritte der letzten Jare aber haben den Prozentsatz auf 60 bis 65 gesteigert.

Etwa $^2/_3$ der Erzeugung von N.-S.-Wales wird nach England eingefürt. Die bez. Einfur stellte sich 1872 bis 1877 = 230, 2500, 2600, 4700, 5300, 5700t Zinn (100 Erz = 70 Metall gerechnet).

Queensland.

Queensland, welches ehedem mit New S. Wales vereinigt war, wurde im Jare 1859 abgetrennt. Seitdem ist es rasch aufgeblüht.

---

[1]) Mining J. London 1877, p. 601, 683.

[2]) Annual Report of the departement of mines New-S.Wales 1877.

In den Sechziger-Jaren ist die Bevölkerung von 30 000 auf 120 000 gestiegen; die Zal Acres kultivirten Landes hat von 3000 auf 50 000 zugenommen und dem entsprechend sind Getreide-, Woll-, Holz- und Metallprodukzion gestiegen.

Der Wert des gewonnenen Goldes stieg in diesem Dezennium von einigen Tausend auf $^1/_2$ Million L. St., Kupfer von 10000 auf 170000 L. St. etc. Diese Zalen mögen genügen, um die Entwicklung zu ermessen.

Uns interessirt an dieser Stelle nur die Entfaltung der Zinnerzeugung. Herr Gregory, Mineral Surveyer, berichtet über die Auffindung dieses Erzes wie folgt:

Im Jare 1872 wurde nahe der südlichen Grenze von Queensland Zinnerz im Alluvium erschürft: Ueber 200 englische Quadratmeilen Wäschland sollen abbauwürdig sein. (?)

Die Alluvialgebiete liegen im Bereiche eines Granitlandes von 1000 Mtr. mittlerer Erhebung über der See. Die wichtigsten Wäschen erstrecken sich auf eine Entfernung von 140 englischen Meilen längs des Flusses Severn. Auch anstehende Erzgänge bestehen. 1500 Mann sind derzeit (1872) mit der Ausbeutung der Wäschen beschäftigt.[1])

Im Jare 1874 hat man 4000 t Zinn erzeugt. Hievon wurde etwa $^1/_4$ im Land verschmolzen und direkt nach London gebracht, $^3/_4$ aber als Erz via Mururundi nach Brisbane und von da nach Sydney verschifft. Im Jare 1873 wurden etwa 3200 t Zinn erzeugt.[2])

Im Jare 1875 wurden in Warwick und Mururundi 5000 t Zinn verfrachtet.[3])

Ein Artikel der jüngsten Zeit berichtet, dass die Ergiebigkeit einiger Wäschen nachlässt.

Der Distrikt von Stanthorp (Queensland) exportirte Anfangs wöchentlich 150 bis 200 t Erze, im Jare 1877 aber nur mer 100.[4])

Ich stelle nun zum Schlusse die einzelnen Erzeugungsangaben

---

[1]) Daintree: Queensland 1873, p. 72.

[2]) Resident: (Mining J. London 1875, p. 384) rechnet im Durchschnitt auf 100 Erz nur 63 Zinn. Die Angaben sind nicht offiziell.

[3]) Mining J. London 1875, p. 484.

[4]) Williams: Mining J. 1877, p. 601, 683. Es versteht sich, dass diese Angaben nur für die wasserreichen Jareszeiten gelten.

tabellarisch zusammen und zwar klammere ich die Ziffern, welche den Import nach England angeben, ein — zum Unterschiede von den Zalen für gesammte Erzeugung.

Man vergleiche die Produkzionsfigur von Altenberg, welche als höchste Leistung einmal im 16. Jarhundert etwa 6000 Ztr. = 300 Tonnen aufweist und man wird eine Vorstellung von den hier vorliegenden numerischen Werten erhalten.

Australiens Zinnprodukzion.

	New S. Wales.	Queensland.	Victoria.	Ganz Australien.
1877	7500 (5700) t.	3000? (100) t.	(2500) t.	13000 t.
1876	6400 (5300)	4000? (400)	(1300)	12000
1875	7200 (4700)	5000 (1000)	(1200)	13000
1874	5200 (2600)	4000 (1300)	(1600)	11000
1873	3000 (2500)	3200 (1000)	(300)	6000
1872	600 (230)	200? (70)	(300)	1000

Tasmanien,

welches in die Fortsetzung des australischen Zinngebirges fällt, hat in jüngster Zeit Zinn geliefert und steigert seine Erzeugung järlich bedeutend.

Ulrich besuchte die Aufschlüsse vom Mount Bischoff kurz nach deren Auffindung im Jare 1873 und berichtet hierüber nach einem zweiten Besuche im Jare 1876:

Eine mächtige kuppige Masse von Quarzporfir tritt im Schiefergebiete auf und sendet in den Schiefer viele Apofisen.

Der Porfir ist an der Grenze gegen den Schiefer reich impregnirt mit Zinnerz.

Bisher hat man bedeutende Mengen von Zinnstein aus den Detritushalden des Porfirberges erwaschen.

Im Jare 1874 stellten sich die Selbstkosten für 1 t Zinnerz loko Mount Bischoff auf etwa 20 L. St., doch kam der Transport zur Küste (35 engl. Meilen Luftlinie) wegen der schlechten Beschaffenheit des Weges hoch. Man beschloss einen Tramweg zu bauen.[1])

---

[1]) English: Mining J. London 1875, p. 19.

Kayser, ein Harzer Bergmann, hat Aufbereitung mit kontinuirlichem Klassirungsapparat, Setzmaschinen und Stossherde eingefürt, wodurch die Produkzion sich rasch entwickelt hat. Bis Ende des Jares 1876 hofft die Bischoffs Comp. monatlich gegen 100t Erz zu erwaschen.

Das Wascherz ist nur durch etwas Eisen und Kieselsaüre verunreinigt und gibt 65 bis 70 % Metall.[1])

Ausser am Mt. Bischoff hat man in den letzten Jaren auch Wäschen am Mt. Cameron entdeckt, welche Erfolg versprechen.[2])

Die zentralen Teile der Insel werden an zalreichen Stellen ausgebeutet und schütten gewaltig.

Ein kleiner Teil der Erzeugung geht nach England. Wohin die Hauptmenge der tasmanischen Produkzion geht, ist unbekannt. (China?)

Im 2. Semester 1877 war die gesammte Zinnausfur Tasmaniens über 2500t (im ganzen Jare etwa 4500t), in den ersten 5 Monaten von 1878 Export = 4100t, in der entsprechenden Zeit von 1879 = 3300t.[3])

Mufford, welcher obige Mitteilungen dem Meeting des Cornwall Mining Institut macht, betont übrigens, dass die Wege schlecht, die Transportkosten so hoch (10 bis 14 L. pro t Erz) und die Zinnpreise so niedrig sind, dass viele Minen one Profit arbeiten. Schliesslich spricht M. die allerdings unbegründete Ansicht aus, die Produkzion Tasmaniens dürfte iren Höhepunkt bereits erreicht haben.[4])

Wir müssen diese entschieden im Sinne des Cornwaller Meeting gefärbte Mitteilung notwendig mit einer tasmanischen Replik vergleichen, um ein einigermassen richtiges Bild zu erhalten.

In dieser Replik wird alles angegriffen, was Mufford vorgebracht hat. Es wird betont, dass die Wäschen zum Teil herrlich rentiren (Mt. Bischoff's Comp. zalte einmal 100 % Dividende), dass

[1]) Ulrich: Report on the tin mines of Tasmania 1874. Leonh. Jb. f. Mineral. und Geol. 1877, p. 494 bis 497. Vgl. auch Mining J. London 1878, p. 183 und 436, wo für das Jar 1877 eine Zinnerzeugung von über 1200t angenommen wird.

[2]) Mining J. London 1878, p. 19 und 48. Breite, uninteressante Beschreibung.

[3]) Mining J. London 1879, p. 586.

[4]) Mufford: Mining J. London 1878, p. 483.

man Eisenbau zur Verfügung habe, dass drei Schmelzhütten mit bestem Erfolge arbeiten, dass endlich reiche Erze im anstehenden Gestein existiren, und dass man nach Erschöpfung der Wäschen eben das Gebirge selbst angreifen werde[1]).

Zukunft der australischen und tasmanischen Zinnerzeugung.[2])

Ich anerkenne vorerst die bedeutende Ergiebigkeit einzelner Wäschen. Auch glaube ich gerne, dass eine oder die andere Wäsche einmal einen grossartigen Gewinn abwerfen kann. Endlich leuchtet mir ein, dass, wenn die Zinnwäschen erschöpft sein werden, der Bergbau anfangen kann.

Andererseits aber möchte ich doch auch den Zweifeln einen Raum gestatten.

1. Frage: Wie stellt sich denn die merjärige Bilanz der Summe aller Wäschen in New-S.-Wales, Tasmanien etc.

2. Frage: Wie werden sich die Zinnklüfte, von denen einige an der Oberfläche reich sein sollen, in der Tiefe bewären?

Es ist eben zu bedenken, dass leichtlich eine oder die andere Wäsche kurze Zeit kolossalen Gewinn abwerfen kann, wärend die Summe aller Wäschen keine glänzenden Geschäfte macht.

Andererseits ist es eine gemeine Tatsache, dass Zinnklüfte nur im Ausgehenden ser reich sind. Auch ist zu bedenken, dass reiche Zinnwäschen durchaus nicht immer auf reiche Gänge schliessen lassen.

Dies soll in Erwägung gezogen werden. Es fällt mir nicht ein, die Zukunft der australischen und tasmanischen Wäschen im Sinne Mufford's und der Cornwall Assoc. zu beleuchten. Anderseits möchte ich aber doch auch der optimistischen Replik des Korrespondenten im Mining Journal nicht zu viel Gewicht beilegen.

Meine Meinung geht vielmer dahin, dass, bevor nicht obige zwei Fragen beantwortet sind, ein giltiges Urteil über die Zukunft der Zinnerzeugung nicht abgegeben werden kann.

Es scheint mir wünschenswert 1. für alle Wäschen die Selbst-

---

[1]) Mining J. London 1878, p. 1135.

[2]) Vgl. Suess: Die Zukunft des Goldes, 1878. Die geringe Nachhaltigkeit ist karakteristisch für Gold- wie für Zinnwäschen.

kosten einer Tonne Erz zu bestimmen, 2. sistematische Versuchschürfe anzulegen und das Verhältniss der ausgebeuteten und noch unberürten Flächen anzugeben, 3. einige tiefere Versuchsbaue auf den Zinnklüften anzustellen und auch hier die Selbskosten zu bestimmen.

Natürlich wird es nicht darauf ankommen, den Gehalt des erzfürenden Stratums in einer oder der anderen reichen Wäsche allein zu bestimmen. Man muss vielmer für alle Wäschen und für längere Zeit bestimmen, wie viel Erz man durch den Abhub von 1000 Kbm. Alluvium im Durchschnitte gewinnt.[1]) Angaben über den Gehalt ein oder des anderen reichen Erzschweifes haben gar keinen Wert.

Anderseits wird es auch bei den Versuchsbauen auf Klüften nicht darauf ankommen, einzelne ser reiche Handstücke im chemischen Laboratorium untersuchen zu lassen und dann mit den „Erzen von 70 % Gehalt" den Akzionären Sand in die Augen zu streuen. Vielmer muss der mittlere Erzgehalt aller gewonnenen Gesteinsmassen bestimmt werden. Nur diese Angabe hat einen Sinn.

Erst wenn durch merere Jare verlässliche Aufzeichnungen der besagten Art bestehen werden, wird man über Rentabilität der australischen und tasmanischen Wäschen und Werke sprechen können und erst dann werden die bezüglichen Akzien einen festeren Kurs erhalten. Bis dahin aber müssen wir uns mit Berichten über den momentanen Stand einer oder der anderen Wäsche begnügen.

Der Eine berichtet über eine ser arme Wäsche und warsagt dann der ganzen australischen und tasmanischen Zinnerzeugung den baldigen Untergang. Hierüber freuen sich natürlich die Zinnbergleute aller übrigen Weltteile, sie loben die Einsicht und die scharfe Kritik des Berichterstatters. Ein Anderer berichtet über die günstige Jaresausbeute einer reichen Wäsche oder gar über faustgrosse Klumpen von Zinnerz, die man einmal gefunden, und knüpft hieran fröliche Betrachtungen über die Zukunft des Zinnbergbaues in Australien und Tasmanien.

Ich wiederhole: Derartige Angaben geben Anhalt bezüglich des

[1]) Wo man die Wäschen bergmännisch bearbeitet (auf Stollen und Strecken, welche man in der erzfürenden Lage treibt), fällt natürlich die Angabe des Abhubes weg. Hier werden Tiefenlage und Mächtigkeit der erzfürenden Lage, Wasservorrat und Verkersverhältnisse zu berücksichtigen sein.

Wertes einer oder der anderen Wäsche und auch hierfür nur, wenn sie längere Zeitraüme umfassen; die weiteren Generalisirungen aber sind ganz wertlos und unberechtigt.

Sie sind nur dazu angetan, gewisse Börseoperazionen zu begünstigen, doch beleren sie uns nicht über den reellen Wert und über die Zukunft des ganzen Zinnbergbaues. Nur statistische Ausweise über die merjärige Bilanz aller bezüglichen Unternemungen können diesem Zwecke dienen.

Mögen die Australier und Tasmanier, bald nach dem Muster der Holländer auf Banka, Versuchschürfe und Versuchsbaue nicht blos anlegen, sondern auch deren Ergebnisse publiziren und mögen sie statistische Ausweise veröffentlichen über die Summe aller Bilanzen!

Ich bin weder Pessimist noch Optimist. Ich warsage weder baldigen Untergang noch Unerschöpflichkeit.

Wol aber wünsche ich den waren Vorteil jedes Landes und jedes Volkes. Diesen waren Vorteil aber kann man nur gewinnen, wenn man die reine und ganze Warheit sucht, und diese Warheit erhält man durch eine verständig und erlich durchgefürte Statistik.

Mögen die verschiedenen Staaten in diesem Sinne handeln, mögen sie sich zur rechten Zeit klaren Wein einschenken, sonst kann es geschehen, dass eines Tages ein grosser Gegenschlag gegen die Ueberprodukzion erfolgt. — Dann aber werden Selbstbetrüger, Betrogene und betrogene Betrüger gleich hart leiden.

Man sehe die Geschichte der Zinnwerke und man wird meine Warnung verstehen und schätzen.

Ueber das Vorkommen von Zinn in anderen Gebieten ausserhalb Europas.

In **China** sollen alte Zinnbergwerke bestehen in den südwestlichen Provinzen von Junan, Suchnan, Queichu[1]) und Tschili. Doch hat die Erzeugung durch die fortwärend wachsende Konkurrenz von Malakka und Banka gelitten.[2])

Der bekannte Sinologe, Herr Dr. E. Bretschneider in Peking

[1]) Bruckmann: Magnalia 1727, I, p. 297.

[2]) M. Culloch: Dictionary of Commerce 1832, p. 1048. Scherzer: Reise der Novara, 1867, p. 411.

teilt mir — wofür ich dem ausgezeichneten Gelerten meinen besten Dank ausspreche — die folgenden Daten mit:

Aus der bekannten chinesischen Naturgeschichte Pen tsao kang mu (16. Jarh. p. Chr.) entneme ich, dass Zinn (chinesisch Sih, auch Pe la genannt) den Chinesen seit den ältesten Zeiten bekannt ist. Ein altes chinesisches Wörterbuch, shuo wen, sagt, es stehe in der Mitte zwischen Silber und Blei. Ein anderes altes Werk, ebendaselbst zitirt, gibt an, dass Schwefelarsen sich in 200 Jaren in Zinn umwandle und dass Zinn wiederum nach 200järigem Liegen in der Erde zu Silber werde. Ein Autor des 5. Jarh. p. Chr. gibt als Fundort des Zinns Kwei yang und Lin ho an; das vom letzteren Fundorte wird besonders gepriesen. (Kwai yang = Name eines Departements und Hauptort der Provinz Kwei tschou 26° 30 n. B. — Lin ho entspricht dem heutigen Arrondissement Ho hien [24° 8 n. B.] im Departement Ping lo fu in der Provinz Kuang si.)

Der Autor des genannten Pen tsao kang mu, welcher in der 2. Hälfte des 16. Jarh. p. Chr. lebte, gibt Yün nan und Heng tschou als Fundorte des Zinns an (Yün nan ist die südwestlichste Provinz China's — Heng tschou fu ist der Name eines Departements in der Provinz Hu nan [Mittel-China]). Ein Autor aus dem 13. oder 14. Jarh. (in demselben Werke zitirt) erzält, dass im Lande Man la kia (Malakka) Zinn aus dem Sande der Bergströme gewonnen werde und in Stücken in den Handel komme.

In der grossen chinesischen Reichsgeografie finde ich spezieller angegeben, dass im Departement Heng tschou fu (s. oben) sich alte Zinnbergwerke finden, und zwar in den Arrondissements Ley yang (26° 29 n. B.) und Tschangning (26° 26 n. B.).

In der statistischen Beschreibung der Provinz Tschi li (vom vorigen Jarh.) wird angegeben, dass im Arrondissement Tsien an (40° 5 n. B.), Departement Yung ping fu, im Nordosten von Peking tan sih (wörtlich: rotes Zinn) gewonnen werde.

Zinn wird gegenwärtig in bedeutender Menge aus dem Auslande nach China importirt, 17 chinesische Häfen sind dem europäischen Handel geöffnet. Nach den Returns of Trade of the Chinese Treaty ports for 1878 (Imperial Chinese Maritime Customs) wurden in diese 17 Häfen importirt 151 331 piculs[1]) of Tin in slabs, also etwa 10 000 t Zinn.

[1]) 1 Picul = 100 chines. Pfund; 1 chines. Pfund = $1^1/_3$ engl. Pfund.

Herrn Kirchhoff, New-York, verdanke ich die folgende Notiz aus Iron Age (1879): China hat, so lange der Zinnpreis hoch stand, wenig Zinn importirt. Seitdem aber der Preis ser gesunken, ist die Einfur von ausländischem Zinn rapid gestiegen (über 6000t).

Champion teilt über die chinesische Zinnerzeugung Folgendes mit: [1])

Fast alles chinesische Zinn wird aus den südwestlichen (an Hinterindien anstossenden) Provinzen des Reiches bezogen und zwar produziren die Gebiete Man tan und Hotchi (in der Provinz Kuangsi) etwa $^8/_{10}$ der gesammten Masse. Unbedeutender ist die Gewinnung in den Landschaften Heng und Yong.[2]) Die Provinzen Ta li und Thsou yong (Yunen) sollen reich an Zinn sein, doch ist der Transport zu kostspielig.

Uebrigens werden in den besagten Provinzen auch ser bedeutende Mengen ausländischer (hinterindischer und malakkischer) Erze verhüttet.

Das Mineral wird aus Bergwerken und Wäschen gewonnen. In den Bergwerken baut man begrenzte Gänge ab, doch sollen auch ganze Berge voll Zinnerz sein.[3]) Der Bergbau hält sich nahe der Erdoberfläche (fast ausschliesslich Tagbau).

Das nötige Wasser zu der Aufbereitung wird den Bergwerken durch Bambus-Wasserleitungen zugefürt.

Das gewaschene Erz wird in gemauerten Oefen mit Holzkole reduzirt.

Durch eine Rinne fliesst das Metall unter dem Ofen hervor in eine flache Hölung im Boden; das sich ansammelnde Metall wird mit einer Lage Porzellanerde oder gepulverter Holzkole bedeckt.

Wärend des Schmelzens setzt man dem Erze immer etwas Holzkolenasche als Flussmittel zu.

Das Wascherz wird, als das reinste, am höchsten geschätzt.

Das erschmolzene, noch unreine Metall wird auf der etwas geneigten Sole eines Herdes umgeschmolzen. Das reine Metall rieselt ab und lässt die Verunreinigungen zurück. Trotzdem bleiben

---

[1]) Industries des Chinois d'après les notices traduites du Chinois per Stan. Julien et accomp. de notices industrielles par Paul Champion.

[2]) Yong, alter Name für die Provinz Tschili (Bretschneider).

[3]) Warscheinlich mit Zinnerz impregnirte Granitstöcke.

immer noch schädliche Beimengungen zurück. Hierdurch wird das Zinn (wie die chinesischen Bücher sagen) brüchig; auch soll der Wein, in solchen (arsenhältigen) Zinngefässen aufbewart, giftig werden. Darum verwenden die Chinesen zum Verzinnen der Küchengeschirre nur das reinste Waschzinn, welches sie zumeist von Malakka beziehen.

Um das Zinn hämmerbarer zu machen, setzen die Chinesen demselben etwas Blei zu; auch wird das Zinn oft mit diesem Metall in betrügerischer Absicht stark vermischt. Man prüft die Reinheit des Zinns, indem man das Metall granulirt und mit Essig begiesst. Dieser löst das Blei auf und hinterlässt das reine Zinn.

Viele Legirungen mit Zinn sind im Gebrauch. Zum Glockenguss verwendet man:

47 000	Pfund	Kupfer,
4 000	„	Zinn,
50	Unzen	Gold,
120	„	Silber (franz. Gewicht).

Die chinesische Bronze besteht aus 1 Pfund Kupfer, $^1/_{50}$ Unze Blei, $^1/_{20}$ Unze Zinn.

Die chinesischen Kupfermünzen bestehen aus Kupfer, Blei, Zinn und Zink. Soviel über China. —

Zinn im **Kapland.** In den Sechziger- und Siebziger-Jaren wurden von dort mermals über 100 t Zinn pro Jar nach England importirt.[1])

Algier wird in den Fünfziger-Jaren erwänt.[2])

In den **Vereinigten Staaten** werden folgende Vorkommnisse aufgezält:

In Maine geringe Mengen Zinnerz bei Hebron und Greenwood. Bei Waterville College findet sich etwas Erz nebst Arsenpirit und Flussspat im grauen Schiefer eingestreut.[3]) Neuerlich werden Zinngänge im Kalkglimmerschiefer der White Mountains, Winslow angetroffen.[4]) In New Hampshire, in der Gegend von Lyme und

[1]) Mineral Statist. Engl. Es ist übrigens nicht ersichtlich, ob das Zinnerz direkt vom Kapland kommt, oder ob es nicht etwa blos Transitgut ist.

[2]) Zippe: Geschichte der Metalle, 1857, p. 187.

[3]) Die meisten der folgenden Angaben gibt Genth: Mining J. New-York, 1870, p. 322. Mining J. London, 1870, p. 486.

[4]) S. Hunt: Trans. americ. instit. mining. 1874. p. 373.

Jackson. Nicht abbauwürdige Gänge im Schiefer. Der Mikrolit von Chesterfield, Mass.[1]) enthält 0,7 % Erz. Noch weniger findet sich an anderen Orten des genannten Staates. Der Columbit von Haddam und Middletown, Connect., enthält bis 0,6 % Erz. Anfangs der Fünfziger-Jare analisirte Genth grauen Ton von Pennsylvanien, welcher bis 1 % Erz fürte. Der Talkglimmerschiefer der Virginia-Goldminen soll etwas Zinnerz enthalten.[2]) Spuren wurden nachgewiesen im Wolfram einer Mine in Mecklenburg County und im Scheelit einer Goldmine in Cabarras County (beide Vorkommnisse in N. Carolina).

In Missouri wurde Ende der Sechziger-Jare ein grosses Unternemen mit herrlicher Aufbereitung etc. in's Leben gerufen. Ein merkwürdiges Gestein, welches Quarz, Feldspat, etwas Augit, Magnetit und Sfen fürte, wurde analisirt und ergab 1,87 Titansaüre und 0,5 Zinnoxid. Da beide Substanzen isomorf sind, vermutet Genth, das Zinnerz trete im Sfen als Vikar der Titansaüre auf.[3]) Das Unternemen ist in der Folge eingegangen.

In S. Bernardino County, California, wurde Zinnerz im Jare 1860 gefunden. Quarzbrocken mit Eisen und Manganoxid, Turmalin und über 22 % Zinnerz wurden im Jare 1861 eingeschickt. Noch reichere Brocken mit 76 bis 82 % Erz, etwas Quarz, Eisen- und Manganoxiden und bis 1 % Wolfram wurden im Jare 1870 übermittelt.[4])

Die Temescal mines daselbst, seit 1860 bekannt, sind im Jare 1876 wieder aufgenommen worden, nachdem sie lange in Folge von Streitigkeiten gestanden.[5])

Viele Leute sollen übrigens mit vollkommener Kenntnisslosigkeit zu Werke gegangen sein und bedeutende Kapitalien an den Abbau tauber Turmalingänge im Granit gesetzt haben.[6])

In **Mexico** waren zu Humboldt's Zeiten Wäschen in den

---

1) Whitney: Metall. Wealth. 1854. p. 213 fürt Goshan (Mass.) als ältesten Fundort von U. St. Zinnerz an.

2) Rogers zit. bei Whitney Metallic Wealth. 1854. p. 213.

3) „Berg- u. Hütt.-Ztg." 1868. p. 55. Engin. and Mining J. New-York. 1870. p. 322.

4) Genth: Mining J. London. 1870. p. 486. Roessler gewann aus einem turmalinreichen Handstück 13 % Zinn. Mining J. London. 1870. p. 350.

5) Iron 1875, p. 179 und 1876, p. 619.

6) Whitney: Geol. survey. California. I. p. 180.

Provinzen Guanaxuato und Zacatecas in Betrieb. Das Erz soll aus Gängen im Porfir stammen.[1])

Neuerlich werden reiche an Trachit gebundene Gänge und Wäschen von Durango erwänt.[2])

Die Erzvorkommnisse scheinen sich nach diesen Angaben an den Gebirgszug zu halten, welcher von der Hauptstadt Mexico parallel der Längserstreckung des ganzen Landes gegen NNW und NW verlaüft (Sierra Madre).

Granada brachte in den Sechziger-Jaren wiederholt 100t nach England.

Spanisch Westindien besass zu Alonso Barba's Zeit merere vernachlässigte Zinnbergwerke.

Holländisch-Java importirte Anfangs der Siebziger-Jare im Maximum 200 bis 300t Zinn nach England.[3])

Die südamerikanische Produkzion geht fast ausschliesslich auf den Londoner Markt. Die gesammte nordamerikanische Erzeugung ist nicht nennenswert. Der Verbrauch der Vereinigten Staaten hingegen dürfte sich in den letzten Jaren auf 5000 bis 6000t gesteigert haben. Sollten die niederen Zinnpreise anhalten, so ist eine anhaltende Steigerung des Verbrauches zu gewärtigen.[4])

In **Peru** wurde schon zu den Zeiten der Inkas (vor der spanischen Eroberung) Zinn bergmännisch gewonnen (Distrikt Carcas). Zu Alonso Barba's Zeit (nach 1600) wurden daselbst merere Gänge mit Zinn- und Kupfererzen abgebaut. In den Minen von Potosi, wo man auch Zinn gewinnt, heisst ein Gang der Zinngang, weil er in den oberen Teufen viel Zinnstein gefürt hat.[5])

Peru importirte nach England 1860 bis 1869 durchschnittlich pro Jar 200t Zinn; 1870 bis 1877 järlich nahezu 500t Zinn.[6])

Phillipps schlägt vor, das ser unreine peruanische Zinn in Salzsaüre zu lösen (wobei Wolfram, Arsen und Antimon ungelöst

---

[1]) Humboldt: Neu-Spanien. 1813. IV. p. 141.

[2]) Z. geol. Gesell. 1869 p. 737 u. Iron: 1875. p. 179.

[3]) Mineral Statistics.

[4]) Diese Angaben verdanke ich Herrn C. Kirchhoff, New-York. Vgl. auch Iron Age. 1879.

[5]) Alonso Barba. 1640. Kap. 32.

[6]) Meist wird Erz eingefürt. Ich habe 100 Erz = 70 Zinn gerechnet.

bleiben). Das Zinn soll dann durch Zink gefällt, endlich das Zink durch Kalkmilch niedergeschlagen werden (Anstreicherfarbe).[1])

Die Zinnbergwerke von **Bolivia** (Guanuni bei Oruro) fanden in den Dreissiger-Jaren Beachtung. Damals sollen järlich etwa 200t produzirt worden sein.[2])

In den Fünfziger-Jaren wurden gegen 300t Zinn exportirt.[3])

Chile bringt in den Sechziger-Jaren wiederholt 50t Metall auf den englischen Markt. 1870 bis 1876 durchschnittlich über 100t pro Jar.

Brasilien, Provinz Minas Geraes.[4])

In **Persien** (Provinz Korassan) sollen im Altertume Zinnbergwerke betrieben worden sein. E. v. Baer vermutet, die babilonische Bronze-Industrie habe aus dieser Quelle Zinn bezogen.[5])

Grönland. Zinnerz als Begleiter eines Kriolitlagers im Gneiss von Evigstock.[6])

---

[1]) Phillipps: Politechn. Zentralblatt. 1854. p. 1401.

[2]) D'Orbigny: Voyage III p. 316, bezeichnet die Bergwerke als ausserordentlich reich. Er meint, man könne leicht die hundertfache Produkzion erreichen. Doch kommt der lange Landtransport viel zu hoch. Was seinerzeit exportirt wurde, ging nur als Rückfracht.

[3]) Scherzer: Reise d. Novara, 1867.

[4]) „Berg- und Hütt.-Ztg." 1864. p. 251.

[5]) Baer: „Archiv für Antropolog." 1878.

[6]) Zirkel: Petrogr. 1866 I, 193 vgl. Pitkeranda oben p. 156.

X. Ueberblick.

1. Vorkommen und Eigenschaften des Zinnes.

1. Zinn findet sich in der Natur hauptsächlich als Oxid (Zinnstein, Kassiterit). Selten und für den Bergbau mithin bedeutungslos sind folgende Vorkommnisse:

2. Zinnkies, Verbindung mit Schwefel, Eisen, Kupfer, Zink.

3. Kieselsaures Zinnoxid.[1]

4. Gediegen Zinn wurde gefunden in Goldgeschieben aus franz. Guyana und in den Wäschen von Bolivia.[2]

5. Findet es sich in Mineralquellen zinnfürender Gebiete, z. B. in der Seidschitzquelle (bei Bilin in Bömen).[3]

Die Zinnerzeugung der ganzen Welt stützt sich ausschliesslich auf das erstgenannte Vorkommen.

Das Metall Zinn ist bei gewönlicher Temperatur silberweiss, fast so weich wie Blei, ser geschmeidig und leicht schmelzbar[4]; anderseits widersteht es der Luft und Feuchtigkeit trefflich.

Stark erhitzt wird das Metall brüchig. Zum Gusse ist es am besten geeignet, wenn es nicht allzu hoch über den Schmelzpunkt erhitzt wurde. Hat man das Metall zu flau oder anderseits zu heftig erhitzt, so werden die Gussstücke brüchig.

Das Zinn überzieht sich schon bei mässigem Erhitzen mit einer

---

[1]) Bischof: Jb. Mineral 1854, p. 346.

[2]) Damour: Compt. rend. 1860, Bd. 52, p. 688. Forbes: Phil. Mag. 1864 (4) Bd. 30, p. 139.

[3]) Berzelius: Compt. rend. Bd. 9. p. 164.

[4]) Das reine Zinn schmilzt bei 235°, einer Temperatur, bei welcher das Eisen eben beginnt, schwach gelb anzulaufen.

kalkänlichen Oxidhaut; bei andauernder Hitze oxidirt es sich durch und durch, bei starker Glut verbrennt es rasch und mit Flamme.

Die Redukzion des Zinnoxides (des natürlichen Zinnerzes) verlangt eine viel höhere Temperatur als die Oxidation. Wirkt bei diesem Schmelzprozesse ein Gebläse, so kann es leicht geschehen, dass das reduzirte Zinn durch den zutretenden Sauerstoff zum Teile verbrannt und als weisser Oxidstaub in die Luft gejagt wird. Hierauf beruhen die grossen Verluste, welche man bei dem altersgebraüchlichen Zinnschmelzen erlitt.

Geringer Gehalt an fremden Bestandteilen schädigt die Eigenschaften des Zinnes.

Am wenigsten schadet die Beimengung von Blei, indem durch sie nur die Farbe des Zinnes matter und dunkler wird.

Schädlicher ist der Gehalt an Kupfer, Eisen, Arsen und Wismut; je $\frac{1}{2}\%$ dieser Beimengungen verschlechtern nicht blos die Farbe, sondern auch die Geschmeidigkeit des Zinnes bedeutend.

Waschzinn ist das reinste, indem dieses schon durch den langen natürlichen Oxidazions- und Waschprozess von vielen schädlichen Beimengungen (den Kiesen und Wolframiten) fast vollständig gesaübert ist.[1]) Unreiner ist das aus Bergwerken gewonnene Metall. Es muss immer geröstet werden, um die Kiese zu zerstören. Trotzdem wird es fast nie so rein, wie das Waschzinn und aus diesem Grunde hat insbesondere in früheren Zeiten das reine Waschzinn von Banka, England u. a. Orten einen viel besseren Preis erhalten als das gemeine Bergzinn.

Derzeit verschwindet der Preisunterschied zwischen Waschzinn und Bergzinn mer und mer,

1) weil auch die schlechten Sorten Waschzinnerz verarbeitet werden,

2) weil man anderseits Metoden gefunden hat, um die Verunreinigungen des Bergzinnes bis auf unschädliche Reste zu entfernen.

---

[1]) Haüfig treffen wir auf den Gängen Zersetzungsprodukte der Kiese und des Wolfram (Scheelit), wärend das Zinnerz immer unversert ist. Dieses letztere hat andere Substanzen verdrängt, selbst aber hat es fast nie weichen müssen. Dr. Brezina besitzt in seiner Pseudomorfosen-Sammlung viele schöne Zinnstein-Pseudomorfosen (nach Feldspat) aber nur ein Fall einer Umhüllungspseudomorfose ist ihm bekannt (Schlackenwald).

Trotzdem behaupten aber doch noch die feineren Sorten von Waschzinn den ersten Rang.[1]) —

In früheren Zeiten, als die Chemie als Wissenschaft noch nicht bestand, fiel es natürlich schwer die Reinheit des Zinnes zu erkennen und zu prüfen. Insbesondere konnte man die Unterschiede zwischen Zinn, Blei und den Blei-Zinnlegirungen nicht gut präzisiren.

Aristoteles gibt als Hauptunterschied zwischen Zinn und Blei die leichtere Schmelzbarkeit des ersteren Metalles an.

Plinius berichtet: „Das Weissblei (d. i. Zinn) enthält nie Silber, wie das gemeine Schwarzblei.

Mit Weissblei überzieht man die ehernen Gefässe, wodurch das Gift des Grünspanes unterdrückt wird. Die Gallier sind besonders geschickt im Verzinnen.

Oft wird Weissblei durch Zusatz von Schwarzblei gefälscht.“ [2])

Bei den älteren deutschen Metallurgen finden wir die folgenden Metoden, die Reinheit des Zinnes zu prüfen, angefürt:

1. Man biegt das Zinn. Je reiner es ist, um so stärker schreit es.

2. Man giesst das eben geschmolzene Metall auf Papier. Je weniger dieses gebraünt wird, um so besser ist das Zinn.

3. Man lässt einen grossen Tropfen Zinn in eine flache Hölung laufen und dort erstarren. Bleibt die Oberfläche glatt, so ist das Zinn rein. War es unrein, so sieht man an der Oberfläche ein nadeliges Kristallnetz entstehen,

4. Man giesst das zu untersuchende Metall in einen bestimmten Kugelmodell und vergleicht das Gewicht dieser Kugel mit dem einer gleich grossen Kugel von reinem Zinn; je schwerer die Kugel, desto mer ist das Zinn mit Eisen, Kupfer, Blei etc. verunreinigt.

All diese Metoden sind uralt[3]) und beruhen auf der Beobachtung, dass alle fremden Beimengungen schwerer schmelzbar sind und ein höheres spez. Gewicht haben, als das Zinn. —

[1]) S. Gmelin-Kraut: Chemie.

[2]) Plinius: Histor. Natur. Lib. 34, Cap. 47—49.

[3]) Vgl. G. Hagen: Dissert expendens stannum 1775.
Vauquelin: Schweiggers Jb. II, p. 22.
Salmon: Etain 1788, p. 5 bis 15.
Bergenstjerna in Crells neuest. Entdeck. VIII, p. 162.
Feinere Untersuchungen findet man in Bolley-Kopp: Chem.-Techn. Unters. u. Kerl: Hüttenkunde 1863, II.

2. Geologie des Zinnes.

Die Wäschen

weisen, wie dies schon Mathesius vor drei Jarhunderten erkannt hat [1]), immer auf Gänge oder Stöcke hin.

Wo feste Gesteine, in welchen Zinnerz vorkommt, zu Tag anstehen und verwittern, da muss in dem Verwitterungsgrus viel Zinnerz gefunden werden.

Das fliessende Wasser schlämmt diese Massen und bereitet sie auf. Die leichten Bestandteile werden fortgespült, das schwere Zinnerz bleibt nahe der Stelle, wo es ehedem im festen Gesteine angestanden, liegen. Die Verwitterung und Erosion wirken so fort durch Jartausende. Die Bergmassen werden gelockert, gelöst und verwaschen. Die Erzkörner haüfen sich, mit Detritus gemischt, an. In den Tälern, Schluchten und Mulden liegt Erzsand und wo eine mit Erz impregnirte Gesteinsmasse an flachen Gehängen ansteht, da reicht ein Schweif von Erzgrus über den Hang herab bis in's Tal.

Wo die Gehänge steiler sind, da wird fast alles hinabgewaschen. Wo das Tal sich krümmt oder wo ein starkes Bachgefälle in ein sanftes übergeht, da lagern sich grössere Massen von Erzsand an. Besonders reich wird der Detritus sein, wo zwei erzreiche Täler sich miteinander vereinigen. [2])

Weiter talab muss natürlich im selben Masse, als das Gefälle abnimmt, auch die Menge und Grösse der Erzkörner abnemen; im Flachland, im Sand und Schlamme der Flüsse, haben wir nur ganz kleine Partikelchen von Erz zu erwarten. Derartige Wäschen sind nicht mer rentabel. All diese Erfarungssätze lassen sich ganz einfach aus den Gesetzen der Aufbereitung ableiten. Alle Wäschen sind eben in der Tat nichts anderes, als riesige natürliche Aufbereitungs-Anstalten.

Es ist begreiflich, dass dem Metallschürfer derartige Schätze zuallererst auffallen müssen. Ueberall hat die Produktivität eines Zinnerzgebirges mit den Wäschen begonnen und erst wenn die

---

[1]) Mathesius: Sarepta, Vorrede und neunte Predigt.

[2]) Vgl. Gätzschmann: Lagerst. nutzbar. Mineral. II. Aufl., 1866, p. 246—251. v. Groddeck, Erzlagerstätten, 1879, p. 265 f.

Wäschen grossenteils ausgebeutet waren, hat man die Klüfte und Stöcke, von denen die Erze herstammten, angegriffen.

Die erste Auffindung und Ausbeutung der indischen und englischen Zinnwäschen reicht zurück in die graue Vorzeit und auch von der Erschürfung der bömischen und sächsischen Wäschen erfaren wir wenig, obwol nicht mer als 400—700 Jare seitdem verflossen sind.

Doch sind die geologischen Verhältnisse, unter welchen das Zinnerz auf der ganzen Erde auftritt, so gleichförmig, dass man wol annemen kann, dass die Wäschen in diesen Fällen ganz denselben Karakter hatten, wie jene Wäschen, welche derzeit auf Banka und Bilitong, in Australien und Tasmanien ausgebeutet werden.

Diese letztgenannten Wäschgebiete hängen von Granit-, Schiefer- oder Porfirgebirgen ab. Von den stark impregnirten Felsmassen aus gehen die Schweife von erzreichem Detritus herab in die Schluchten und Täler und hier finden wir die verschieden reichen Einlagerungen von Erzsand im gemeinen Gebirgsdetritus, Sand und Lem.

Da treffen wir den Zinnsand eingemengt unter Geschiebemassen, Quarzsand, sandigem Lem oder Ton, den Zerstörungsprodukten der Granite oder Schiefer (in welchen eben auch das Zinnerz als spärlicher Bestandteil auftritt).

Turmalin, welcher fast in jedem zinnfürenden Granit und Schiefer vorkommt, felt natürlich auch im Erzsand nicht und unter den Geschieben sind wol die schwarzen, recht turmalinreichen, gemeiniglich zugleich auch so erzreich, dass man sie ausklaubt, pocht und aufbereitet. Jene selteneren Mineralien, welche neben dem Zinnerz in den Graniten getroffen werden, findet man auch oft genug in dem Sande. Kiese aber und Wolfram vermisst man meist im Waschsand, obwol diese Mineralien im anstehenden Gesteine als unfelbare Begleiter des Erzes auftreten. Diese Tatsache erklärt sich aus der Zerstörbarkeit der betreffenden Mineralien. Sie werden eben allmälig oxidirt und ausgewaschen. Das Zinnerz hingegen widersteht allen natürlichen Einflüssen und wird um so reiner und edler, je älter die Wäsche.

Die besagten Erzeinlagerungen trifft man in verschiedener Tiefe unter der Oberfläche des Taldetritus an, am reichsten ist gemeiniglich die tiefste Lage. Sie ruht unmittelbar auf dem anstehenden Gebirgsgesteine; die Mulden und Klüfte des Grundes sind durchaus mit Erzmassen angefüllt.

Alle diese Einlagerungen haben, wie dies aus deren Entstehung natürlich folgt, die Form eines breiten Baches, welcher durch den Zusammenfluss mererer kleinerer Bäche und Quellen entsteht, im weiteren Verlaufe aber allmälig versiegt. Man bezeichnet diese Vorkommnisse demnach passend als „Erzströme“.

Der Abbau hält sich anfangs meist nur an diejenigen Erzströme, welche nahe der Erdoberfläche liegen. Erst wenn grössere Kapitalien der Unternemung zufliessen, werden auch die tiefen (meist ser reichen) Erzströme abgebaut. Die ersteren werden tagbaumässig gewonnen, indem man die überliegenden Detritusmassen abhebt oder durch herzugeleitetes, scharf strömendes Wasser wegspült (Abbau durch Erosion). Die tiefen Erzströme gewinnt man meist, indem man einen Schacht bis in den betreffenden Horizont abteuft und dann den Erzstrom mittels eines Tunnels (Stollen und Seitenstrecken) verfolgt.

Je nachdem man nun die eine oder die andere Metode des Abbaues, den Erosions-Abbau oder die Schachtförderung anwendet, stellen sich natürlich die Zalen für den Zinngehalt ser verschieden. Im ersteren Falle muss man das gewonnene Zinn auf die ganze abgehobene Detritusmasse repartiren, wärend man im letzteren Falle nur die abgebaute erzreiche Lage zu fördern und in Rechnung zu bringen braucht.

Im ostindischen Gebiete, in welchem man den Erosions-Abbau anwendet, gewinnt man in Summa aus allen ungeschwemmten Massen $^1/_3$, $^2/_3$—1 pro Mille Zinn; in den tiefen australischen Wäschen (mit Schachtförderung) baut man einzelne erzfürende Detrituslagen mit über 1 % Zinngehalt ab.

Durch solche Zalenunterschiede darf man sich natürlich nicht taüschen lassen. In letzterem Falle kommt es eben vor Allem auf die Dicke der erzfürenden Lage an; nur wo diese ser beträchtlich ist, kann sich die an sich viel kostspieligere Art des Abbaues rentiren. Sonst wird im Allgemeinen, wo die Erzlagen nicht gar tief ruhen und wo Wasser genug vorhanden ist, der Erosions-Abbau wol angemessener sein.

Die Einfachheit der ersterwänten Abbaumetode hat es bedingt, dass die Zinnerze in der besagten Weise schon in den ältesten Zeiten gewonnen wurden. Aber begreiflicher Weise ist der Erosionsabbau fast immer Hand in Hand gegangen mit einem unvernünftigen Raubbau. Die ersten Schürfer und Besitzer waren zu arm, um grosse Anlagen zu wagen; sie beuteten das ganze Gebiet bis auf etwa 5 oder 10 Mtr. Tiefe ab und liessen die tieferen Lagen unberürt. Dies und eine ser rohe Gewinnung des Erzes hat es besonders in früheren Zeiten ermöglicht, dass man Wäschen im Laufe einiger Jarhunderte immer wieder, allerdings mit immer abnemendem Erfolg, aufnam und ausbeutete.

In Cornwall und im Erzgebirge hat man noch zu Anfang unseres Jarhundertes einige alte Wäschen wieder durchgewaschen und dabei auch wol manchmal eine reiche Schmitze oder gar ganze Erzströme angetroffen, welche den Vorfaren entgangen waren.

Unter solchen Verhältnissen, d. h. bei irrazionellem Abbau, kann allerdings durch lange Zeit Zinn aus den Wäschen gezogen werden. Heute aber, wo man doch fast überall einen gründlichen erschöpfenden Abbau eingeleitet hat, kann man behaupten, dass die Wäschen sich rasch erschöpfen müssen.[1]) Sie geben wol, wie ersichtlich, einen leichteren und reicheren Ertrag als die Bergwerke, dafür aber dauern sie nur kurze Zeit. Die reichsten Ströme sind in wenigen Jaren ausgeraubt und die so verarmte Wäsche ist dann eben auch keine Quelle grosser Reichtümer und trotz der leichten Bearbeitbarkeit des Materiales braucht man schliesslich so viel Arbeit, um eine Tonne Zinn zu erwaschen, dass man es bald rentabler findet, die festen Gesteine anzugreifen und die Zinnklüfte und Stöcke abzubauen.

Nach Erschöpfung der Wäschen hat man, wie merfach erwänt, die festen Gesteine ausgebeutet und es galt und gilt wol noch heute der Glaube, dass reiche Wäschen auf reiche Gebirge weisen.

Dies ist aber ein Irrtum, wie wir aus der Geschichte des Zinnbergbaues in England und Bömen ersehen:

Die Wäschen von Devon waren in alter Zeit die Hauptproduzenten; von Cornwall verlautete wenig. Seit dem dreizenten Jarhunderte aber namen die Wäschen von Devon kontinuirlich ab,

[1]) Was Suess in seinem Werke: „Zukunft des Goldes“ über die Wäschen sagt, trifft gewiss für das Zinn ebenso zu, wie für das Gold.

wärend die Erzeugung der Bergwerke von Cornwall allmälig zunam. Noch im Laufe des dreizenten Jarhundertes wird Devon durch Cornwall überholt und seitdem ist Devons Erzeugung bis auf eine nicht nennenswerte Zal gesunken, wärend Cornwalls Bergwerke bis heute fortwärend zugenommen haben. Den reichen Wäschen von Devon entsprach also durchaus kein ser erzreiches Gebirge, wärend das an Wäschen nicht gar so reiche Cornwall sich in der Tiefe immer besser bewärt hat.

Dasselbe Verhältniss besteht zwischen Schönfeld und Schlackenwald. Der erstere Ort schüttete in den letzten Jarhunderten des Mittelalters. Nachdem die Wäschen abgebaut waren und man in's feste Gestein ging, nam es beständig ab, wärend die Bergwerke von Schlackenwald seit dem 16. Jarhunderte zur Herrschaft kamen.

Diese Tatsachen mögen wir im Auge behalten, wenn wir auf die ostindischen Gebiete, auf Australien und Tasmanien blicken. Wir brauchen nicht an der Zukunft Cornwalls, Bömens und Sachsens zu verzweifeln. Die Wäschen werden dem intensiven Abbau, welcher derzeit eingeleitet ist, in einigen Dezennien erlegen sein, und dann mag es sich leichtlich herausstellen, dass der mittlere Erzgehalt der Gesteine durchaus nicht so gross ist, als die Wäschen erwarten liessen. Dann wird ein starker Rückschlag und eine Preissteigerung eintreten.

Aber gesetzt auch, Hinterindien, die Zinn-Inseln, Australien und Tasmanien hätten Erzgesteine, welche mit Cornwall gut konkurriren können, so wird doch, sobald die Wäschen nachlassen und der Bergbau beginnt, eine der erschwerten Gewinnung entsprechende Preissteigerung eintreten und dann werden viele europäische Bergwerke wieder bestehen können.

Diese Aussicht hat für mich einen an Gewissheit reichenden Grad von Warscheinlichkeit. Die Beschaffenheit der Wäschen und die Art und das Maass der Erzfürung der Gesteine sind, soweit meine Studien reichen, überraschend beständig und übereinstimmend, wohin man auch kommen mag.

Dies lernen wir aus den historischen und geologischen Studien. Im Allgemeinen wird man wol $^1/_3$ bis $^1/_2$ % Zinn aus vielen Gesteinen gewinnen können, wenigstens haben alle Bergwerke von Bömen und Sachsen seit alten Zeiten Gesteine mit einem derartigen

Gehalte geliefert. Bei mittlerem Zinnpreise sind solche Gesteine unter übrigens nicht ungünstigen Bedingungen mit Vorteil zu Gute zu machen. In Cornwall hat man bei guten Zinnpreisen noch viel ärmere Gesteine verarbeitet. Doch geben die Erzgesteine in Cornwall oft genug auch $^2/_3$ bis 1 % Metall. Solche Gesteine werfen natürlich auch bei niederem Zinnpreis Gewinn ab.

Es liegt gar kein Grund vor, zu vermuten, die neueren Konkurrenten würden im Mittel reichere Gesteine antreffen, als Bömen, Sachsen und England seit Jarhunderten verarbeiten. In England, Bömen und Sachsen hat man einstmals reiche Wäschen abgebaut; die reiche Ausbeute hat kurz gedauert. Dann hat man das harte und arme Gestein angegriffen und siehe da, die härtere Arbeit hat einen zwar kleineren, aber viel nachhaltigeren Nutzen und Lon abgeworfen. So wird es wol auch auf Hinterindien, Australien, Tasmanien und den Zinn-Inseln gehen. Wenigstens die erste Fase wird bald eintreten: die Wäschen werden nachlassen. Sobald sich dies ereignet, kann man behaupten, dass der europäische Zinnbergbau wieder aufblühen wird.

Nachdem wir so die gewonnenen Erfarungen und Anschauungen über Zinnwäschen überblickt, wende ich mich zur Besprechung der

Zinnbergbaue.

Das Vorkommen des Erzes im festen Gesteine ist ungleich verwickelter. Ich bespreche zunächst die verschiedenen Tipen der primären Erzfürung und gehe dann über zur sekundären Erzanreicherung.

a. Primäre Erzfürung.

Das Zinnerz findet sich nicht selten in Eruptivgesteinen als Gemengteil in der Weise, wie wir etwa Magneteisen in Andesiten oder Chromeisenstein in Olivingesteinen antreffen, und zwar sind es die vollkristallinischen oder porfirischen Quarz-Glimmer- und Quarz-Feldspatgesteine (Greisen, Granit und Quarzporfir), welche ausschliesslich als die Träger des Zinnerzes auftreten.

Der Bergbau von Schlackenwald hat sich durch Jarhunderte an eine kegelförmige Greisen- und Granitmasse gehalten, welche fast durchaus Zinnerz beigemengt enthielt. In Zinnwald baute man zinnfürende Quarzlager, ausserdem aber auch einzelne zinnreiche Granit-, beziehungsweise Greisenpartien (Lager und Butzen) ab. Am Kalenberg bei Altenberg findet man den Greisen und Quarzporfir lagenweise (schlierenweise) so reichlich von Zinnerzkörnchen durchsprenkelt, dass das Gestein im Ganzen abbauwürdig wird. In Altenberg wird eine Masse von chloritreichem Greisen und Greisenafanit abgebaut, welche Zinnerz staubförmig beigemengt enthält. Der Granit von Geier enthält (abgesehen von den Impregnazions-Klüften) fast in seiner ganzen Masse etwas Zinnerz eingesprenkelt. In England wurden ehedem haüfig einzelne erzfürende Lagen (Schlieren) im Granit abgebaut. Auf Banka enthält der Granit gleichfalls Zinnerz eingesprenkelt.

In Malakka und Australien erscheint Granit, in Mexiko aber Quarzporfir (und -Trachit) als Erzträger. Ausnamslos also sind es quarzreiche Gesteine, welche das Zinnerz als ursprünglichen Gemengteil enthalten.

Wie Magneteisen und Chromeisenerz an basische, so erscheint das Zinnerz an ser kieselreiche Gesteine gebunden.[1])

Die einzige Ausname, das Zinnsteinvorkommen im Kalk von Campiglia, dürfte wol auch mit den dort auftretenden Quarzporfir-Erupzionen (Gängen) zusammenhängen.

Die Verteilung des Erzes ist in vielen der erwänten Fälle nicht ganz regellos, sondern es erscheinen, wie die deutschen Bergleute schon im vorigen Jarhunderte klar erkannt haben, gewisse Partien der Eruptivmassen besonders erzreich und demnach abbauwürdig.

Ich habe in einer Reihe von Untersuchungen über den inneren Bau der Eruptivmassen gezeigt, wie die von den Bergleuten konstatirten Formen sich auf ein einfaches Prinzip zurückfüren lassen. Der leitende Gedankengang ist kurz folgender:

Fast jede Eruptivmasse ist partienweise ungleich beschaffen; da tritt ein Gemengteil vor, dort tritt einer zurück, hier ist der Brei gross-kristallinisch, dort porfirisch u. s. f. Man nennt eine solche verschiedenartige, mit der Umgebung aber durch Uebergänge verbundene Partie in einem Brei (oder einer Flüssigkeit) eine Schliere und einen ungleichmässig gemischten Brei bezeichnet man

---

[1]) Vgl. Suess: Zukunft des Goldes und Reyer: Fisik der Erupzionen.

als schlierig. Kommt nun eine von Natur schlierige Masse zum Ergusse, so müssen die verschieden gearteten Partien (Schlieren) sich der Ergussbewegung entsprechend anordnen und ausbreiten.

Ein Versuch soll die Anordnung, welche im Gange und in dem Ergusse immer eintritt, veranschaulichen: Wir schneiden in eine nasse Gipsplatte ein längliches Loch (welches eine Gangspalte vorstellt); ferner bauen wir auf einem Tische einen Ramen von Lem, welcher sich dem Brettchen anpasst. In diesen Ramen wird ein mässig dicker, gefärbter Gipsbrei gegossen. Darüber breiten wir aber einen dünnen Brei von weissem Gips. Nun setzen wir die Gipsplatte mit der nachgebildeten Gangspalte auf. Wir pressen sie in dem Lemramen nieder; der Gipsbrei tritt aus der Gangspalte hervor, weil der Ramen das seitliche Entweichen hindert.

Der weisse, dünne Gipsbrei breitet sich auf der Platte aus (1,2). Wir drücken fort; die etwas zäheren gefärbten Massen steigen innerhalb des Ergusses kegelförmig auf (dunkler Kegel in der beistehenden Figur).

Drückt man noch mer Brei heraus, so staut sich derselbe innerhalb der älteren Breimassen zu einer ser wechselvoll gestalteten Kuppe, wärend einzelne Partien des weissen Gipsbreies, welche von den dunklen Massen ergriffen worden, sich als Schlierenblätter der Kuppe anschmiegen oder seitlich flach ausbreiten.[1]

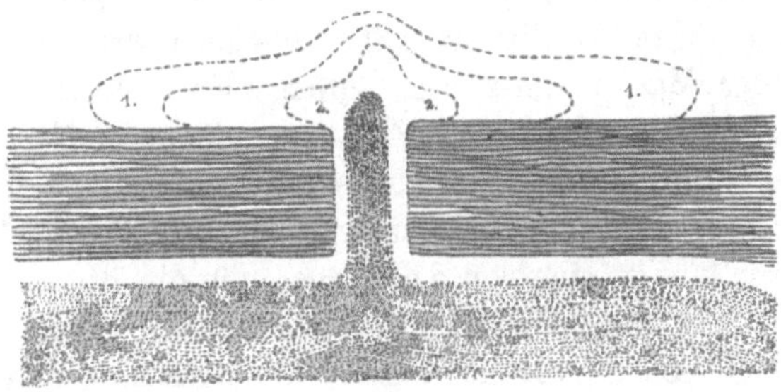

In der vorstehenden Figur ist diese innere Struktur der Ergussmassen durch punktirte Linien angezeigt.

[1]) Oft kommt es auch vor, dass die ursprünglich blattförmigen Schlieren in Folge der gleitend-rollenden Bewegung des Ergusses sich zu unförmlichen oder ellipsoiden Klumpen und Butzen („Schlierenknollen") zusammenziehen und ballen.

Die Verhältnisse sind in der Natur noch verwickelter als in dem vorgefürten Versuche. Die älteren, aüsseren Teile külen nämlich ab und erstarren; weiter gegen das Zentrum der Ergussmassen folgen halbstarre, dann breiige Massen; die jüngsten Nachschübe sind natürlich am weichsten und beweglichsten. Wenn diese nun nachdrängen, sich aufkuppen und ausbreiten, wird der alte Erstarrungsmantel an ein und der anderen Stelle zu knapp, er platzt und die jüngeren Massen dringen in die Lücken. Diese Lücken werden in den aüssersten starren Teilen begreiflicher Weise die Form von klaffenden Spalten annemen; es entsteht demgemäss ein Gang von jüngerem Eruptivmaterial in den älteren Ergussmassen.

Dies gilt für die äusserste starre Kruste. Anders gestalten sich die Verhältnisse in den tieferen halbstarren oder zähbreiigen Partien des Ergusses. Hier können sich nicht scharfe Risse bilden, sondern der weiche Brei wird eben im härteren Brei nach der Richtung des geringsten Widerstandes in regellosen Formen vordringen wie ein Pflanzentrieb im Erdreiche. Beide Massen werden sich einander anpassen und an der Grenze wird je nach der Zähigkeit der Substanzen eine Verschweissung oder eine innige Verschmelzung und schlierige Vermischung stattfinden. In den aüsseren Teilen also wird die Apofise den Karakter eines Ganges annemen, wärend wir die tieferen mit der Umgebung der verschweissten und schlierig vermischten Teile der Apofise besser als Schlierenapofise (Schlierengang) bezeichnen werden.

Wird der Massenerguss von Tuffen oder anderen Sedimenten bedeckt, so kann begreiflicher Weise ein jüngerer Nachschub als Apofise sowol durch die Erstarrungskruste als auch durch die überlagernden Sedimente dringen. In der Figur auf pag. 216 sieht man zur Linken eine von den jüngeren in die älteren Erupzionsmassen eindringende Apofise; zur Rechten aber gewaren wir eine Apofise, welche bis in die überlagernden Sedimente eindringt. —

Nach dieser Einleitung wird es nicht schwer halten, die in den speziellen Abhandlungen vorgefürten Erscheinungen zu deuten und unter die einzelnen Tipen einzuteilen, wie folgt:

1. Haüfig findet man einzelne Lagen oder Butzen im Granit oder Porfir, besonders reichlich durchsprenkelt von Zinnerz, mit anderen Worten: man trifft oft erzreiche Schlierenblätter und Schlieren-Butzen (Kalenberg, Zinnwald, Cornwall, Banka).

2. In Zinnwald tritt eine mächtige elliptische Quellkuppe von Granit (und Greisen) im Porfir auf. Der Porfir bildet die ältere äussere Kruste, der Granit ist als jüngerer Nachschub aufzufassen. Beide Gesteine stehen durch Wechsellagerung und Uebergänge miteinander in innigem einheitlichem Verbande.

Die Granitkuppe besteht aus vielen konkordanten Schlierenblättern, hat mithin eine Zwiebelstruktur. Einzelne Schlierenblätter sind besonders reich an Zinnerz, so dass sie abbauwürdig sind. Zwischen den einzelnen erzhältigen Schlieren hat sich Quarz in dünneren oder dickeren Lagen abgeschieden; in ihm findet man mer minder reichlich auch Zinnerz. Ich bin der Ansicht, dass diese Quarz- und Erzlagen wärend der Erstarrung aus den Schlieren ausgeschwitzt wurden; sie wären demnach als Exsudate zu bezeichnen. Warscheinlich dauerte der Prozess auch nach erfolgter Erstarrung fort und wuchsen die erzfürenden Quarzlagen in Folge von Lateralsekrezion.[1])

Der besagte flachkuppige, zinnfürende Granitnachschub von Zinnwald hat sich nach meiner Ansicht in der Weise, wie es die obige Experimentalfigur zeigt, seitlich ausgebreitet (1, 2 in der Figur). Dass diese Figur in iren wesentlichen Teilen richtig sei und dass nur das Mass der seitlichen Ausbreitung des Ergusses, nicht aber dessen wesentliche Gestalt fraglich bleibt, möchte ich derzeit, nachdem ich so viele Eruptivmassen eingehend untersucht, bestimmt behaupten.

3. In Altenberg ist innerhalb eines mächtigen Porfirergusses ein kegelförmiger Nachschub von zinnreichem Greisen und Greisenafanit aufgestiegen. Diese ganze Masse, deren Gestalt aus der Experimentalfigur entnommen werden kann, ist abgebaut worden.

4. Durch die erzfürende Quellkuppe von Zinnwald ist noch, bevor sie erstarrt war, ein besonders erzreicher Greisennachschub in Form einer Apofise durchgesprosst und emporgedrungen. Wo diese stockförmige Masse aufsetzt, felen natürlich die durchbrochenen Granit- und Quarzschalen der älteren Ergussmassen. Sie treten ringsum an die junge erzreiche Apofise heran, one in dieselbe hineinzusetzen; doch sind beide Massen miteinander innig verschweisst und verbunden.

---

[1]) Ich verweise auf Sandberger's wichtige Untersuchungen, Z. geol. Ges. 1880, p. 351 f.

Eine analoge Erscheinung haben wir in Schlackenwald kennen gelernt. Dort liegt über dem Granit eine Decke von Granittuffen-Schiefer. Diese Sedimente, welche eine Mulde bilden, werden durchbrochen von einer kegelförmigen Granit- und Greisenmasse. Der Zinngehalt dieser Masse hat deren Abbau veranlasst.

Ich fasse diesen „Granitstock“ im Schiefer, im Hinweise auf die beistehende Apofisenfigur, als eine Apofise der liegenden Granitmassen in die hangenden Schiefer auf.

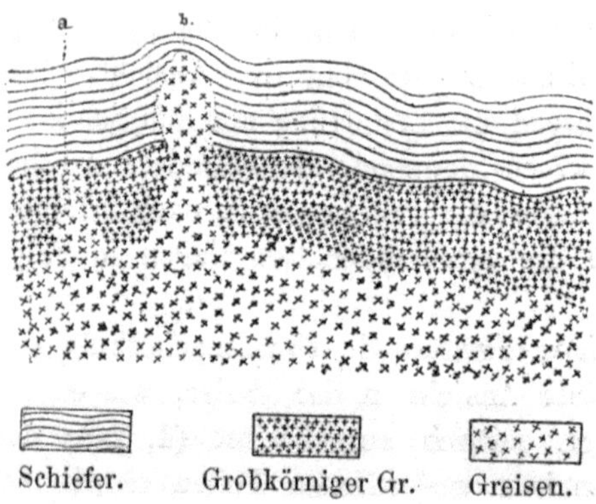

Die genetische Analogie mit der Apofise von Zinnwald liegt auf der Hand; hier wie dort ist ein Nachschub stockförmig emporgedrungen. Wärend er aber dort nur durch die älteren Ergussmassen brach, ist er in Schlackenwald bis in die hangenden Sedimente eingedrungen.

In unserer schematischen Figur würde die Apofise *a* jene zinnfürende Greisenmasse darstellen, welche innerhalb des älteren, schalenförmig aufgebauten Greisenergusses von Zinnwald aufstieg; die Apofise *b* aber, welche den hangenden Schiefer durchbricht, würde den Greisenstock von Schlackenwald repräsentiren.

Nachdem wir diese Haupttipen der primären Zinnfürung unterschieden, besprechen wir die

Sekundäre Erzfürung.

Ueberall im Gebiete der zinnfürenden Granit- und Porfireruptionen trifft man erzfürende Klüfte in den Eruptivgesteinen sowol, als auch in den benachbarten Sedimenten (meist Schiefern).

Die Zinnerze finden sich in den Klüften selbst selten in bedeutender Menge abgesetzt; dafür aber sind gemeiniglich die Gesteinsmassen beiderseits der Kluft in höherem oder geringerem Grade impregnirt von Zinnerz. Das Gestein, mag es nun Granit oder Porfir oder Schiefer sein, ist immer stark metamorfosirt, verquarzt, und mitunter reichlich durchsetzt von Turmalin. Im

Schiefer ist oft in Folge dieser gewaltigen stofflichen Wandlung jede Spur von Schichtung verloren gegangen. Die Erzpartikel finden sich in dem so umgeänderten Wandgesteine meist als zarter, unsichtbarer Erzstaub reichlich eingestreut. Dies und der Turmalingehalt bewirken eine dunkle Färbung des veränderten Gesteines; es sieht aus, als wäre es von einem schwarzen, glänzenden Safte durchtränkt. Metamorfose und Impregnazion nemen in der Nähe der Kluft bedeutend zu, wärend sie entfernt von der Kluft allmälig verschwinden.

Wir haben es demnach fast nie mit eigentlichen Gängen, sondern mit Impregnazions-Klüften zu tun.

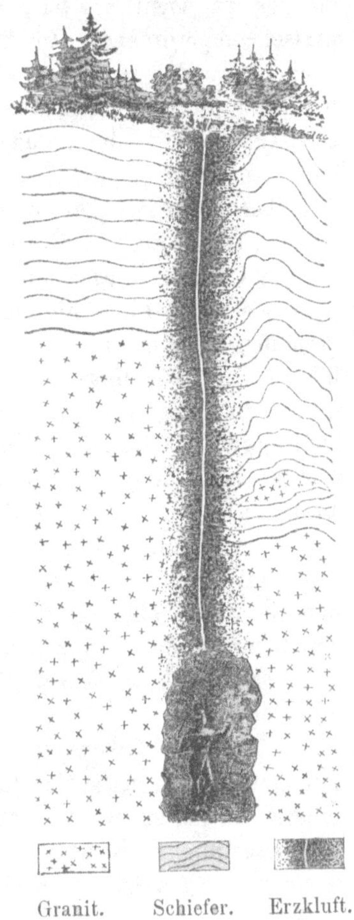

Ich habe in der beistehenden Figur den Tipus einer Impregnazionskluft dargestellt. Man sieht, wie die Impregnazion sich an die Verwerfungskluft hält, wie Granit und Schiefer beiderseits der Verwerfung mit Erz geschwängert sind. Die Impregnazion nimmt ab, je weiter man sich von der Kluft entfernt; hiedurch erhält der Abbau so ganz das Gepräge eines Gangbaues, dass der Praktiker diese Impregnazionsklüfte füglich den eigentlichen Gängen zurechnen kann. Der Teoretiker wird aber doch zwischen beiden Tipen scharf unterscheiden müssen.

Dass die besagte Impregnazion von dem ursprünglichen Erzgehalte der bezüglichen Eruptivgesteine abzuleiten sei, bedarf wol keiner eingehenden Begründung. Fraglich aber bleibt es, in welcher Weise der Transport der Erze bewirkt worden sei. Anfänglich dürften aus den erstarrenden, in der Tiefe glühenden Eruptivmassen dampfförmige Chlor- und Fluorverbindungen durch Risse und Klüfte emporgestiegen sein; da aber die betreffenden Eruptivmassen, wie aus irer Struktur zu schliessen, unter Wasser standen[1]), mussten die Gewässer in demselben Maasse, als die Abkülung fortschritt, tiefer eindringen. Von nun an bewirkten Lösungen, was vordem die Dämpfe getan. Endlich mochten die Wandgesteine der Klüfte wol auch durch Lateralsekrezion mit Erz angereichert werden.

Der Verlauf der Erzklüfte steht meist in einer bestimmten Beziehung zu jenen Spalten, auf welchen die erzfürenden Eruptivmassen empordrangen. Im Erzgebirge verlaufen die Eruptivgänge quer gegen das Streichen des Gebirges, und zwar meist gegen NNW.[2]) Eben diese Richtung weisen auch die elliptisch geformten Quellkuppen von zinnfürendem Granit auf. Die Zinnklüfte verlaufen entweder parallel mit den Hauptgängen oder quer gegen dieselben. Als Beispiele dienen Graupen, Hengstererben, Hirschenstand, Fribus, Platten, Geier.

In Cornwall liegen die elliptisch geformten Granitquellkuppen in einer ONO-Linie hintereinander und in eben dieser Richtung verlaufen auch die meisten reichen Impregnazionsklüfte. Sie setzen hier wie im Erzgebirge nicht blos durch die Eruptivmassen, sondern auch durch die an- und auflagernden Schiefer, und fallen meist steil gegen die Haupterupzionsgänge ein. Querklüfte sind seltener und unbedeutender. Die auf Seite 219 stehende Figur stellt dies Verhältniss der Cornwaller Zinnklüfte schematisch dar.

Ueber Einfluss des Nebengesteines und Bedeutung der Tiefe weiss man wenig. Im Erzgebirge glaubt man in manchen Regionen den Granit als günstigeres Nebengestein bezeichnen zu dürfen, als den Schiefer. Bei Graupen aber waren die Schieferklüfte besonders ergiebig. Auch in Cornwall gehen die wichtigsten Zinnklüfte im Schiefer nieder.

Die Gänge haben oft, wie dies die Beimischung von Kiesen mit sich bringt, nahe der Erdoberfläche einen (oft von Kupferverbindungen durchsetzten) eisernen Hut. Dann folgt das Zinnerz. Im Erzgebirge, wo keines der Zinnbergwerke in ser bedeutende Tiefe gedrungen ist, hat man über das Verhalten in der Tiefe wenig

[1]) Ich betrachte die Granite und Porfire als submarin ergossene Massen.

[2]) Nur selten kommen kleinere Quergänge vor (Felsitgänge von Graupen).

Erfarung. Es wird behauptet, dass die Erze verarmen; doch felt hiefür nach meiner Meinung der Beweis, wie ich an anderem Orte ausgefürt. In den Gängen von Seifen kamen in mässiger Tiefe Kupfererze neben den Zinnerzen vor, in grösserer Tiefe überwiegen die Kupfererze (Gätzschmann). Das ist die einzige verbürgte Erfarung über Erztiefe, welche wir aus dem Gebiete des Erzgebirges kennen. Wichtiger sind die bezüglichen Erfarungen in Cornwall. Dort hat man fast überall in der Tiefe zwischen 100 und 300 Mtr. ein Ueberwiegen des Kupferkieses über das Zinnerz konstatirt.[1]) Seitdem aber die Klüfte in noch grösserer Tiefe abgebaut werden, ist das Kupfer zurückgetreten und derzeit sind die Gänge wieder als Zinnklüfte zu bezeichnen. —

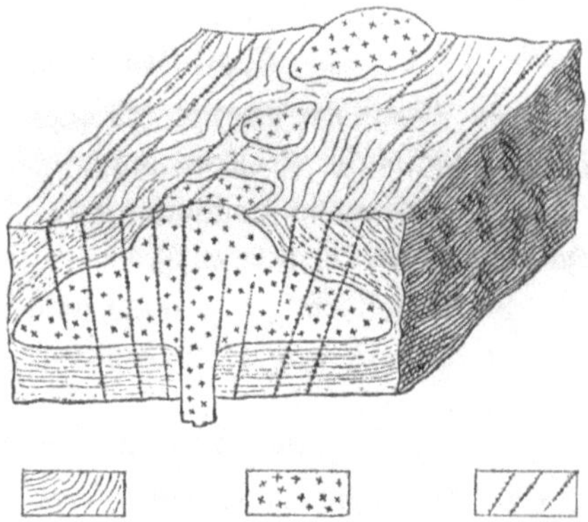

Zum Schlusse erwäne ich noch zwei merkwürdige Arten des Vorkommens im Schiefer: Erstens findet man das Erz in einzelnen Schichten des Schiefers ziemlich reichlich eingestreut (Pitkeranda, Cornwall etc.), zweitens sind die Schiefer haüfig, wo sie auf dem Granit auflagern, reichlich durchsetzt, durchflochten und durchtrümmert von Zinnerz. Zallose Lager und Klüfte, Trümmer und Butzen bilden ein oft ser dichtes und abbauwürdiges Netzwerk im Kontaktschiefer (Schönfeld, Banka).

Der Abbau der Gang- und Lagervorkommnisse hat nichts Erwänenswertes an sich. Die stockförmigen Zinngranitmassen des Erzgebirges aber haben ehedem zu einer grossartigen Feuersetzgewinnung Anlass gegeben; dann, nachdem die Massen zu Bruch gegangen waren, begann der ebenso karakteristische Bruchbau.

Blicken wir auf die Geologie des Zinnes zurück, so erhalten wir nun die folgenden Tipen:

---

[1]) Vom Ende des vorigen bis in die Mitte dieses Jarhunderts galten deshalb die meisten Gänge Cornwalls nicht mer als Zinn-, sondern als Kupfergänge.

Ursprüngliche Erzfürung.

1. Erzreiche Partien (Butzen, Schlieren) im Greisen, Granit oder Quarzporfir (Kalenberg).

2. Erzfürende Schlierenblätter, wechsellagernd mit erzfürenden Quarzblättern (Zinnwald).

3. Kegelförmiger zinnfürender Stock von Altenberg.

4. Kegelförmige Apofisen von Zinnwald und Schlackenwald.

b. Sekundäre Vorkommen.

5. Impregnazionsgänge (Cornwall etc.)

6. Durchtrümmerung der Schiefer im Hangenden des Granites (Schönfeld, Banka etc.).

7. Zinnerz in einzelnen Lagen des Schiefers eingestreut (Cornwall, Pitkeranda).

8. Vorkommen des Zinnerzes im Alluvium (Wäschen).

Die Genesis des Zinnerzes

erhält einigen Aufschluss durch Erfarungen über künstliche Darstellung des Erzes und durch Beobachtung der Pseudomorfosen.

Kristallisirtes Zinnoxid hat man merfach bei Hüttenprozessen entstehen gesehen.[1]).

Klapproth schmolz Zinnstein im Porzellanofen und fand dann die Wände des Schmelztiegels mit kleinen Kristallen des Oxides bedeckt.[2])

Daubrée leitete Dämpfe von Zinnchlorid und Wasser durch eine glühende Porzellanröre. Beide Verbindungen tauschten ire Bestandteile. Es entwich Chlorwasserstoff und Zinnoxid setzte sich an der Rörenwandung ab.[3]).

H. Deville erhielt ser schöne Kristalle, indem er über künstliches amorfes Zinnoxid bei Rotglut einen starken Strom von Chlorwasserstoff leitete.[4]).

Daubrée verweist auf die beständige Gesellung von Sn, Si, Fl, Bo und stützt hierauf folgende Ableitung:

---

1) C. Fuchs: Die künstlich dargestellten Mineralien. 1872, p. 86.

2) Klapproth: Beiträge II, p. 249.

3) Daubrée: Comptes rend., Bd. 29, p. 227.

4) H. Deville: Comptes rend., Bd. 53, p. 161.

Die Verbindung von Zinn mit Fluor ist ser beständig und zugleich flüchtig. Es ist also denkbar, dass das Zinn in dieser Verbindung exhalirt worden sei. [1]) Die Zersetzung des Zinnchlorides durch Wasserdampf (s. oben) hat anderseits zu der Anname gefürt, das Erz verdanke seine Entstehung der Exhalazion von Chlorid.

Beaumont erinnert, dass das Zinnerz immer an das Auftreten von Granit gebunden ist. Er denkt sich, wie die Laven Dämpfe ausstossen, aus denen sich auf den Klüften der Lava kristallisirte Metalloxide abscheiden, so seien auch auf den Klüften der Granitmassen Fumarolen hervorgebrochen, welche das Zinnerz abgesetzt hätten. [2])

Bischof verweist darauf, dass die Gesteine in der Nachbarschaft der Zinngänge zersetzten Feldspat füren und stark verquarzt sind. Letztere Erscheinungen hängen untereinander zusammen. Bei der Zersetzung des Feldspates (durch kolensaürereiche Gewässer) wird immer Quarz abgeschieden. Bei diesem Prozesse wird aber ferner auch kolensaures Alkali abgefürt. Bischof weist nach, dass Zinnerz in dieser Substanz löslich ist und wird hierdurch zu der Hipotese gefürt, die ganze Anreicherung des Erzes auf den Gängen sei einfach durch kolensaürehältige Quellen bewirkt worden. Diese haben den Feldspat zersetzt, Quarz abgeschieden, Zinnstein (welchen Bischof als Bestandteil des Granits auffasst) ist hiebei aus dem Granit gelöst und auf den Gängen abgeschieden worden. [3])

Von Bedeutung für die Entstehungsgeschichte des Zinnerzes ist auch der Umstand, dass es nicht selten als Pseudomorfose nach Feldspat auftritt. [4]) Da wir die Feldspatsubstanz mitunter auch durch Turmalin verdrängt sehen [5]), ist es offenbar, dass beide Körper in gewissen Fällen erst nach der Erstarrung der Granitmassen in den Granit, bez. Schiefer, eingefürt wurden. Die Reihenfolge dieser sekundären Mineralbildungen ist durch Breithaupt und

---

[1]) Daubrée: Ann. des Mines. 1841, Bd. 20, p. 99.

[2]) Beaumont: Bul. soc. geol. (2) IV, p. 1249; übersetzt in Cotta's Gangstudien 1850 I, p. 381.

[3]) Bischof: Chem. Geologie I. Aufl., II, p. 2030 f.

[4]) Breithaupt: Paragenesis, p. 121. Blum: Pseudomorfosen, 1863 I, p. 237.

[5]) Blum: Pseudomorfosen I, p. 134 u. Nachtrag II, p. 136. Vgl. Collins Mineral. Mag. and J. 1880, p. 112.

Stelzner[1]) für Sachsen und Bömen folgendermassen festgestellt worden:

1. Quarz, 2. Zinnerz, 3. Wolfram, 4. Molibdänit, 5. Apatit, 6. Flussspat. Ferner findet man nicht selten Arsenkies (zwischen Zinnerz und Wolfram). Das Fluorsilikat Topas, tritt auf zwischen Wolfram und Flussspat. Schwefelmetalle (Kupfer, Eisen, Wismut) folgen, wo sie vorkommen, immer nach Wolfram und zwar bald vor bald nach Flussspat. Als jüngstes Glied tritt neben diesen ser oft Kaolin (Gilbertit, Steiermark) und Chlorit auf. Die Vorkommnisse von Zinnwald zeichnen sich dadurch aus, das hier ausnamsweise gleich nach dem Quarz Glimmer auftritt. Diesem folgt erst das Zinnerz. In Cornwall sind längere pangenetische Reihen nicht bekannt. Doch tritt auch hier Zinnerz immer nach dem Quarz, Wolfram und Wismutglanz aber nach dem Zinnerz auf.[2])

In all diesen Fällen finden wir, dass das Zinnerz auf Klüften abgesetzt wurde, und dass das Wandgestein beiderseits von der Kluft bis auf eine gewisse Entfernung mit Erz wie durchtränkt ist. Kein Zweifel kann darüber bestehen, dass das Erz hier erst nach Entstehung der Kluft abgelagert wurde.

In anderen Fällen aber treffen wir, wie oben gezeigt wurde, das Erz in mächtigen Granit- oder Porfirmassen gleichmässig eingesprenkelt — so etwa, wie das Magneteisenerz im Basalt, d. i. als ursprünglichen Gemengteil.

Wenn wir diese Erfarungen zusammenstellen, ergibt sich ein, wie mir scheint, ganz klares Bild der Zinnerz-Genesis:

Das Erz ist in dem Granitmagma als ursprünglicher Gemengteil enthalten. Nachdem der Granit ausgebrochen, dauern durch lange Zeit Exhalazionen und Ausscheidungen aus dem erstarrenden Brei. Diese heissen Ausscheidungen, wandern durch die Klüfte, welche sich im Granit und in dem überlagernden Schiefer bilden. Sie lagern sich in den Klüften ab, sie durchtränken und schwängern das Wandgestein. Natürlich können die Stoffe, welche schon ursprünglich im Granitmagma enthalten waren, auf solche Weise zur Ablagerung gelangen, und so kommt es, dass wir in den Wandgesteinen jenen Quarz, Turmalin und Zinnstein, welche in gerin-

[1]) Breithaupt: Paragenesis 1849. Stelzner: Geier 1865, p. 50 f.
[2]) Henwood: Lond. Phil. Mag. 1846, p. 360.

gerer Menge überall im Granit vorkommen, angereichert finden.

Dass das Zinnerz zum Teile wärend und nach der Erupzion gerade so zur Wanderung und Konzentrazion gezwungen wird, wie die verschiedenen Oxide, welche aus den Laven wärend des Erstarrungsprozesses ausgeschieden werden, liegt nahe: das Chlorid entwich mit Wasserdampf gemischt und aus der Wechselzersetzung beider entstand das Oxid. Dieser Prozess spielt sich bei jeder Erupzion ab und ist überdies im Laboratorium so leicht und schlagend nachzuamen, dass man wol nicht viel Fantasie braucht, um sich vorzustellen, dass sich dasselbe eben auch beim Erstarren des Granites ereignet habe.

Nachträglich mögen auch noch weitere Anreicherungen in der von Bischof angegebenen Weise stattgefunden haben: der Granit wird durch kolensaürehältige Gewässer zersetzt. Diese extrahiren verschiedene Bestandteile des Granites, u. A. das Zinnerz, und lagern es in den Klüften wieder ab.

So scheinen mir die beobachteten Tatsachen ganz einfach zurückzufüren auf Vorgänge, welche in der Natur oft beobachtet und im Laboratorium nachgeamt werden können.

Zinngehalt der Gesteine.

Den Zinngehalt der ostindischen Wäschen kann man bei niederem Zinnpreis im Allgemeinen wol (wenn man den Abhub in Rechnung bringt) gleich $^1/_3$ bis 2 Permille annemen. In manchem Gebiete ist der Detritus so reich wie das anstehende Gestein in Bömen und Sachsen.

Ein Mann arbeitet järlich etwa 300 bis 400 Tonnen Detritus, also täglich durchschnittlich 1 Tonne oder $^1/_2$ Kubikmeter auf und erzeugt somit in guten Wäschen järlich $^1/_3$ Tonne Zinn und mer (bis 1 Tonne). Bei gutem Zinnpreise kann man natürlich auch viel ärmere Wäschen zu Gute machen und ich dürfte wol nicht zu niedrig greifen, wenn ich anneme, dass man im Laufe der Zeiten Wäschen mit etwa $^1/_2$ Permille Gehalt mit Vorteil ausgebeutet hat.

In Australien beutet man derzeit reiche aber (20 Mtr.) tief liegende Erzströme mittels Schächten, Tunnels und Strecken aus.

Eine solche Lage lieferte 1 % Metall.[1]) Ein Mann erarbeitet in dieser Metode und unter Beihilfe von Pferdekraft järlich 5 bis 7 Tonnen Metall.[2])

Ueber den Metallgehalt der festen Gesteine liegen folgende Daten vor:

Im 16. und 17. Jarhunderte hielt man sich in Schlackenwald an Gesteine, welche 0.5 % Metall gaben.

In der Folge und bis auf unsere Zeit hat man in Bömen und Sachsen im Durchschnitte Gesteine mit 0.3 % mit Vorteil zu Gute gemacht. Bei guten Zinnpreisen machten sich auch die Massen mit 0.2 Gehalt bezalt.

In England werden seit etwa 30 Jaren Gesteine mit 1 bis 2 (selten mer) % Erzgehalt = 0.7 bis 1.5 % Metallgehalt zu Gute gemacht. Unter günstigen Verhältnissen hat man auch Gesteine verarbeitet, welche nur 0.1 Perzent Metall gaben.[3])

Auf Banka hat man in den letzten Dezennien uuseres Jarhundertes Gänge mit 0.7 bis 4 % Erzgehalt (0.4 bis 2 % Metallgehalt) blossgelegt.

Resultat:

Die Wäschen von Straits, Banka und Bilitong weisen einen Metallgehalt von 1/3 bis 2 Permille auf.

Die englischen Bergwerke dürften etwa 2/3 Perzent, die bömischen und sächsischen aber im Mittel 1/3 Perzent Metallgehalt liefern.

3. Gewinnung des Zinnes.

In allen Ländern hat man zuerst Zinnwäschen abgebaut. Da die Erze der Wäschen ser rein sind, kann man sie haüfig one weitere Vorbereitung verhütten.

Die erzfürenden Gesteine hingegen bedürfen einer verwickelten Vorbereitung.

Zu Römerzeiten zerkleinerten die Bergleute in Gallicien und

---

[1]) Natürlich sind hier die Ziffern höher, weil die über dem Erzstrom lagernde Detritusdecke eben nicht abgehoben wird, also auch nicht in Rechnung kommt.

[2]) Diese Angaben beziehen sich auf ser reiche Wäschen; über den mittleren Gehalt der australischen Wäschen weiss man nichts.

[3]) Es felen leider verwertbare Angaben über den mittleren Zinngehalt aller gewonnenen Gesteine. Ich schätze denselben = 2/3 % Metall.

Lusitanien (Portugal) die erzfürenden Gesteine in Mörsern und ferner in Handmülen. Dieselbe rohe Metode dürfte wol auch in China und Indien in Gebrauch gewesen sein. Noch zu Ende des Mittelalters wurde in Bömen und Sachsen in dieser Weise verfaren.

Erst zu Anfang des 16. Jarhundertes wurde statt der Menschenkraft das fliessende Wasser angewendet. Man liess den Stössel des Mörsers durch einen an einer Welle angebrachten Zapfen heben und dann in den Mörser fallen. Anfangs pochte man trocken, dann kamen die Nasspochwerke auf.

Die Welle, welche ursprünglich nur einen Zapfen hatte, wurde durch Anbringen mererer Zapfen zum Heben mererer Stempel befähigt.

Die fernere Aufbereitung liefert einen mit Kiesen und Wolfram vermischten Erzschlamm. Dieser muss behufs Entfernung der Kiese geröstet werden. In Bömen und Sachsen gewann man die Erzgesteine in alter Zeit mittels Feuersetzen. Hierdurch wurde schon ein grosser Teil der Kiese aufgelockert und konnte dann bei erfolgender Aufbereitung leichter entfernt werden. Die durch Schrämmarbeit oder in Brüchen gewonnenen Gesteine wurden vor dem Pochen in Meilern geröstet, wodurch auch eine Auflockerung des zähen Gesteines erreicht wurde.

Derzeit röstet man in England und anderwerts nur den gepochten Erzschlamm, um die Kiese aufzulockern (wobei arsenige und schweflige Saüre entweichen). Darnach wird nochmals geschlämmt. —

Das Reinigen der Erze geschah in Spanien zu Römerzeiten in Sieben, wärend man den gröberen Erzsand der Wäschen über Felle wusch.

In Bömen und Sachsen wurden im Laufe der Neuzeit Stossherd, Durchlass und Kerherd eingefürt. In England ist die Aufbereitung verwickelter (round bonddles etc.)[1]).

Das aufbereitete Erz wurde in alter Zeit in China, Indien, Spanien, Cornwall und Bömen in kleinen Gebläseöfen einfachster Bauart mittels Holzkole verhüttet.

In England verwendete man durch lange Zeit Torf.

Seit dem Anfange des vorigen Jarhundertes wird jedoch in

[1]) Huguenin: Geol. du Morbihan, 1862, p. 63, vergleicht die Resultate der verschiedenen Aufbereitungsmetoden.

Cornwall das gemeine Bergzinn im Reverberirofen mittels Steinkole reduzirt. Im Laufe unseres Jarhundertes hat die Verhüttung daselbst grosse Fortschritte gemacht, wie aus den folgenden Zalen hervorgeht [1]).

Man erschmolz aus dem Schlich

im Jare	% Metall
1800	55
1820	63
1830	65
1860	67.

Bei der Redukzion im Schachtofen mittels Holzkole erhält man wenige, harte Schlacken. Um das Eisen zu entfernen, setzt man etwas Quarz zu, wärend die schädigende Beimengung von Wolfram seinerzeit durch einen Kalkzusatz eliminirt wurde.

Diese Art der Verhüttung, welche übrigens mit grossen Schmelzverlusten verbunden ist, hält sich in Bömen und Sachsen trotz der hohen Holzpreise noch heutzutage.

Auch in Hinterindien verhütten die Eingeborenen und Chinesen in dieser Weise. In Australien und Tasmanien aber hat bereits der englische Flammofen allgemein Eingang gefunden.

Neuere Fortschritte der Aufbereitung und Verhüttung.

Seit 1828 bestehen Dampfpochwerke in Cornwall, seit 1842 Rundherde, seit den Fünfziger-Jaren wird der Schlich extrahirt. Der Aufbereitungs-Verlust wird = 20 % geschätzt.

Die Wäschen in Australien haben im Laufe des letzten Dezenniums durch Wassernot gezwungen ire Aufbereitung wesentlich verbessert (s. Zinn in Australien pag. 188).

In früherer Zeit hat man gemeiniglich nur das edelste Wascherz verhüttet und dem entsprechend einen grossen Prozentsatz Metall erschmolzen. Später hat man auch unreine Wascherze, welche nur die Hälfte Metall gaben, verwertet. In neuester Zeit hat man gelernt, auch diese schlechten Erze durch sorgfältige Aufbereitung so weit von Beimengungen zu befreien, dass man aus dem gereinigten Schlich

---

[1]) Ueber Metallurgie des Zinnes berichtet Berthier: Metallurgie 1863 II, p. 736 f. Plattner u. Richter: Hüttenkunde 1861. Kerl: Hüttenkunde 1863 II, p. 736. Rammelsberg: Metallurgie 1865, p. 442 f. Wagner: Die Metalle 1866 I, p. 126.

65—70 % Metall erschmilzt. Ser edle Erze geben derzeit sogar 72 bis 74 % Metall.

Die Verhüttung hat in England seit Anfang des vorigen Jarhundertes zufolge Einfürung des Flammofens eine wesentliche Aenderung erfaren. Zu Anfang unseres Jarhundertes brauchte man, um im Flammofen (Cornwall) 100 Zinn zu gewinnen über 200 Gewichtsteile Steinkole. Im Schachtofen (Bömen und Sachsen) brauchte man zur Erzeugung von 100 Zinn 210 bis 230 (ja selbst bis 280) Gewichtsteile Holzkole. In den letzten Dezennien (um 1860, 1870) hat man bei beiden Prozessen insb. in Folge der verbesserten Aufbereitung Ersparnisse erzielt. Der Flammofen braucht derzeit für 100 Zinn nur 150 Steinkole, der Schachtofen verlangt 170 Holzkole. Der Schmelzverlust belaüft sich im ersteren Falle auf etwa 5 %, im letzteren auf 5 bis 10 (Schlackenwald) ja bis 15 % (Altenberg). In England herrscht ausschliesslich der Flammofen (Steinkole), in den indischen Gebieten der Schachtofen (Holzkole). Die Erze sind in letzterem Falle oft so rein, dass man zur Erschmelzung von 100 Zinn nur 100 (?) Gewichtsteile Kole brauchen soll.

Da überdies das Zinn bei dieser Behandlung reiner auskommt, als im Flammofen und der Preis der Holzkole nicht allzu hoch ist, hält sich diese uralte Metode der Verhüttung in den besagten Gebieten; in Australien aber ist man bereits zum Flammofen und zur Steinkole übergegangen. —

Die Selbstkosten waren in früheren Zeiten (solange die Gewinnung und das Heizmaterial billig kamen) unbedeutend. In England vertrugen die Zinnbergwerke im 14. u. 15. Jarhundert eine Abgabe von 40 % der Roproduktion, in den folgenden Jarhunderten (bis 1700) etwa 30 %, um 1750 16 %, um 1830 noch 10 %, später etwa 5 %.

Bei den Wäschen von Junk Ceylon beliefen sich noch zu Ende des vorigen Jarhundertes die Selbstkosten nur auf etwa 50 % des Marktpreises. In den letzten Jarzehnten unseres Jarhundertes aber wird die Abgabe von $^1/_4$ der Roprodukzion nicht mer ertragen.

In Banka entrichteten die Wäschen im vorigen Jarhundert die halbe Erzeugung als Abgabe. Zu Ende desselben Jarhundertes warfen die Wäschen von Siam wenigstens $^1/_3$ der Erzeugung als Gewinn ab.

Schlackenwald konnte im 16. Jarhunderte 15 % der Roprodukzion als Zehent geben. Später (ganz allgemein seit dem 17. Jarhunderte) haben die Zinnwäschen und Bergwerke Bömens und Sachsens gemeiniglich statt des ursprünglichen ganzen Zehent nur den halben, statt 10 % nur 5 % als Zehent entrichtet. Die Selbstkosten betragen in beiden Gebieten im Laufe der letzten zwei Jarhunderte nicht viel weniger als der Marktpreis; die Erzeugung wurde unrentabel. Auch in England arbeiten viele Gruben, wenn der Zinnpreis niedrig steht, one Gewinn oder mit Schaden.

Ueber den mittleren Ertrag der australischen und tasmanischen Wäschen sind keine statistisch verwertbaren Daten bekannt. Einige Wäschen sind gewiss ser erträglich, ob aber die Summe aller Wäschen bei niederem Zinnpreise rentabel ist, bleibt eine offene Frage.

4. Verwendung des Zinnes.

Das Zinn legirt sich mit fast allen Metallen. Verwendung finden insbesondere die Legirungen mit Kupfer und mit Blei. Diese Legirungen sind Mischungen, welche sich unter gewissen Umständen entmischen; ja es gehört viel Kunst dazu, einen Bronzeguss so auszufüren, dass man nicht nachher fleckweise verschiedene (an ein oder dem anderen Metall reichere, bez. ärmere) Legirungen im Gussstücke nachweisen könnte. Wenn man Zinn-Bleilegirungen langsam erkalten lässt, so werden sich immer am Boden der Form bleireiche Massen sammeln, wärend in den oberen Teilen der Form das Zinn sich anreichert.[1])

Auf dieser Neigung der Zinnlegirungen beruht die Möglichkeit, das Metall durch sog. Aussaigern von fremden Beimischungen zu reinigen. Man erwärmt es nämlich ser langsam auf geneigter Unterlage bis zum Schmelzen. Dann rinnt das leichtschmelzbare Zinn sachte ab, wärend die schwer schmelzbaren Legirungen und Beimengungen zurückbleiben.

Unter allen Legirungen des Zinnes sind jene mit Kupfer weitaus am wichtigsten. Diese Legirungen sind, wenn das Kupfer vorherrscht, hart und zäh, schwer schmelzbar, tönend, anderseits aber von chemischen Agenzien viel leichter angreifbar als das reine

[1]) Karsten: Metallurgie 1818, p. 284.

Zinn. Die zinnreichen Legirungen sind weiss, glänzend und widerstandsfähig. —

Die bisher angefürten Eigenschaften des Zinnes und seiner Legirungen haben die Verwendung des Metalles bestimmt.

Zu Geräten konnte man das reine Zinn und zinnreiche Legirungen wenig verwenden, weil diese zu weich, haltlos und abnutzbar waren; desshalb hat man seit jeher in der Industrie und Kunstindustrie die harten Zinn-Kupfer-Legirungen (Zinn-Bronze) viel mer angewendet, als das reine Metall.[1])

Die wichtigsten Zinn-Kupfer-Legirungen sind die folgenden:[2])

Bronze = 5—8 % Zinn, einige % Zink, Rest Kupfer.

Kanonenmetall = 8—12 % Zinn, Rest Kupfer.

Lagerbronze = 8—20 % Zinn, einige % Zink und Blei, Rest Kupfer.

Glockenmetall = 20—25 % Zinn, der Rest Kupfer.

Spiegelmetall = 25—30 % Zinn, etliche % Zink, Rest Kupfer.

Weisses Lagermetall = 70—80 % Zinn, 20—10 % Antimon und einige % Kupfer.

Britannia = 90 % Zinn, 2—10 % Antimon und einige % Kupfer.

Die drei letztgenannten Legirungen sind weiss, glänzend und widerstandsfähig, so dass sie vielfach zu denselben Zwecken verwendet werden können, wie das Silber. Das weisse Lagermetall zeichnet sich durch ser geringe Abnutzbarkeit aus; neuerer Zeit hat man Fosforzinn mit bestem Erfolge den für Achsenlager verwendeten Güssen zugesetzt. —

Zu Gefässen, welche angestrengt werden sollen, hat man, wie gesagt, reines Zinn nicht verwenden können, obwol das schöne, reinliche Metall zur Aufbewarung von sauren Speisen und Wein und als Trinkgefäss geeigneter erschien, als das viel härtere aber angreifbare, giftige Kupfer. Man lernte aber bald, das Kupfer mit

---

[1]) Das reine Metall hat vom 15.—19. Jarhunderte in Europa Verwendung gefunden zu Speisegeschirren; auf den ostindischen Inseln wurde es ehedem als Tauschmittel gebraucht. Crawfurd fand noch zu seiner Zeit in mereren Distrikten von Java durchlöcherte Zinnplatten als Münze in Umlauf.

[2]) Bolley-Kopp: Chem. techn. Untersuchungen 1874 Kap. 14.

einer dünnen Schichte Zinn zu versehen, wodurch man harte und zugleich reine Küchen-, Speise- und Trinkgeräte erhielt.

Unter allen Legirungen sind die Bronzen (welche meist Zink und Zinn in wechselnden Mengen enthalten) am ältesten. Ueber die Zusammensetzung der uralten chinesischen Bronzen ist mir nichts bekannt. Die Griechen und Römer gebrauchten eine Statuenbronze mit viel Zink und wenig Zinn. Zu Münzen und Waffen verwendeten dieselben eine Bronze mit 6—12 % Zinn. Das Spiegelmetall der Römer und Bizantiner enthielt 20—28 % Zinn.[1] —

Das Verzinnen von Kupfer ist ebenso, wie das Darstellen der Bronze, den asiatischen Kulturvölkern schon seit ältesten Zeiten bekannt. Ueber Kleinasien dürfte diese Kunst den Mittelmeerländern zugekommen sein. In Asien und dem ganzen Orient ist noch derzeit der Gebrauch verzinnter Küchengeschirre allgemein.

Trinkgefässe aus Zinn oder aus Zinn-Blei-Legirungen waren schon bei den Römern gebraüchlich.

Die Zinnbronze fand im Laufe des Mittelalters merere neue Anwendungsweisen:

Die Glocken, ein uraltes chinesisches Gerät, kamen schon im frühen Mittelalter, warscheinlich über Bizanz nach Italien. Im sechsten Jarhunderte wurden die ersten Glocken in Campanien eingefürt und bald kamen sie (im Dienste des christlichen Kultus) in Italien und Frankreich ganz allgemein in Gebrauch.

Die Kanonen wurden durch die Araber im zwölften Jarhunderte nach Europa gebracht und haben seit dem Ende des Mittelalters bekanntlich eine rapid wachsende Verbreitung gefunden.

Im späteren Mittelalter und in der Neuzeit kamen die Ess- und Trinkgeschirre aus Zinn (mit einem wechselnden Zusatze von Blei) in Italien und Deutschland immer mer in Gebrauch.

Garzoni berichtet über die Kunst des Bronzegiessens und über Zinnindustrie in Italien.

Die Klasse der Giesser und Zinnarbeiter muss schon zu seiner Zeit recht ansenlich gewesen sein, doch scheinen die betreffenden Handwerker sich keines guten Leumundes erfreut zu haben, wie aus den folgenden Aüsserungen Garzonis zu entnemen:

Die, so mit dem Giessen umgehen, werden bisweilen auch

---

[1]) v. Bibra: Die Bronzen der alten Völker 1869, p. 77.

Falschmünzer und werfen so lange, bis sie Henkers-Vetter von einer Leiter herunterwirft oder inen das Handwerk auf eine andere Weise gelegt wird.

Sonst verbrennen die Giesser auch oftmals Finger, Gesicht und Augen, wenn ein Tiegel oder eine Form zerspringt. Auch werden sie selten reich, da sie bisweilen zwei- und dreimal giessen müssen, bis inen ein Stück gerät.

In Summa sind sie schliesslich all den Alchimisten verwandt und behelfen sich auch meist mit derselbigen Vorteil und Betrug.

Und hiermit genug hiervon. [1]) —

Mathesius berichtet im 16. Jarhunderte über die Zinnindustrie in Deutschland:

Mit dem geschmeidigen Zinn überzinnt und lötet man. Fleckiges Zinn hingegen ist härter und wird deshalb zu Geschirr verwendet. Solche Zinngeschirre sind rein und geben keinen Geschmack wie die kupfernen.

Die Kanngiesser setzen zu 8 Teilen Zinn 1 Teil Blei. Das soll Handwerksgewonheit sein. Weil man aber selten auf die Probe arbeitet und die Geschirre oft zu viel Blei haben, nennen die Bergleute die Zinnkannen Bleisäcke. Die breiten Kändlein heissen sie Peuschel (Hämmer), dieweil sie oft einander damit vor die Köpfe schlagen. [2]) —

Die Neuzeit hat das Zinn noch viel mannigfaltiger anwenden gelert.

In Italien kam die Belegung der Spiegel mit Folie und die Verwendung des Zinnes zur Darstellung weisser Glasuren auf.

Libavius entdeckte das Zinnsalz und Drebbel lerte dessen Anwendung in der Färberei.

Im 17. Jarhunderte wird das Verzinnen des Eisens in Bömen und Sachsen gebraüchlich. Zu Ende desselben Jarhundertes kam die Erfindung nach England und Frankreich. Das Verfaren wurde bald ser internazional, doch konnte ser lange Zeit der Zinnguss durch dieses Surrogat nicht verdrängt werden. Allem Anscheine nach hat die Zinngiesserei vielmer vom 17. bis zum 19. Jarhunderte stätig zugenommen.

---

[1]) Garzoni: Piazza universale. Discuss. 69. Deutsche Uebersetz. v. 1619, p. 245, 361, 444.

[2]) Mathesius: Sarepta, Vorrede und neunte Predigt. 4. Aufl., p. 388, 394.

Im vorigen Jarhunderte dürfte diese Verwendungsart in ganz Europa den höchsten Grad der Volkstümlichkeit erreicht haben. Im Laufe unseres Jarhundertes aber ist das Zinn im selben Maasse, wie Porzellan, Steingut und Glas billiger geworden, durch diese Materialien gänzlich verdrängt worden. Derzeit hat man wol überall in den europäischen Haüsern Speisegeräte aus Tonwaare und Trinkgefässe aus (Steingut oder) Glas im Gebrauch, wärend noch im vorigen Jarhunderte all diese Geschirre mit Vorliebe aus Zinn gefertigt wurden.

So ist das Zinn aus einem grossen Bereiche verdrängt worden. Dafür aber hat es in anderen Richtungen so grossartig ausgebreitete Anwendung gefunden, dass selbst die in dem letzten Jarhunderte auf das fünffache gesteigerte Zinnerzeugung bemeistert werden kann.

Das verzinnte Eisenblech spielt derzeit wenigstens in Europa und Nordamerika eine ebenso hervorragende Rolle, wie in alten Zeiten das verzinnte Kupfer im Orient.

Zalreiche Gegenstände der Hauseinrichtung, insbesondere Kochgeräte, ferner Badeinrichtungen, Galanteriewaaren, Knöpfe und vor allem Schachteln und Büchsen (für Konserven, Tabak u. s. f.) werden in unglaublicher Menge aus verzinntem Blech gefertigt.

Griffith hat in den vierziger Jaren unseres Jarhundertes die Verfertigung der Zinngeschirre aus einem Stück erfunden. In Frankreich, England und Amerika hat seitdem dieser Industriezweig allgemeinen Eingang gefunden und viel Verbesserungen erfaren.

5. Geschichte des Zinnes.

Im Altindischen heisst das Zinn Naga, im Zend (persisch) Aonia, sirisch, chaldäisch und jüdisch Anak,[1] ätiopisch Naak.[2])

Die Uebereinstimmung dieser Ausdrücke beweist die weite Verbreitung des Metalles von einem Produkzionszentrum aus und es liegt wol nahe, die unerschöpflichen hinterindischen Zinnwäschen als diese Quelle zu bezeichnen. Von dort aus dürfte das Zinn und

[1]) Im Jüdischen kommen auch die Worte Oferet und Bedil zur Bezeichnung von Zinn und Blei vor. Koptisch heisst das Zinn Tram. (Diese Angaben verdanke ich Herrn Prof. Hofmann.)

[2]) Diese Angaben verdanke ich Herrn Prof. Reinisch. Viele der linguistischen Daten, welche man in älteren Werken findet, sind falsch, indem merfach Blei, Blech, Zinn u. s. f. verwechselt wurden.

seine Bezeichnung über Asien und Ostafrika verbreitet worden sein.

Neben diesen uralten Bezeichnungen herrscht im Zeitraum 1000 vor Chr. bis in die ersten Jarhunderte nach Chr. im Gebiete der Mittelmeerländer das Wort Kassiteros.

Homer kennt das Zinn unter diesem Namen [1]) und die Römer haben denselben Ausdruck gebraucht. Woher das Wort stammt, ist unbekannt. Warscheinlich ist es aber wol, dass die Fönizier, welche in jenen Zeiten den Handel beherrschten, die weite Verbreitung der Bezeichnung bewirkt haben.

Sie traten je nach Gelegenheit als Händler oder Seeraüber auf und brachten die Schätze Europas und Asiens zum Tausch. Unter Anderem verfürten sie auch Zinn von Spanien und Britannien. Es ist ser warscheinlich, dass sie den in den Mittelmeerländern gebraüchlichen Namen Kassiteros auch nach Indien brachten. Wenigstens ist gewiss, dass man den besagten Namen seit den letzten Jarhunderten vor Chr. in indischen Schriften als „Kastira“ gebraucht findet [2]), wärend in allen älteren Schriften, wie gesagt, der einheimische Name Naga vorkommt.

Für den Welthandel in ältester Zeit war wol das indische Zinn am wichtigsten. Ganz bedeutend müssen die Mengen des Metalles gewesen sein, welche für die Bronzebereitung der asiatischen Kulturstaaten nötig waren.

China bezog sein Zinn zum Teil aus dieser Quelle, zum Teil aber auch aus den eigenen Zinnbergwerken in den an Hinterindien anstossenden Provinzen.

Die chinesische Bronze-Industrie blühte in den Zeitraümen von 1800 bis 1500 und 1100 bis 900 vor Chr. [3]) Nicht minder alt dürfte die indische Bronze-Industrie sein.

Münzen, Vasen, Glocken, Spiegel und andere Gegenstände der Kunstindustrie wurden in so grosser Menge verfertigt und es ist der Gebrauch von überzinnten Küchengeräten so allgemein, dass man mit Recht auf eine grossartige Zinnproduktion schliesst.

---

[1]) Phillips stellt die bez. Quellen zusammen. Americ. J. 1849, Bd. 8, p. 98.

[2]) Böthlingk (Sanskritlexikon) hält dafür, dass die Inder diesen Ausdruck entlent haben. Es ist keine seltene Erscheinung, dass die Kaufleute durch ire Bezeichnungen die älteren und einheimischen Worte verdrängt haben.

[3]) v. Richthofen: China, 1877, I, p. 369.

Europa, welches in allen Zeiten wol vorwiegend englisches und spanisches Zinn verarbeitete, dürfte damals eine kaum nennenswerte Produkzion und eine barbarische Industrie besessen haben.

Leider habe ich über die indische Zinnproduktion jener frühen Zeiten nichts erfaren können und muss mich überhaupt auch in Betreff Europas auf folgende wenige Bemerkungen beschränken:

Die Fönizier beherrschten, wie gesagt, seit ältester Zeit den europäischen Handel. Sie brachten das Zinn von Spanien und England. Der Hauptstapelplatz war Cadix in Spanien, eine Stadt, welche, etwa 1000 Jare vor unserer Zeitrechnung gegründet, bald eine grosse Bedeutung gewann.

Es ist warscheinlich, dass die Fönizier auch Egipten mit Zinn versorgten.

In die ersten Jarhunderte nach Chr. fällt die Blüte des ätiopischen Reiches (des christlichen Abessinien); der Verker mit Indien wurde nun z. T. durch dieses Volk vermittelt. Später traten die Araber in Handelsverbindung mit Indien.

Die Abessinier gebrauchten die indische Bezeichnung Naak; die Araber[1]) aber behielten den mediterranen Namen Kestir bei.

Nachdem die Römer Herren Spaniens geworden, verloren die Fönizier den Zinnhandel.

Neben Spanien trat auch England als Zinnproduzent auf. Cäsar spricht schon von dem Plumbum album, welches man von Britannien bringe, und Diodorus Siculus berichtet, man fände dort das Erz im Gesteine. Das ausgeschmolzene Metall werde in Barren nach Iktis (d. i. Vectis = Insel Wight) dann nach Gallien gebracht und durch dieses Land auf Pferden bis an die Rone transportirt.[2])
Marseille war der Stapelplatz und gewann für den Zinnhandel bald dieselbe Bedeutung, welche ehedem Cadix besessen.

Das Zinn wurde nach Italien und wol auch weiter nach dem Oriente gebracht.

Das reine Metall fand nur Verwendung zum Verzinnen des Kupfers[3]), zur Darstellung von Gefässen und mitunter als Münz-

---

[1]) Ueber den Welthandel der Araber vergl. v. Kremer Kulturgeschichte des Orientes, 1877, II, 274 f.

[2]) Diodor., Lib. V., Kap. 2.

[3]) Plinius rümt die Geschicklichkeit der Gallier in dieser Kunst.

metall.[1]) Die Legirungen von Zinn und Kupfer dienten zum Gusse von Statuen, zu Waffen, Münzen und Spiegeln.

Es liegt Grund vor, anzunemen, dass diese Legirungen in alter Zeit nicht durch Mengung der Metalle, sondern durch vereinte Verhüttung der Erze dargestellt wurden. Warscheinlich verschmolz man kiesige Kupfererze vermengt mit Zinngraupen.[2])

Die Bezugsquellen des Zinnes blieben nach wie vor unverändert Spanien und Cornwall. Dass das letztere Land in den ersten Jarhunderten nach Chr. den Markt beherrscht haben muss, ist ersichtlich aus der Tatsache, dass im vierten Jarhunderte nach Chr. statt des lateinischen „Plumbum album“ der Ausdruck Istaen (wällisch) oder Stean (cornwällisch), lateinisch = stannum zur Herrschaft kam.[3])

Die Völkerwanderung mag den besagten Handel auf kurze Zeit unterdrückt haben. Aber gewiss nicht lange, denn Marseille blieb in den folgenden Jarhunderten eine blühende Handelsstadt.

Ueberdies trat jetzt zu den alten Verwendungsarten des Zinnes noch eine neue: zum Glockenguss.

Diese alte indische Erfindung dürfte wol schon frühe iren Weg nach Byzanz gefunden haben. Im sechsten Jarhundert treffen wir sie bereits in Italien[4]), und zwar im Dienste des christlichen Kultus. In den folgenden Jarhunderten wurde diese Einrichtung immer allgemeiner und es war ein Stolz der Gemeinden und Klöster besonders grosse Glocken zu besitzen. Diese Tatsache berechtigt gewiss zu der Anname, dass die Zinnproduktion und der Handel mit diesem Metalle wärend des Mittelalters einen bedeutenden Aufschwung genommen haben muss.

Marseille wurde im Laufe der Zeit durch andere Handelsstädte verdrängt. Köln stand schon seit den Zeiten Wilhelm des Eroberers mit England in Verbindung und Brügge beherrschte im 12. und 13. Jarhunderte den westeuropäischen Markt, mithin auch den Zinnverker.

[1]) Polyt. Revew., 1877, p. 288.

[2]) Wibel: Kultur der Bronzezeit, 1865. In gleicher Weise wurde ja auch bis zu Ende des Mittelalters die goldfarbige Bronze (Messingbronze) nicht durch Zusatz von Zink, sondern von Galmei dargestellt. Bibra, p. 157.

[3]) Aus derselben Quelle stammen die Worte Zinn, tin, etain, stagns, estaño.

[4]) Die erste grosse Kirchenglocke wurde in Campanien gegossen; daher der lateinische Ausdruck der Glocke = campana.

Im frühen Mittelalter scheint Devon die grösste Zinnproduktion gehabt zu haben. Noch um das Jar 1200 ist die Produkzion Cornwalls viel geringer als jene Devons (weil in Devon reiche Wäschen bestanden). Im folgenden Jarhunderte tragen aber bereits die cornwällischen Bergwerke den Sieg über die devonischen Wäschen davon. Seither und bis heute herrscht Cornwall, wärend die Produkzion Devons rasch bis auf eine unbedeutende Summe herabsinkt.

Um 1300 zalten die Berg- und Hüttenleute in Cornwall etwa 40 % der Roproduktion als Abgabe an den Landesherrn; 1480 werden 20 % an den Landesherrn und 20 % an den Grundbesitzer entrichtet; 1600 10 % an den Landesherrn, 20 % an den Grundherrn; 1750 6 % an den Landesherrn, 12 bis 10 % an den Grundherrn. 1830 5 bis 4 % an den Landesherrn, 7 bis 5 % an den Grundbesitzer. Seit 1838 ist die erstere Steuer ganz aufgehoben.

Das Metall wurde in den letzten Jarhunderten des Mittelalters von England auf den Markt von Brügge gebracht und hier durch die italienischen und deutschen Kaufherren abgeholt.

Der Hauptweg ging nach wie vor über das Land nach Italien. Doch wurde seit dem 14. Jarhunderte auch der Seeweg durch die Schiffe der italienischen Städte befaren. Diese vermittelten dann weiter den Handel mit den Ländern des Mittelmeeres, insbesondere mit dem Orient (Konstantinopel und Alexandrien).

In diese Zeit fällt die erste Blütezeit von Graupen in Bömen, und es darf wol angenommen werden, dass das englische Zinn wärend des ganzen 14. Jarhundertes auf den deutschen Märkten durch den neuen Rivalen gedrückt wurde. Seit dem 12. Jarhunderte war Graupen bekannt. Im 13. Jarhunderte liefert auch Schönfeld viel Zinn, und es ist warscheinlich, dass Köln, welches damals den Handel mit Bömen vorzugsweise beherrschte, nicht wenig bömisches Zinn auf den Markt gebracht habe. Im Jare 1241 erwänt bereits eine englische Schrift die guten und reichen bömischen Erze.

Wärend des ganzen 14. Jarhundertes schütten Graupen und Schönfeld reichlich. Kaufherren von Nürnberg, Augsburg und Köln vermittelten einen lebhaften Verker mit Bömen. Das bömische Zinn wurde zum Teil in Bömen selbst verarbeitet. In der Schmelzhütte am Teinhof zu Prag waren geschickte venezianische und lombardische Zinngiesser beschäftigt.[1]) Sie fertigten insbesondere Teller, Schüsseln und Kirchengeräte.

Zu Ende des Mittelalters muss die Produkzion des Zinnes bedeutend gestiegen sein, denn die Bronzekanonen[2]), welche nun mer und mer Anwendung fanden, verlangten viel Metall.

Ueberdies wurde die Verwendung des Zinnes zur Herstellung von Tafelgeschirr in Italien und Deutschland volkstümlich.

In der ersten Hälfte des 16. Jarhundertes nam die Zinnprodukzion in Bömen und Sachsen einen grossen Aufschwung. Zalreiche neue Bergwerke wurden erschürft. Viele Kapitalisten wendeten sich dem vielversprechenden Bergbau zu.

Altenberg ist seit der zweiten Hälfte des 15. Jarhundertes bekannt. In den ersten Dezennien schütten die Wäschen daselbst 5000 bis 8000 Ztr. järlich.

In demselben Maasse wie die Wäschen von Schönfeld abnemen, blüht das Bergwerk von Schlackenwald auf. Beide Städte (zusammen) haben in der ersten Hälfte des 16. Jarhundertes wiederholt zwischen 10000 und 15000 Ztr. Zinn produzirt.

Die alten Seifen von Graupen, Schönfeld und Schlackenwald, Erenfriedersdorf und Geier wurden wiederholt umgearbeitet, überdies kommen neue Wäschen auf zu Eibenstock, Platten, Gottesgab, Abertam, Hengstererben etc. Bald fangen an diesen neuen Fundplätzen auch die Bergwerksarbeiten an. Platten baut binnen weniger Jare (bis 1546) 12 Schmelzhütten.

In Sachsen sind zur selben Zeit (1550) Altenberg und Erenfriedersdorf die Hauptproduzenten.

Die Gesteine werden in Bömen und Sachsen allerwärts entweder durch Sprengkeil oder durch Feuersetzen gewonnen. Zum Zerkleinern der Erzgesteine dienten noch zu Ende des 15. Jarhundertes Mörser und Handmülen. Dann wurde in Sieben gewaschen. Seit Anfang des 16. Jarhundertes kommen die Pochwerke auf. Die Aufbereitung wird in Planherden und Schlämmgräben be-

---

[1]) Schlesinger: Geschichte Bömens, 1869, p. 286.

[2]) Bei den Arabern waren Bronzekanonen schon im Jare 1131 in Gebrauch. Von Spanien aus kamen sie nach den Niederlanden und England. E. v. Bibra: Die Bronzen der alten Völker, 1869, p. 191. Kanonenmetall bereitete man zu Ende des Mittelalters zumeist mit 10%, Glockenmetall mit 20% Zinn.

sorgt. Der Schlich wird geröstet. Unreines Zinn wird ausgesaigert.[1])

In Italien wurden im 16. Jarhunderte neue Verwendungsarten des Zinnes entdeckt: Zinnfolie als Spiegelbeleg, Zinnglasur (für Kochgeschirre und Majolika) und Zinnemail (für Metallwaaren).

Und bald wurde das Zinn auch in der Färberei unentberlich durch die Entdeckung der Eigenschaften des Zinnsalzes.

Libavius stellte zuerst durch Destillazion von Zinn mit Sublimat das rauchende Chlorzinn (Spiritus fumans Libavii) her.[2])

Drebbel entdeckte die Wichtigkeit dieser Verbindung für die Färberei und fand zugleich eine einfache Metode, das Zinnsalz zu gewinnen. Er hatte ein Cochenille-Extract vor seinem Fenster stehen. Durch Zufall spritzte etwas Königswasser auf das in Zinn gefasste Fenster und einige Tropfen dieser Flüssigkeit kamen in die Cochenillelösung. Das Chlorzinn bewirkte eine hochrote Umfärbung. Der tüchtige Chemiker ruhte nicht, bis er die Ursache dieser Färbung und auch die Darstellung des Zinnsalzes durch Lösung von Zinn in Königswasser fand (1630). Die wichtige Entdeckung fand rasch iren Weg über Deutschland nach England und Frankreich.[3])

Die ersten Dezennien des 17. Jarhundertes sind für die Weltgeschichte des Zinnes von grosser Bedeutung.

In Bömen und Sachsen sind Schlackenwald, Platten und Altenberg bis zum Beginne des 30järigen Krieges ser produktiv. Der Krieg aber hat mindestens für ein halbes Jarhundert fast alle Bergwerke gelämt.

In Cornwall herrscht um dieselbe Zeit vierstündige Arbeitszeit. Wärend die Gesteine in Bömen und Sachsen nur zum Teil durch Schlägel und Eisen (Sprengkeil), zum grösseren Teile aber durch Feuersetzen gewonnen werden, wendet man in England ausschliesslich die Sprengung durch Keile (welche in einen Schramm oder in ein Borloch eingetrieben werden) an.

---

[1]) Agricola: Vom Bergwerk und Mathesius: Sarepta.

[2]) Libavius: Praxis Alchym., 1605.

[3]) Beckmann: Geschichte der Erfindungen, 1792, III, p. 43. Neuere Literatur gibt Kerl: Repert. d. techn. Literatur, 1873, II, p. 635 und 1878, II, p. 1426.

Deutsche Bergleute werden nach England berufen und verbessern dort die Förderung, Wasserhaltung, Aufbereitung und Verhüttung. Becher lert die Verschmelzung der Erze mittelst Steinkole im Reverberirofen, wodurch die englische Produkzion wesentlich gefördert wird.

Wärend des dreissigjärigen Krieges hebt sich der englische Bergbau in dem Masse, als der deutsche niedergeht.

Indien und China produziren und konsumiren nach wie vor kolossale Mengen von Zinn. Die Holländer, welche im 17. Jarhunderte die Spanier und Portugiesen aus Ostindien verdrängen, vermitteln einen Teil des Zinnhandels.

Trotz des grossen Aufschwunges der englischen Zinnprodukzion dürfte doch selbst noch zu Anfang des vorigen Jarhundertes die Zinnprodukzion der asiatischen Kulturstaaten wol zehnmal grösser gewesen sein als jene Europas.

Cornwall beherrschte damals mit seiner Jaresprodukzion von etwa 1000 Tons den europäischen Markt. Das Sprengen wird um dieselbe Zeit durch deutsche Bergleute in England eingefürt.

Bömens und Sachsens Produkzion hebt sich und erlebt im Laufe des 18. Jarhundertes eine anhaltende Blüte; in unserem Jarhunderte aber sterben fast alle Zinnbergwerke Mittel-Europas.

Um die Mitte des vorigen Jarhundertes wird in Cornwall das Tantièmengeding gebraüchlich. Statt der durch Pferde- oder Wasserkraft getriebenen Pumpwerke wird Newcomen's Feuermaschine eingefürt. In den Siebziger-Jaren wird diese durch Watt's Dampfmaschine ersetzt.

Ende des 18. Jarhundertes produzirt Cornwall bereits järlich über 3000t Zinn. In den Zwanziger-Jaren unseres Jarhundertes wird daselbst achtstündige Arbeitszeit gebraüchlich. Dampfpochwerke werden im Jare 1828 eingerichtet. Einige alte Wäschen werden in England und Sachsen wieder aufgenommen.

Siam und Malakka produziren zu Ende des vorigen Jarhundertes über 1500t järlich. Junk Ceylon (bei Malakka) gibt 200 bis 500t Waschzinn.

Der Zinnpreis, welcher 1650 bis 1750 in England auf etwa 65 £. St. gestanden, steigt bis zum Ende des achtzehnten Jarhundertes bis auf 90 £. St.

Seit 1842 werden round buddles statt des Planherdes gebraüchlich. 1842 wird die erste Farkunst errichtet (seit dem Jare 1833 bestanden derartige Einrichtungen bereits am Harz).

Seit den Vierziger-Jaren wird Eisen und Kupfer durch Salzsaüre extrahirt.

Malakka produzirt von 1820 bis 1860 järlich etwa 2000 t. In den Sechziger-Jaren wird die Produkzion grossartig gesteigert. England allein bezieht in diesem Dezennium von dort järlich 5480 t.

Seit Ende des vorigen Jarhundertes hat man bei zunemender Tiefe der Gruben von Cornwall ein Ueberwiegen der Kupferprodukzion beobachtet. Seit den Vierziger-Jaren ist das Zinn bei fort und fort zunemender Tiefe wieder zur Herrschaft gekommen. Die Zinnprodukzion beträgt seitdem über 8000 t pro Jar.

In den Fünfziger-Jaren wird zu Schlackenwald behufs Entgraupen das Trommelsieb eingefürt. Der Schlich wird mit Kochsalz geröstet.

In England wird dieselbe Metode angewendet. Seit 1858 röstet man mit Soda. Das sich bildende Wolframsalz wird als Nebenprodukt in Handel gebracht. Es dient in der Färberei und zum Tränken feuergefärlicher Gegenstände (Kleider, Kulissen etc.).

Banka produzirte im vorigen Jarhunderte über 3000 t Zinn. In den ersten Dezennien unseres Jarhundertes fällt die Produkzion auf die Hälfte. In den Fünfziger-Jaren erfolgt der höchste Aufschwung (5000 t pro Jar). Seitdem tritt wieder eine Abname der Produkzion ein.

Seit den Sechziger-Jaren unseres Jarhundertes liefert Bilitong järlich über 1000 t, in den Siebziger-Jaren bis 4000 t pro Jar.

Peru, Chile, Bolivia und Holländisch-Java importiren in den letzten drei Dezennien järlich je 50—200 t Zinn nach England.

In den Vereinigten Staaten wird an vielen Stellen Zinnerz erschürft, doch scheint es sich selten in abbauwürdiger Menge zu finden.

Seit 1853 werden in Australien (Victoria und New-S.-Wales) Zinnwäschen ausgebeutet, Tasmanien liefert seit 1873 Zinn.

In den Siebziger-Jaren werden in Australien wesentliche Verbesserungen der Aufbereitung eingefürt. Die langen Dürren zwingen zur Anlage mächtiger Teiche und zu kluger Wasser-Oekonomie.

Die europäischen Arbeiter werden durch die chinesischen Wäscher verdrängt. Die englische Regierung reduzirt die chinesische Einwanderung durch Auflegung einer ser hohen Kopfsteuer.

Die Produkzion Australiens hat sich in den Jaren 1874 bis 1877 zwischen 10 000 und 15 000 t pro Jar bewegt. Tasmanien produzirt 3000 bis 5000 t, England 10 000 t, Malakka 10 000 t, Banka und Bilitong 10 000 t pro Jar.

Die Verwendung des Zinnes hat in den letzten zwei Jarhunderten sich vermert und vermannigfacht.

Seit Anfang des 17. Jarhundertes kommt in Bömen und Sachsen das Verzinnen des Eisens allgemein in Aufname. Schon Agricola [1]) kennt die Metode, das Eisen durch Beizen in Essig und Salmiak und durch Baden in flüssigem Zinn zu überzinnen. Doch scheint zu seiner Zeit wenig Gebrauch von der Erfindung gemacht worden zu sein. Erst um das Jar 1620 blüht dieser Industriezweig auf. 1670 wird er in England eingefürt, dann in Frankreich.

Ser viele Artikel aber wurden nach wie vor ganz aus Zinn gefertigt und es gewann dieser Industriezweig wärend des 18. Jarhundertes in Deutschland, Frankreich und England eine ausserordentliche Bedeutung. Salmon zeichnet in seinem Prachtwerke über Zinngiesserei die Arbeitsmetoden und Gegenstände und wir ersehen aus den Tafeln, dass Tafelgeschirr, Gabeln und Löffel, Krüge und Kannen, Kandelaber und Lampen, chirurgische und chemische Apparate, Kessel zur Scharlachfärberei u. s. f. in mannigfaltiger Form zu Markt gebracht wurden. [2])

In England bestand im vorigen und noch zu Anfang dieses Jarhundertes viel elendes Zinnkleingewerbe. Eine herabgekommene Klasse von Menschen beschäftigte sich mit dem Verfertigen der Zinngeschirre und mit Verzinnen. Erst in den letzten drei oder vier Dezennien unseres Jarhundertes haben Kapital und Unternehmungsgeist sich dieses Gewerbes bemächtigt.

Griffith hat in den Vierziger-Jaren die Verfertigung der Zinngeschirre aus einem Stücke zur Vollendung gebracht. Diese Industrie kam besonders in Frankreich zu grosser Entwicklung seit den Fünfziger-Jaren. Statt der Stosspressen, welche ser viel Aus-

---

[1]) Agricola: De natura fossilum (Anfang des 16. Jarhundertes).

[2]) Salmon: Art du potier d'étain 1788.

schuss lieferten, wurde die langsame Pressung eingefürt. Derzeit haben die Artikel aus gepresstem, verzinntem Eisenblech im praktischen Leben fast alle Mitbewerber verdrängt. Sie vereinen Billigkeit und Härte des Eisens mit der wertvollen Reinlichkeit des Zinnes (Kannen, Tassen, Bad-Einrichtungen).[1])

Amerika (New-York und Boston) konkurrirt mit Erfolg. Im Jare 1876 gelang es in Boston, dichte Büchsen aus einem Stück mit Falz und one Lot herzustellen.[2])

Zinnblech wird seit langer Zeit in grosser Masse in England erzeugt. Zwei Drittel der kolossalen Produkzion wurden in den Fünfziger-Jaren exportirt — grösstenteils nach den Vereinigten Staaten.[3])

Ein interessantes Moment in der Geschichte des Zinnes ist die Verwertung der Abfälle.

In den Klempnerwerkstätten, Konserven- und Knopffabriken fallen nämlich etwa 6 % des Bleches als Abschnitte weg. Man bemühte sich, diese Abfälle, welche pro 1 qm. 140 g. Zinn tragen, zu Gute zu machen.

Schmuck patentirte im Jare 1848 merere Metoden.[4])

Im Jare 1854 patentirte Higgins folgendes Verfaren:

Auflösung des Zinnes in Salzsaüre (mit Zusatz von etwas Salpeter). Darauf Fällung durch Kalk.

Phillips' Metode, peruanisches Zinn zu reinigen, ist in der Folge auch merfach zur Zugutemachung der Blechabfälle verwertet worden.

Das Verfaren ist folgendes. Man erwärmt das unreine granulirte Metall mit Salzsaüre. Das Zinn geht in Lösung, wärend, wenn Zinn im Ueberschusse vorhanden ist, alles Wolfram, Antimon und Arsen (5 bis 10 %) ungelöst bleibt. In die gereinigte Lösung stellt man Zinkplatten ein. Das Zinn schlägt sich rein nieder. Aus der Zinklösung wird Zinkweiss durch Kalkmilch niedergeschlagen.[5])

Jacobson löst das Zinn durch Natronlauge. Das Salz wird in der Färberei verwendet.[6])

---

[1]) Iron, 1874, p. 779 und 1875, p. 163.
[2]) Iron, 1876, Bd. 8, p. 622.
[3]) Whitney: Metallic Wealth, 1854, p. 214.
[4]) Dingler: Politechn. Journ., Bd. 113, p. 373.
[5]) Phillips: Moniteur industriel, 1854, Polit. Zentralblatt, 1854, p. 1401.
[6]) Chem. Zentralblatt, 1857, Nr. 15.

FSC
www.fsc.org
MIX
Papier | Fördert gute Waldnutzung
FSC® C083411

Zeitfracht Medien GmbH
Ferdinand-Jühlke-Straße 7
99095 Erfurt, Deutschland
produktsicherheit@kolibri360.de

Parkes löst das Zinn durch konzentrirte Schwefelsäure.[1])

A. Ott (New-York) wendet seit 1870 Salzsaüre mit etwas Salpetersaüre an. Dann wird Blei, endlich Zinn gefällt. Das Eisen wird im Puddelofen verarbeitet.[2]) Ott rechnet järlich auf diese Weise aus 10000t Abschnitten 500t Zinn zu gewinnen (?).[3])

Künzel kocht die Schnitzel in mit etwas Salpetersaüre angesaüertem Wasser aus. Das Zinn wird durch Zink ausgefällt: der Zinnschwamm wird gewaschen, in Salzsaüre gelöst und als Färbesalz in Handel gebracht. Künzel verarbeitete in dieser Weise im Jare 1869 über 400t Abfälle, welche er zum grössten Teile aus den Konservefabriken von Nantes und Paris bezog.[4])

In Frankreich wurde diese Metode etwas abgeändert, indem man statt der flüssigen Salzsaüre gasige Saüre anwendete.[5])

Zum Schlusse haben wir noch über die neueste wichtige Verwendung des Zinn, über Fosforbronze, zu berichten.

Beim Schmelzen der Bronze wirkt die Aufname von Sauerstoff ser nachteilig. Der Guss wird durch verteiltes Zinnoxidul brüchig.[6]) Durch Umrüren mit Holz oder durch Beisatz von etwas Zink hat man ehedem die Oxidazion zu beschränken gesucht. Seit einem Dezennium aber hat man dies viel vollständiger durch Zusatz von etwas Fosfor zu erreichen gewusst. Dieser Zusatz vermert die Dichtigkeit, Festigkeit und Elastizität der Bronze ausserordentlich und erteilt der Legirung überdies eine schöne goldige Farbe. Geschütze, Statuen, Ornamente und Zapfenlager werden mit bestem Erfolge aus Fosforbronze gegossen.[7])

Künzel (Dresden) patentirte als Lagermetall eine Legirung

---

1) Polit. Zentralblatt, 1858, p. 137.

2) Engin. and Mining Journ., New-York, 1871, Bd. 12, p. 241.

3) Engin. and Mining Journ., New-York, 1872, Bd. 14, p. 212.

4) Künzel: Berg- und Hütten-Zeitung, 1874, p. 57.

5) Berg- und Hütten-Zeitung, 1874, p. 329.

6) Der Gehalt von Zinnoxidul in Zinn oder Bronze wird durch Auflösung der zerfeilten Substanz in Eisenchlorid geprüft. Alle Metalle lösen sich in Eisenchlorid, wärend das Eisenchlorid zu Chlorür wird. Zinnoxidul, Wolfram und Molibdän (beide als Saürehidrate) bleiben ungelöst. Beide letztgenannten Körper, welche weisse Flocken darstellen, werden durch Ammoniak gelöst. Zinnoxidul als dunkles Pulver bleibt ungelöst. (Oester. Ztg. f. Berg- und Hüttenw., 1878.

7) Dingler's: Politechn. Journ., Bd. 200, p. 379.

von $^1/_2$ bis 3 Gewichtsteilen Fosfor, 4 bis 15 Blei, 4 bis 15 Zinn, Kupfer bis zur Ergänzung auf 100. („Deutsche Industrie-Zeitung", Chemnitz 1873, p. 265.) Schiller und Lewald (Graupen) stellen zwei Sorten Fosforbronze (mit $2^1/_2$ und 4 $^0/_0$ Fosfor) dar. Der Absatz des Artikels nimmt fort und fort zu.

Fassen wir die Angaben über Erzeugung und Verbrauch zusammen, so erhalten wir das folgende Ergebniss:

Die Hauptproduzenten sind: Australien (mit 10000 bis 15000t Jaresprodukzion), England (10000t), Straits[1]) (10000t), Banka und Bilitong (9000 bis 7000t), Tasmanien (3000 bis 5000t).

Chinas Produkzion ist unbekannt, doch lässt sich vermuten, dass sie vor Kurzem wol mindestens 5000t pro Jar betragen habe.[2])

Die gesammte Weltprodukzion belaüft sich demnach mindestens auf 40000 bis 50000t pro Jar.

China, Indien, der Orient, die Vereinigten Staaten, England und Frankreich sind die bedeutendsten Konsumenten.

Die Hauptmasse der Produkzion wird in Asien zur Verzinnung des Kupfers, in Europa und Amerika auf Weissblechwaare verarbeitet. Weniger Stoff dürften die Legirungen (Bronze und Weissmetall) beanspruchen.

6. Die Weltprodukzion.

Die (in Tonnen ausgedrückten) Leistungen der grössten Zinnproduzenten in den Siebziger-Jaren unseres Jarhundertes ist aus der folgenden Tabelle ersichtlich:[3])

A.	England.	Straits.	Banka u. Bil.	Australien.	Tasmanien.
1878	10000	?	?	?	8000
1877	9500	10000?	7000	13000	5000
1876	8500	10000	8000	12000	3000?
1875	9500	11000	9000	13500	wenig.

[1]) D. i. Malakka und Inseln one Banka und Bilitong.

[2]) In den letzten Jaren dürfte die chinesische Produkzion stark zurückgegangen sein; die Chinesen importiren dafür jetzt das billige ausländische Waschzinn massenhaft (10000t pro Jar).

[3]) Die Angaben sind, wie aus meinen Ausfürungen ersichtlich ist, nicht ser verlässlich. Straits Produkzion ist jedenfalls viel zu niedrig.

A.	England.	Straits.	Banka u. Bil.	Australien.	Tasmanien.
1874	9900	8000	9000	11000	wenig.
1873	10000	7000	8000	6500	—
1872	9600	10000	8000	1000	—
1871	11300	8000	7500	wenig.	—
1870	10200	4000	7500	"	—

Wir sehen also wie die letzten Dezennien fünf Produzenten mit einer Jareserzeugung von je 6000 bis 12000 t Zinn auf dem Markte herrschen.

In vier Gebieten werden vorwiegend die Wäschen ausgebeutet, wärend England ausschliesslich auf den Bergbau angewiesen ist.

Blicken wir auf frühere Zeiten zurück, so erhalten wir die umstehende grafische Darstellung der Weltprodukzion der letzten 500 Jare,[1]) zu welcher ich nur zu bemerken habe, dass die Zeit von unten nach oben notirt ist und dass durch die punktirten Vertikal-Raüme Produkzionen von je 1000 t angezeigt werden.

Indien (Straits) hat seit den ältesten Zeiten die asiatischen Kulturstaaten mit Zinn versorgt. Ich habe dessen mittlere Erzeugung, welche für die dargestellten Zeitraüme unbekannt ist, willkürlich gleich 2000 t p. Jar angenommen. Ich glaube aber wol gewiss zu niedrig gegriffen zu haben, denn China und Indien haben seit uralten Zeiten eine grosse Industrie, und China importirt derzeit allein in die internazionalen Häfen järlich etwa 10000t Zinn! Wenn man bedenkt, dass dieser Staat ser konservativ ist und gewiss nicht nach Art der Europäer und Amerikaner seine Industrien binnen weniger Jare verdoppelt und verdreifacht, so können wir wol ziemlich sicher behaupten, dass man daselbst seit undenklichen Zeiten merere tausend Tonnen p. Jar verbraucht habe. Dazu kommt nun noch der Verbrauch Indiens und der grossen orientalischen Staaten. Die Straits-Länder waren seit jeher die Hauptquelle, aus welcher all diese gewaltigen Staaten schöpften; diese Ueberlegung mag genügen, um die von mir angenommene Produkzions-Figur zu rechtfertigen. Viele werden sie zu niedrig finden: zu hoch dürfte sie wol auf keinen Fall sein.

---

[1]) Dass dieses Bild natürlich noch ungleich weniger, als die vorgehenden Zalen, den Anforderungen einer exakten Statistik entsprechen, versteht sich von selbst.

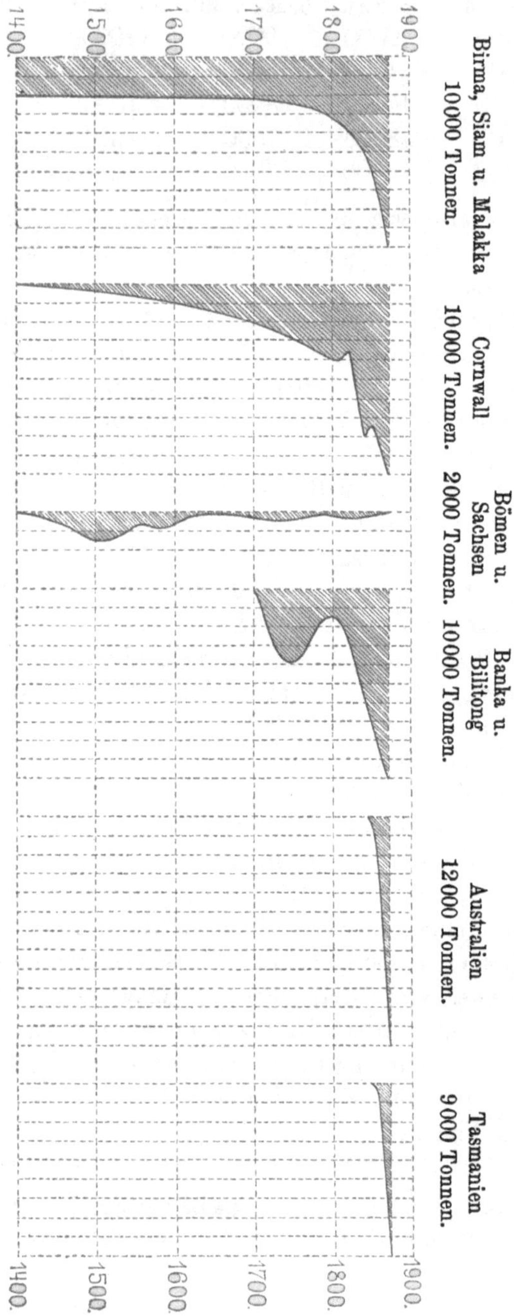

Zinn-Produkzion.

Noch habe ich hinzuzufügen, dass man über die warscheinlich bedeutende chinesische Zinnerzeugung gar nichts weiss. Endlich muss betont werden, dass die mittel- und südamerikanischen Kulturstaaten, deren Blüte durch die europäischen Eroberer zerstört wurde, gewiss grosse Mengen von Zinn erzeugt haben. All diese Werte lassen sich nicht einmal schätzungsweise feststellen und wir bleiben somit derzeit auf die obige Darstellung beschränkt. Aus ir geht das Hauptresultat hervor, dass wärend des Mittelalters und bis tief in die Neuzeit herein die asiatischen Kulturstaaten die bedeutendsten Zinn-Produzenten und zugleich Konsumenten waren.

Seit dem Anfange unseres Jarhundertes beginnt ein Umschwung. Die Weltprodukzion, welche vordem durch Jarhunderte wol nur einige tausend Tonnen p. Jar betragen, nimmt allmälig zu. England und die holländischen Inseln gewinnen immer höhere Bedeutung. Seit den Fünfziger-Jaren ist die Weltprodukzion auf nahezu 20000t p. Jar gestiegen.

In den Siebziger-Jaren endlich sind Australien und Tasmanien zu den drei bisher herrschenden Zinnmächten hinzugetreten.

Da die alten Produzenten nicht nachlassen, ist die Weltprodukzion in den Siebziger-Jaren von etwa 30000 auf 50000t p. Jar gestiegen.

Vergleichen wir die Mengen von Gestein, welche im Laufe dieses halben Jartausendes in den besagten Gebieten verarbeitet wurden und die Mengen des gewonnenen Zinnes, so erhalten wir folgende Zalen:[1])

Im Lande	wurden verarbeitet	hieraus gewann man
Straits	2000 Mill. t Detritus	1000000t Zinn
Banka und Bilitong .	1200 „ „ „	600000t „
Australien	160 „ „ „	80000t „
Tasmanien	60 „ „ „	30000t „
England	120 Mill. t Gestein[2])	800000t „
Bömen und Sachsen .	30 „ „ „	100000t „
Sa. in 500 Jaren aus	3400 Mill. t Detritus	1700000t Zinn
in gleicher Zeit aus	150 Mill. t Gestein	900000t Zinn

[1]) Ich neme den mittleren Metall-Gehalt der Gesteine gleich $1/2$ Prozent ($2/3$ in England und $1/3$ in Bömen und Sachsen), wärend ich anneme, dass die Wäschen im Mittel etwa $1/2$ Promille Zinn liefern.

[2]) Ich sehe hier und in der folgenden Rubrik von der Wäschproduktion ab.

Ich gebe nun hier, so wie ich es bei Schlackenwald getan, ein Bild, welches die Grösse der Arbeit und Erzeugung versinnlicht. Ich neme nämlich als Maasseinheit wieder das kubische einstöckige Haüschen von 10 Mtr. Höhe[1]) und rechne hierauf alles um. Dem Leser ist diese Grösse gewiss gelaüfig und er ist so im Stande sich rasch ein Bild von der Welterzeugung zu machen.[2]) Folgendes ist nun das Resultat:

Binnen 500 Jaren hat man

im Lande	verarbeitet		hieraus gewonnen	
Bömen u. Sachsen	12000 Haüser Gestein	=	14 Haüser	Zinn
England	50000 „ „	=	110 „	„
Asiat. Wäschen .	1400000 Haüser Detritus	=	230 „	„

Man denke sich eine quadratische Fläche Landes, zu dessen Durchschreitung man zwei Stunden braucht, 10 Mtr. hoch von Detritus (Geschieben u. Sand) bedeckt. — Diese ganze Masse wurde im Laufe von 500 Jaren bis auf den Grund durchgearbeitet und umgewaschen. Ueber die Arbeit, welche hierzu nötig war, wird man sich klar, wenn man im Auge behält, dass ein Mann im Tage durchschnittlich nur eine Tonne Detritus verwaschen kann.

Drei Milliarden Tagwerke sind also im Laufe dieser letzten 500 Jare verwendet worden, bloss um das Erz aus dem Sande auszuwaschen. Der Leser kann nun nach den vorliegenden Angaben leicht abschätzen, wie viel Arbeit und Kole auf die Verhüttung, wie grosse Wälder für Bereitung der Holzkole und Stellung des Grubenholzes nötig sind, wie viel Wasserkraft man in Asien und wie viel Dampfkraft man in England verbraucht, wie viel das produzirte Zinn hier und dort wert ist u. s. f.

Ich glaube, dass die vorstehenden Angaben genügen um ein gutes Bild von der Bedeutung der Zinnprodukzion zu geben.

[1]) Ein solches Haüschen hat einen Inhalt von 1000 Kub.-Meter und fasst also genau 1000 Tonnen Wasser.

[2]) Manche Statistiker geben die Produkzionen in Kilogrammen an. Diese Zalen sind dann in der Tat verblüffend, d. h. der Leser kann sich die Mengen nicht vorstellen. Das scheint mir aber doch wol wünschenswert.

Von demselben Autor wurden folgende Arbeiten veröffentlicht:

Die Euganeen. Bau und Geschichte eines Vulkanes 1876.

Fisik der Erupzionen 1877.

Vulkanologische Studien. Jb. d. geolog. Reichsanstalt 1878.

Massenerupzionen von Altenberg-Zinnwald. Jb. d. Reichsanstalt 1879.

Tektonik der Massenergüsse von Neudeck-Karlsbad. Jb. d. Reichsanst. 1879.

Tektonik der Vulkane von Bömen. Jb. d. Reichsanst. 1879.

Die Eruptivmassen von Christiania. Jb. d. Reichsanst. 1880.

Granit und Gneiss von Schlackenwald. Jb. d. Reichsanst. 1880.

Beiträge zur Geschichte von Schlackenwald. Verein für Geschichte der Deutschen in Bömen 1880.

Cornwall. Jb. der Bergakademie von Leoben 1880.

Die Bewegung im Festen. Jb. d. geol. Reichsanstalt 1880 u. Ausland 1880.

Predazzo. Jb. d. Reichsanst. 1881.

Ueber Tuffe und tuffogene Sedimente. Jb. d. Reichsanstalt 1881.

Ueber den Begriff Stock. Jb. Akad. Leoben 1881.

Tektonik und Kultur des Karst. Geograf. Gesell. Wien 1881 u. Ausland 1881.

Tipen der Erupzionen. Oester. Z. f. Berg. u. Hütt. 1881.

Studien über Zinn in der österr. Z. f. Berg. u. Hütt. 1879—1881.

Geschichte der freien Bergstadt Schlackenwald im 16. Jarhunderte (im Druck).

FSC
www.fsc.org
MIX
Papier | Fördert gute Waldnutzung
FSC® C083411

Zeitfracht Medien GmbH
Ferdinand-Jühlke-Straße 7
99095 Erfurt, Deutschland
produktsicherheit@kolibri360.de